Arrigo Pareschi

ESERCIZI E PROGETTI DI IMPIANTI MECCANICI

Società Editrice ESCULAPIO

ISBN 978-88-7488-902-0

Società Editrice Esculapio s.r.l.
Via Terracini, 30 – 40131 Bologna
www.editrice-esculapio.com – info@editrice-esculapio.it

Impaginazione: Giancarla Panigali e Carlotta Lenzi

Società Editrice
ESCULAPIO

Prefazione

Questo testo di esercizi e progetti di impianti meccanici completa sul piano applicativo i contenuti del libro di *Impianti Meccanici per l'Industria* pubblicato nel dicembre 2009.
E' nota l'importanza degli impianti meccanici al servizio dei processi produttivi delle aziende industriali e nel panorama delle pubblicazioni didattiche a livello universitario numerosi apprezzabili testi sono disponibili sull'argomento. Nettamente più limitata è l'offerta didattica a livello di esercizi e progetti applicativi reali sugli stessi impianti meccanici, che sono essenziale ausilio all'impianto tecnologico principale per la realizzazione del processo produttivo. Obiettivo del presente testo è quello di arricchire tale limitata disponibilità a vantaggio innanzitutto degli studenti delle discipline di impiantistica meccanica, attive in tutte le Scuole di Ingegneria italiane soprattutto nei Corsi di Laurea in Ingegneria Meccanica e Gestionale, nonché dei giovani laureati dell'Area industriale che devono sostenere l'Esame di Stato per l'abilitazione alla professione di ingegnere e infine dei tecnici e degli ingegneri operanti nelle industrie, nelle società di ingegneria e negli studi professionali, che si trovano spesso ad affrontare problemi di progettazione e gestione di impianti meccanici ausiliari per l'industria.
Il testo inizia con tre esercizi propedeutici aventi il semplice obiettivo di mostrare in dettaglio il ciclo tecnologico di tre industrie reali di produzione (di triplo concentrato di pomodoro, di caldaie a tubi d'acqua, di carta) per evidenziare gli svariati impianti meccanici di servizio richiesti da ciascuna diversa produzione.
Il testo prosegue poi con la presentazione di una serie di esercitazioni complete o progetti per ciascun tipo degli impianti meccanici di più frequente impiego nell'industria a cominciare dagli impianti di cogenerazione di energia elettrica e termica, di produzione e distribuzione di vapore tecnologico e di concentrazione, per passare poi agli impianti termici ad acqua calda e ad aria calda (compresi gli impianti di essiccamento), nonché agli impianti di condizionamento e frigoriferi, per arrivare infine agli impianti di servizio acqua (compreso antincendio), aria compressa e combustibili. Una applicazione numerica completa su un impianto di depurazione di fumi da polveri completa il quadro.
La trattazione è sempre condotta con approccio progettuale tramite chiara indicazione degli obiettivi da raggiungere e puntuale dimensionamento degli elementi essenziali dell'impianto che realizza in maniera ottimale, dal punto di vista sia tecnico sia economico, gli obiettivi proposti. I prezzi utilizzati, ad esempio, per il kWh di energia elettrica, il kg di combustibile, il metro cubo di isolante, il kg di acciaio e così via richiederanno nel lungo periodo periodici aggiornamenti, ma la valenza della procedura indicata rimarrà intatta. Le unità di misura utilizzate sono in prevalenza quelle del Sistema Internazionale ma non è sembrato opportuno rinunciare del tutto alle unità del Sistema Tecnico laddove sono ancora predominanti in certi settori merceologici della realtà industriale e commerciale.
In questi esercizi e progetti confluiscono ovviamente le estese esperienze didattiche maturate come docente di impianti meccanici presso le Università di Bologna, Ancona, Roma TorVergata, Ferrara, Modena, Reggio Emilia e la Sede di Forlì in diversi momenti nel lungo periodo dal 1976 ad oggi. Ma in essi confluiscono anche indirettamente le esperienze didattiche e professionali dei Professori Gianfranco Coli, Sergio Fabbri e Oddo

Pierfederici, che mi hanno preceduto nell'insegnamento degli Impianti meccanici all'Università di Bologna, e dei giovani Colleghi del Gruppo Impianti Industriali Meccanici di Bologna, con i quali ho lavorato molto proficuamente in questi ultimi venticinque anni, innanzitutto Emilio Ferrari e Alessandro Persona (che oggi è di ruolo all'Università di Padova) e poi Alberto Regattieri, Riccardo Manzini, Mauro Gamberi e Cristina Mora. Negli Esercizi 9-10-14-16 sono utilizzati alcuni contributi specifici tratti da esercitazioni didattiche svolte in aula da Emilio Ferrari, Alessandro Persona, Alberto Regattieri e Mauro Gamberi, che ringrazio per l'apporto fornito.
Nella mia ultraquarantennale attività mi sono occupato, sul piano scientifico e didattico, in prevalenza di progettazione e gestione degli impianti industriali e dei sistemi produttivi e, a partire dagli anni 90' in avanti, di logistica industriale come testimoniato anche dai testi didattici universitari di "Impianti Industriali", pubblicato nel gennaio 1994, e di "Logistica integrata e flessibile", pubblicato nell'ottobre 2002 in collaborazione con i Colleghi Emilio Ferrari, Alessandro Persona e Alberto Regattieri. Oggi con i moderni criteri di valutazione dell'attività degli Atenei, dei Dipartimenti e dei singoli docenti, incentrati in gran parte, per non dire quasi esclusivamente, sui titoli scientifici, la produzione di testi didattici per aiutare la preparazione degli studenti e per trasmettere al futuro i risultati acquisiti e consolidati dell'attività scientifica, utili allo sviluppo ulteriore della società, non trova alcun particolare incoraggiamento dall'istituzione e dalla comunità universitaria. Eppure l'Università esiste perché esistono gli studenti, che hanno bisogno di acquisire le cognizioni e le competenze necessarie per affrontare con successo le sfide del futuro. Se l'Università fosse solo un ente di ricerca pura e applicata, destinato a fornire sostegno tecnologico allo sviluppo del mondo produttivo e della società, non avrebbe ragione di esistere in quanto tale, ma si ridurrebbe ad un ennesimo, seppure importante, ente di ricerca da aggiungere agli altri che già esistono ed operano nel paese.
Con questo convincimento, che la produzione di strumenti didattici adeguati per gli studenti sia uno dei doveri primari del docente universitario, mi sono dedicato in questi ultimi anni di attività universitaria anche alla preparazione del testo di "Impianti Meccanici per l'Industria" e oggi di questo libro di "Esercizi e Progetti di Impianti Meccanici" che lo completa e che contribuisce ad aumentare l'offerta di supporti didattici in un ambito applicativo e progettuale ancora in parte carente.
Ringrazio fin d'ora tutti i colleghi e studiosi che vorranno far pervenire osservazioni e suggerimenti.

Bologna, settembre 2015

ARRIGO PARESCHI
Dipartimento di Ingegneria Industriale - DIN
Università degli Studi di Bologna

Indice

ESERCIZIO 6
PROGETTO DI UN IMPIANTO DI PRODUZIONE E DISTRIBUZIONE DI VAPORE TECNOLOGICO

ESERCIZIO 7
PROGETTO DI UN IMPIANTO DI CONCENTRAZIONE A MULTIPLI EFFETTI PER ZUCCHERIFICIO

ESERCIZIO 8
OFFICINA DI MONTAGGIO DI MOTORI ENDOTERMICI E RELATIVO IMPIANTO DI RISCALDAMENTO

ESERCIZIO 9
IMPIANTO DI ESSICCAMENTO DI PASTA ALIMENTARE

ESERCIZIO 10
PROGETTO DI UN IMPIANTO DI CONDIZIONAMENTO AMBIENTALE

ESERCIZIO 11
PROGETTO DI UN MAGAZZINO FRIGORIFERO PER LA CONSERVAZIONE DI DERRATE ALIMENTARI

ESERCIZIO 12
PROTEZIONE DI UNA CONDOTTA DALLO STILLICIDIO

ESERCIZIO 13
DIMENSIONAMENTO ECONOMICO DELL'ISOLANTE TERMICO DI UNA TUBAZIONE

ESERCIZIO 14
DIMENSIONAMENTO DI UN IMPIANTO IDRICO CON SERBATOIO DI COMPENSO

ESERCIZIO 15
PROGETTO DI IMPIANTO IDRAULICO-SANITARIO CON AUTOCLAVE PER OFFICINA DI MONTAGGIO DI MOTORI ENDOTERMICI

ESERCIZIO 16
PROGETTO DI UN IMPIANTO ANTINCENDIO AD IDRANTI PER MAGAZZINO MATERIE PRIME

ESERCIZIO 17
DIMENSIONAMENTO ECONOMICO DELLA RETE DI TUBAZIONI DI UN IMPIANTO IDRICO

ESERCIZIO 18
PROGETTO DI UN IMPIANTO DI SERVIZIO DI ARIA COMPRESSA

ESERCIZIO 19
STUDIO E DIMENSIONAMENTO DI UN IMPIANTO DI SERVIZIO DI OLIO COMBUSTIBILE

ESERCIZIO 1

IMPIANTO DI PRODUZIONE DI TRIPLO CONCENTRATO DI POMODORO, DIAGRAMMA DI LAVORAZIONE E COSTI DI PRODUZIONE

1.1 Introduzione

Impianti di processo di tale tipo sorgono generalmente in prossimità del luogo di produzione della materia prima (in questo caso, pomodoro). Ciò non comporta, oggi come oggi, alcuno svantaggio da altri punti di vista, dato che la rete elettrica è sufficientemente sviluppata su tutto il territorio nazionale ed i servizi di trasporto della merce trasformata costano quanto quelli della materia prima.
Qualora la materia prima venga prodotta in una zona non servita di rete elettrica ed idrica conviene trasferire l'impianto in un'area, che, oltre ai servizi sopra ricordati, usufruisca di una buona posizione per quanto riguarda la vicinanza o i collegamenti con la zona di produzione e con i mercati.

1.2 Potenzialità dell'impianto

Si considera un impianto che lavora 1500 q/g di pomodoro. La produzione ovviamente è stagionale visto che la disponibilità della materia prima esiste solo nella stagione estiva; la lavorazione si svolge infatti su un arco di 50 gg/anno. La planimetria dell'impianto è riportata in Fig. 1.1. Ai tre edifici principali (un grande deposito, il reparto delle lavorazioni, e la palazzina uffici) si aggiungono la centrale termica, la cabina elettrica, il pozzo per l'approvvigionamento dell'acqua, il parcheggio per i dipendenti e, da ultima, l'abitazione del custode.

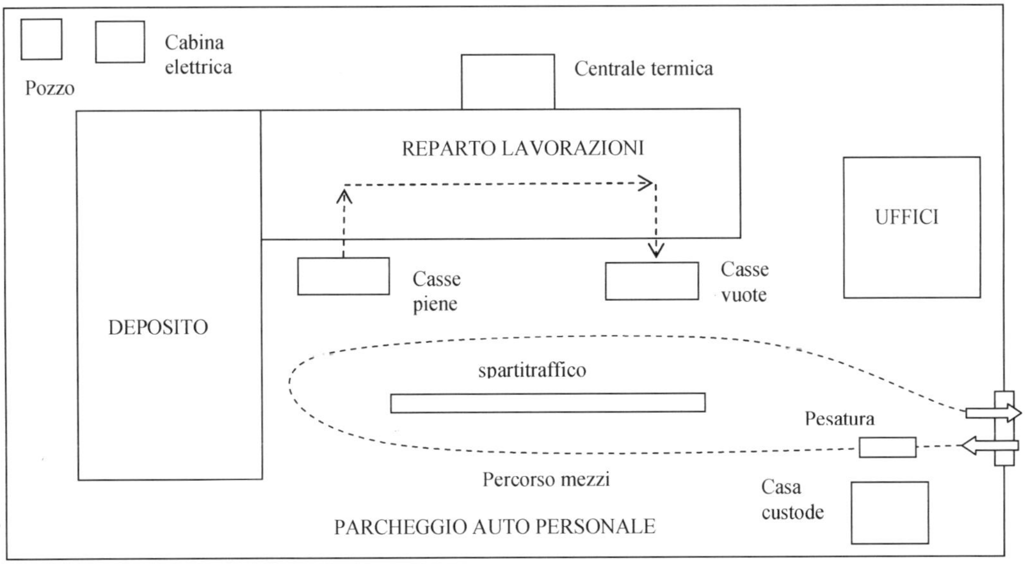

Fig. 1.1 – Planimetria dell'impianto di produzione di triplo concentrato di pomodoro

Lavorando solo per 50 giorni all'anno, l'impianto necessita di un deposito di grandi dimensioni dato il lungo periodo di giacenza dei prodotti .
Bisogna ancora tenere conto dell'eventualità di futuri ampliamenti dell'azienda. Occorre dare molta importanza alla razionale disposizione delle operazioni di pesatura, carico e scarico delle merci all'esterno dello stabilimento. Gli impianti elettrico, termico ed idrico hanno una loro autonoma collocazione in corpi separati.

Per massimizzare la produzione di triplo concentrato si lavora 24 ore al giorno per mezzo di 3 turni di otto ore ciascuno. In tal modo la potenzialità oraria risulta:

$$P = \frac{1500 \cdot 10^2}{24} = 6.250 \text{ kg/h}$$

Il fabbisogno annuo di pomodoro, tenuto conto che la produzione dura 50 giorni, risulta pari a:

$$F_a = 1500 \cdot 10^2 \cdot 50 = 7.500 \cdot 10^3 \text{kg/anno}$$

Tale quantità viene acquistata da produttori agricoli.
Il triplo concentrato di pomodoro si ottiene a partire dal pomodoro per sottrazione di parte dell'acqua contenuta nella materia prima; la diminuzione dell'acqua avviene attraverso attrezzature particolari, dette concentratori, inserite nel ciclo di produzione. Il prodotto finale ha quindi una massa minore di quella dell'intera massa del pomodoro utilizzato in partenza; le due masse differiscono ovviamente della massa di acqua eliminata. Si può quindi introdurre il concetto di *resa* definita come il rapporto fra la massa del prodotto finito (M_p) e quella del pomodoro utilizzato (M). Sulla scorta di dati sperimentali si può ritenere che la resa del triplo concentrato sia del 13,7%, ovvero:

$$\eta = \frac{M_p}{M} = 0{,}137$$

La produzione giornaliera di triplo concentrato di pomodoro risulta quindi pari a:

$$P_g = 1500 \cdot 0{,}137 = 205{,}5 \text{ q/g}$$

1.3 Fasi della lavorazione

Il ciclo tecnologico quali-quantitativo è riportato in Fig. 1.2. Le quantità delle materie prime, delle materie accessorie (scatole per imballaggio) e dei servizi (acqua, energia elettrica e termica, olio combustibile) sono riferite a 100 q di prodotto (triplo-concentrato di pomodoro). Le fasi della lavorazione del pomodoro sono le seguenti:

- lavaggio
- cernita
- triturazione
- separazione pelle e semi
- concentrazione
- sterilizzazione (alla temperatura di ~100°C)

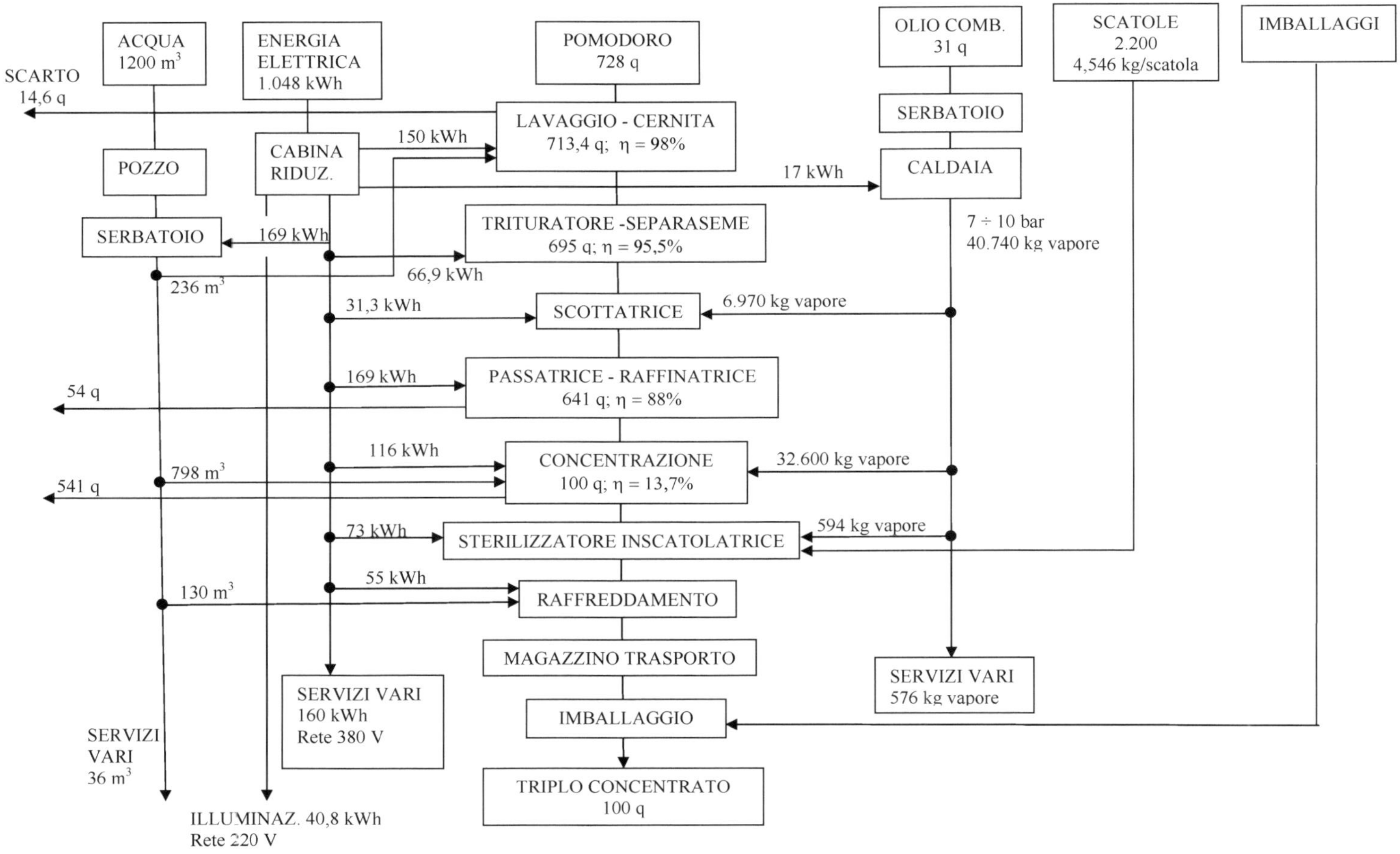

Fig. 1.2 – Diagramma quali-quantitativo del ciclo tecnologico dell'impianto di produzione di triplo concentrato di pomodoro

- inscatolamento
- raffreddamento
- imballo.

Per l'esecuzione delle suddette fasi sono necessari i seguenti servizi:

- acqua
- energia elettrica e termica
- olio combustibile
- trasporti

Si analizzano in breve nel seguito alcuni degli impianti ausiliari che erogano i suddetti servizi.

1.3.1 Servizio dell'acqua

Poiché l'azienda è ubicata in aperta campagna, in prossimità dei luoghi di coltivazione del pomodoro, si utilizza un pozzo e non l'allacciamento alla rete idrica pubblica.

Poiché per ottenere 100 q di triplo concentrato sono necessari 236 m^3 di acqua per la fase di lavaggio, 798 m^3 per la fase di condensazione del vapore prodotto nella fase di concentrazione, 130 m^3 per la fase di raffreddamento e 36 m^3 per servizi vari per un totale di 1.200 m^3 (cfr. diagramma quali-quantitativo di Fig. 1.2), segue che, per la potenzialità giornaliera di triplo concentrato P_g = 205,5 q/g, è necessaria una portata d'acqua (si assume la densità dell'acqua uguale a 1 t/m^3) pari a:

$$Q_a = (1200/100) \cdot 205{,}5 = 2.446\ m^3/g = 102{,}75\ m^3/h\ (o\ t/h) = 28{,}54\ kg/s$$

Poiché il consumo di acqua è costante nel tempo, trattandosi di un impianto di processo, non è previsto un serbatoio di compenso. L'impianto per il servizio dell'acqua comprende semplicemente una pompa di estrazione dell'acqua dal pozzo, che alimenta un serbatoio coibentato per evitare il pericolo di gelo e sopraelevato quanto basta per garantire una pressione idonea alle utenze; un elettrolivello, dotato di galleggiante, controlla il livello di acqua nel serbatoio e provvede all'azionamento del motore elettrico, che trascina la pompa. L'acqua contenuta nel serbatoio, oltre che per gli usi tecnologici (soprattutto lavaggio e condensazione del vapore prodotto nella fase di concentrazione), viene usata anche in caso di incendio. Assumendo il volume del serbatoio pari a 50 m^3, si assicura un intervento antincendio della durata di oltre 30 minuti alla massima portata degli idranti, considerando l'impianto antincendio costituito da n. 3 idranti UNI 70 ciascuno di portata pari a 300 lt/min, all'esterno dei tre fabbricati costituenti lo stabilimento industriale (cfr. planimetria di Fig. 1.1), e da n. 6 idranti UNI 45, ciascuno di portata pari a 120 lt/min, all'interno dei tre fabbricati suddetti (2 idranti per ciascun fabbricato). Infatti si ha:

$$30\ min \cdot (3 \cdot 300 + 6 \cdot 120)\ lt/min = 48.600\ lt = 48{,}6\ m^3$$

valore di poco inferiore al volume di 50 m^3 di acqua assicurato dal serbatoio prescelto.

Tale volume V del serbatoio assicura il servizio all'impianto di produzione per poco meno di mezz'ora in caso di avaria alla pompa o indisponibilità del pozzo; infatti:

$$0{,}5 \text{ h} \cdot 102{,}75 \text{ t/h} = 51{,}37 \text{ t}$$

cui corrisponde un volume di 51,37 m^3 (densità dell'acqua pari a 1 t/m^3) di poco superiore a $V = 50$ m^3.

1.3.2 Servizio dell'olio combustibile

Il servizio dell'olio combustibile è assicurato da un impianto con serbatoio giornaliero del tutto corrispondente allo schema di Fig. 14.5 di /1/ e a quanto riportato nel relativo par. 14.3.3 di /1/. Il serbatoio giornaliero, avente un volume capace di far fronte alle esigenze dell'impianto di produzione per 24 ore, è preceduto da un serbatoio di accumulo, di volume nettamente superiore, che è interrato e dotato di riscaldatore (a vapore o a resistenza elettrica), circondato da cuffia, che assicura la fluidità unicamente dell'olio circostante avviato alla estrazione verso il serbatoio giornaliero. Lungo la tubazione, che collega il serbatoio di accumulo al serbatoio giornaliero, è collocata la pompa di trasferimento, preceduta da un filtro, e una valvola di alimentazione al serbatoio giornaliero: entrambe sono comandate da un elettrolivello, che controlla il livello di olio nel serbatoio giornaliero.
La capacità di quest'ultimo può essere desunta sulla base della richiesta di olio combustibile da parte dell'impianto di produzione. Dal diagramma di Fig. 1.2 si ha che per la produzione di 100 q di triplo concentrato il consumo di olio è dato da 31 q. Si ottiene quindi un consumo giornaliero di olio pari a:

$$Q_c = (3.100/100) \cdot 205{,}5 = 6.370{,}50 \text{ kg/g} \approx 6{,}37 \text{ t/g} = 7{,}16 \text{ m}^3\text{/g}$$

avendo considerato una densità media dell'olio combustibile pari a 0,890 t/m^3.
Risulta un volume del serbatoio giornaliero pari circa a poco più di 7 m^3.

1.3.3 Servizio vapore tecnologico

Il vapore tecnologico è prodotto in apposita caldaia alla pressione di 7÷10 bar. Il consumo di vapore tecnologico, utilizzato prevalentemente per le fasi di scottatura e concentrazione, è pari a 40.740 kg per ogni 100 q di prodotto. La portata di vapore necessaria è quindi pari a:

$$G = (40.740/100) \cdot 205{,}5 = 83.720{,}70 \text{ kg/g} = 3.488{,}36 \text{ kg/h} = 0{,}969 \text{ kg/s}$$

1.4. Costi di produzione e bilancio economico

I costi annuali di produzione sono dati dalla somma dei costi fissi c_f (o costi di capitale) e dei costi variabili c_v (o costi di esercizio).
In Tabella 1.1 si riportano le voci costituenti C_i costo di installazione o capitale totale investito per il terreno, per i fabbricati e per le varie attrezzature, costituenti l'impianto tecnologico principale e gli impianti di servizio, e per il capitale circolante C_c. Risulta in totale:

$C_i = 1.385.000$ €

I costi fissi sono dati dalla somma delle rate di ammortamento (S) derivanti dal capitale investito per i fabbricati e per le varie attrezzature, costituenti l'impianto tecnologico principale e gli impianti di servizio, nonchè dagli interessi ($i \cdot C_c$) relativi al capitale circolante C_c, avendo indicato con (i) il tasso di interesse. Non si considera l'ammortamento del terreno perché si assume che esso mantenga inalterato il suo valore nel tempo.

Tabella 1.1 – Costi di impianto

cespiti	Costi (€)
Terreno (20.000 m^2 a 5 €/m^2)	100.000
Fabbricati (progetto compreso)	470.000
Totale costo degli immobili	**570.000**
Macchine e linee di lavorazione	280.000
Macchinari	27.000
Servizi di energia elettrica	27.000
Servizio vapore	48.000
Servizio idrico	29.000
Trasporti interni ed esterni	22.000
Attrezzature varie	72.000
Totale costo materiali	**505.000**
Capitale circolante	**310.000**
Capitale totale investito C_i	**1.385.000**

Passando alle corrispondenti rate annuali di ammortamento, si distinguono beni a lungo periodo di ammortamento (quali fabbricati) e beni a breve periodo di ammortamento (quali attrezzature e macchinari soggetti a più rapido invecchiamento).
Per i fabbricati si considera un periodo di ammortamento n = 20 anni con i = 5%.
Il coefficiente di ammortamento risulta:

$$s_1 = \frac{(1+i)^n \cdot i}{(1+i)^n - 1} = \frac{1{,}05^{20} \cdot 0{,}05}{1{,}05^{20} - 1} = 0{,}08024$$

La rata di ammortamento per i fabbricati, il cui valore è pari a 470.000 € (cfr. Tab. 1.1), risulta:

$S_1 = 470.000 \cdot 0{,}08024 = 37.713$ €

Per le attrezzature produttive e i macchinari vari si considera un periodo di ammortamento n = 10 anni con i = 5%. Il coefficiente di ammortamento risulta:

$$s_2 = \frac{(1+i)^n \cdot i}{(1+i)^n - 1} = \frac{1{,}05^{10} \cdot 0{,}05}{1{,}05^{10} - 1} = 0{,}1295$$

La rata di ammortamento per attrezzature e macchinari, il cui valore complessivo è pari a 505.000 € (cfr. Tab. 1), risulta:

$$S_2 = 505.000 \cdot 0{,}1295 = 65.398 \text{ €}$$

Gli interessi passivi relativi al capitale circolante, che ammonta a 310.000 € (cfr. Tab. 1.1), risultano assumendo ancora i = 5%:

$$i \cdot C_c = 0{,}05 \cdot 310.000 = 15.500 \text{ €}$$

I costi fissi annuali risultano quindi pari a:

$$c_f = S_1 + S_2 + i \cdot C_c = 37.713 + 65.398 + 15.500 = 118.611 \text{ €}$$

In Tabella 1.2 si riportano le varie voci che costituiscono il costo annuale di esercizio o costo variabile c_v. Tale costo vale 1.062.920 €/anno.
Nella Tabella 1.2 si sono assunti i seguenti dati:

- produzione annuale: 205,5 (q prod/g) · 50 (g/anno) = 10.275 q/anno
- costo dell'energia elettrica: 0,150 €/kWh
- costo del combustibile: 0,422 €/kg comb equivalente a 93,12 $/barile
- massa di prodotto per scatola: 4,546 kg/scatola = 0,04546 q/scatola
- numero di scatole (10.275/0,04546) ≈ 226.000 scatole

Tabella 1.2

Voci di costo annuale di esercizio o di costo variabile c_v	Costi (€/anno)
Materia prima: 7 (€/q) · 1500 (q/g) · 50 (g/anno)	525.000
Energia elettrica: 10,48 (kWh/q) · 10.275 (q prod/anno) · 0,150 (€/kWh)	16.152
Combustibile: 10.275 (q prod/anno) · 0,31 (q comb/q prod) · 42,2 (€/q comb)	134.418
Scatole ed imballaggi: 226.000 (scatole) · 0,50 (€/scatola)	113.000
Personale: 10 (operai) · 3 (turni/g) · 8 (h/turno) · 50 (g/anno) · 12 (€/h · op.)	144.000
Manutenzione: 3% del totale costo materiali = 0.03 · 505.000	15.150
Spese generali: 80% del costo del personale = 0.8 · 144.800	115.200
TOTALE	1.062.920

Il costo annuale C di produzione risulta quindi:

$$C = c_f + c_v = 118.611 + 1.062.920 = 1.181.531 \text{ €/anno}$$

Si determina ora il ricavo annuale dell'Azienda.
Il prezzo di vendita del triplo concentrato di pomodoro (compresa la scatola) è pari a 1,25 €/kg. La scatola vuota ha massa pari a 0,45 kg. Poiché vengono usate 226.000 scatole in un anno, la massa delle scatole o imballaggi vale:

$$M_s = 0{,}45 \cdot 226.000 = 101.700 \text{ kg/anno}$$

La massa di prodotto triplo concentrato di pomodoro venduta in un anno vale:

$$M_p = 205{,}5 \text{ (q/g)} \cdot 50 \text{ (g/anno)} = 205{,}5 \cdot 100 \cdot 50 = 1.027.500 \text{ kg/anno}$$

La massa di prodotto venduta compreso l'imballaggio vale:

$$M_p^* = 101.700 + 1.027.500 = 1.129.200 \text{ kg/anno}$$

Il ricavo è quindi uguale a:

$$R = 1.129.200\ (kg/anno) \cdot 1{,}25\ (€/kg) = 1.411.500\ €/anno$$

L'utile annuo risulta di conseguenza:

$$U = R - C = 1.411.500 - 1.181.531 = 229.969\ €/anno$$

Si ricava a questo punto *il tasso di dividendo* o *premio del capitale* come rapporto fra l'utile annuo e il capitale totale investito:

$$\textit{tasso di dividendo} = U/C_i = 229.969/1.385.000 = 16{,}60\%$$

Si ricava inoltre *l'utile sul fatturato*:

$$\textit{utile sul fatturato} = U/R = 229.969/1.411.500 = 16{,}29\%.$$

ESERCIZIO 2

DIAGRAMMA DI LAVORAZIONE DI UN'INDUSTRIA MECCANICA COSTRUTTRICE DI CALDAIE A TUBI D'ACQUA

2.1 Introduzione

Scopo di questa esercitazione è presentare il diagramma di lavorazione di un'industria meccanica costruttrice di caldaie a tubi d'acqua ed evidenziare gli impianti di servizio necessari alla produzione.

2.2 Caratteristiche del prodotto

L'industria in esame produce caldaie a tubi d'acqua sub-orizzontali del tipo Babcock e Wilcox, di cui si riporta uno schema semplificato nella successiva Fig. 2.1.

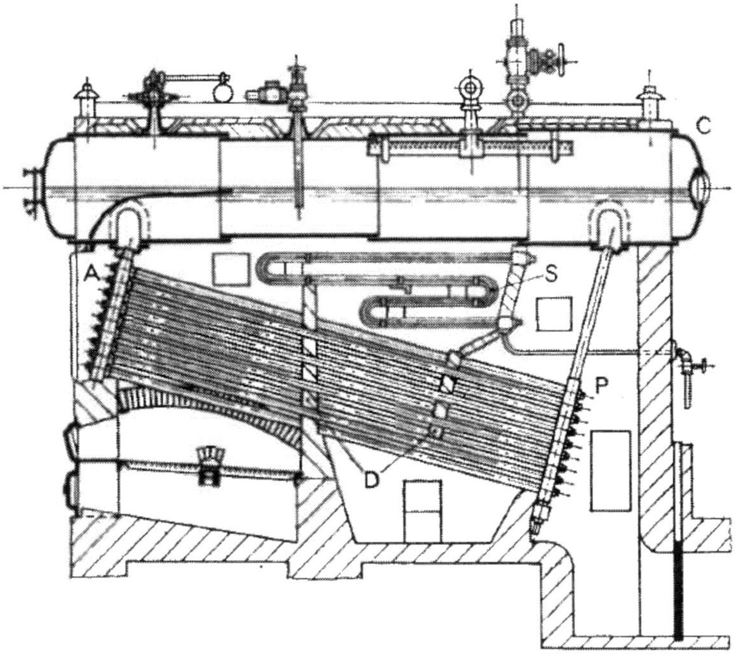

Fig. 2.1 – Caldaia a tubi d'acqua sub-orizzontali tipo Babcock e Wilcox

I tubi d'acqua sub-orizzontali sono attestati fra il collettore anteriore (A) di risalita e il collettore posteriore (P) di discesa; con (C) si indica il corpo cilindrico separatore del vapore, con (D) i diaframmi, che guidano i fumi a lambire i tubi evaporatori sub-orizzontali e il surriscaldatore (S).

I dati della caldaia sono i seguenti:

- pressione 35 bar;
- superficie fascio tubiero: 100 m^2 (n. 240 tubi ϕ 89 $\approx$ 3")

- superficie tubi a caduta: 7 m^2
- superficie tubi di ritorno: 33 m^2
- schermi: 68 m^2
- collettori: 9 m^2
- corpo cilindrico (ϕ 1100): 13 m^2

per un totale di 230 m^2 di superficie riscaldata e di 162 m^2 di superficie di scambio. La planimetria dello stabilimento è riportata in Fig. 2.2:

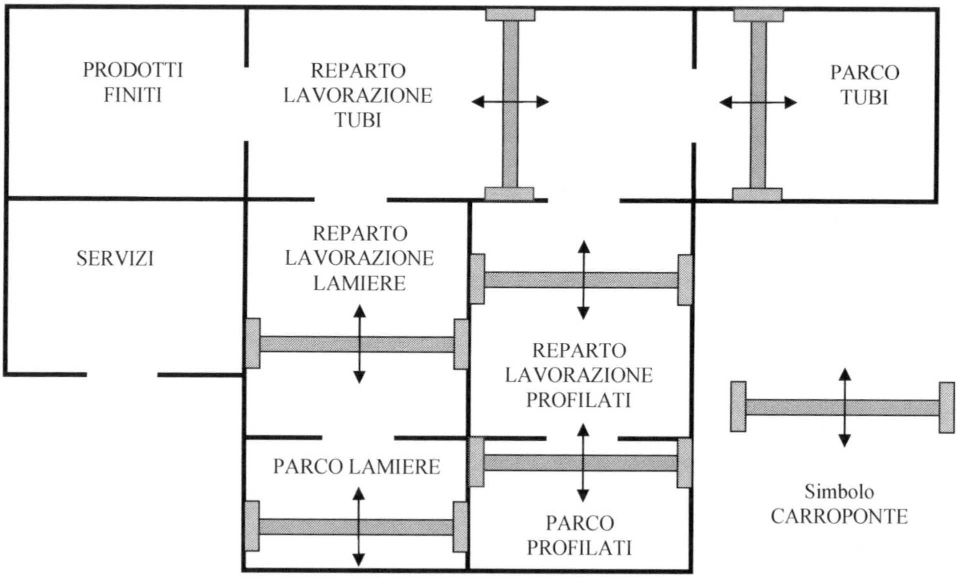

Fig. 2.2 – Planimetria dell'impianto di produzione di caldaie a tubi d'acqua sub-orizzontali tipo Babcock e Wilcox

2.3 Ciclo tecnologico e diagramma quali-quantitativo di lavorazione

L'officina esegue le classiche lavorazioni meccaniche della carpenteria, quasi tutte a freddo:

1. lavorazione della lamiera che forma il corpo cilindrico;
2. lavorazione dei tubi a sezione quadrata costituenti i due collettori;
3. lavorazione dei tubi che formano il fascio tubiero;
4. profilatura della struttura di sostegno.

Con riferimento alla successiva Fig. 2.3, che riporta il diagramma di lavorazione quali-quantitativo della caldaia, si rileva che gli impianti di servizio necessari sono i seguenti:

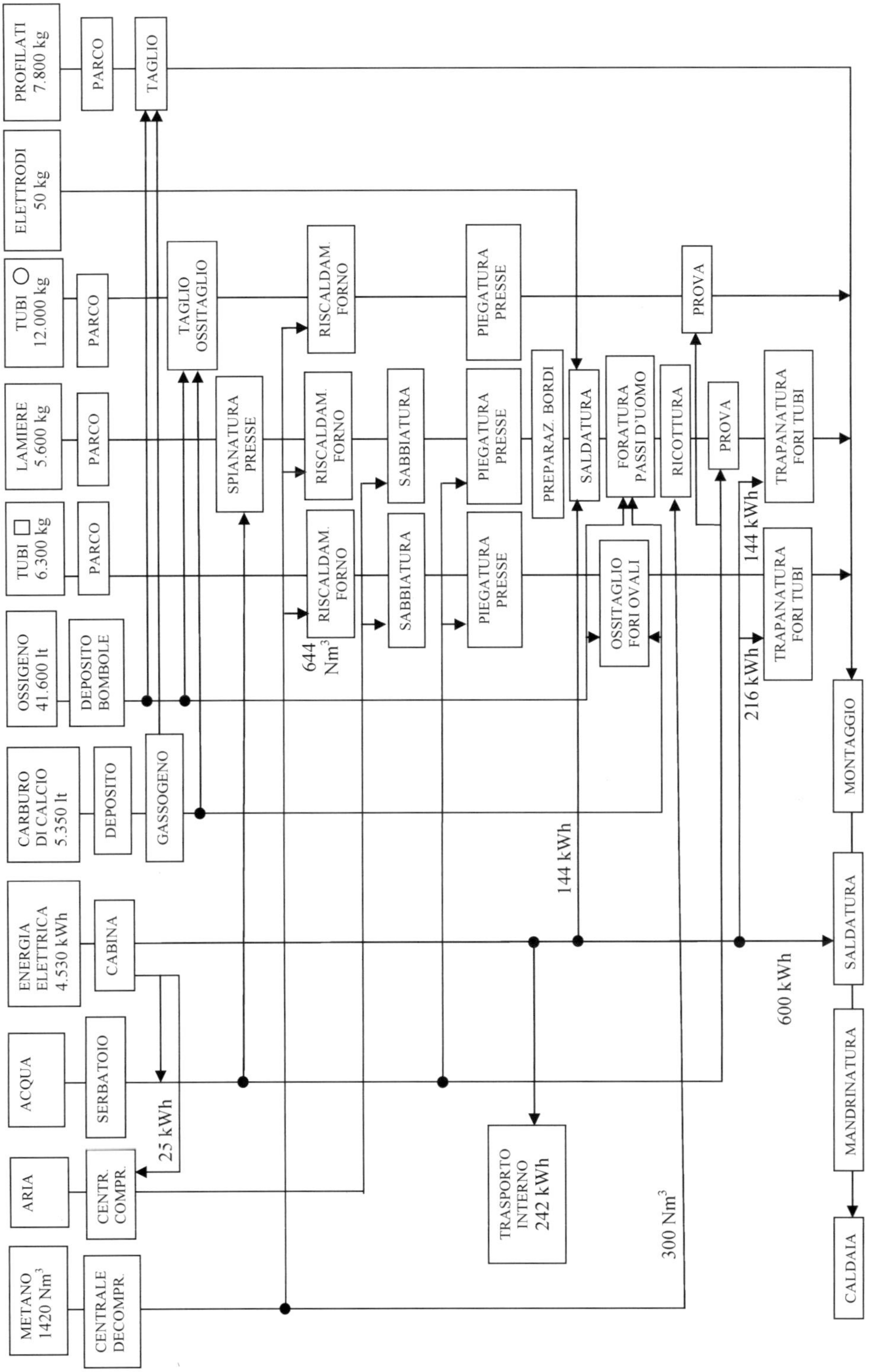

Fig. 2.3 – Diagramma quali-quantitativo del ciclo tecnologico dell'impianto di produzione di caldaie a tubi d'acqua

- servizio gas naturale;
- servizio aria compressa;
- servizio ossigeno – acetilene;
- servizio acqua in pressione;
- servizio trasporti, carro-ponte;
- servizio energia elettrica.

Si analizzano brevemente nel seguito alcuni degli impianti ausiliari che erogano i suddetti servizi.

2.4 Servizio del gas naturale

Il servizio del gas naturale è assicurato da un impianto con cabina di decompressione del tutto corrispondente allo schema di Fig. 14.8 di /1/ e a quanto riportato nel relativo par. 14.4 di /1/.
Si osserva in particolare che a monte della cabina, oltre alla valvola di intercettazione generale (collocata in pozzetto), può essere opportuno l'inserimento di un giunto dielettrico, che, interrompendo la continuità metallica, evita il flusso di correnti elettriche vaganti, suscettibili di provocare la corrosione della tubazione metallica. Un giunto dielettrico viene realizzato semplicemente inserendo una guarnizione (costituita di materiale isolante elettrico) fra due flange e isolando anche le teste dei bulloni e dei dadi di serraggio con rondelle o boccole di materiale dielettrico.
Il consumo di metano per la fabbricazione di una caldaia è pari a 1420 Nm^3.

2.5 Servizio aria compressa

Il servizio dell'aria compressa, necessaria per la fase di sabbiatura, è assicurato da un impianto con silenziatore, compressore, refrigeratore, separatore di gocce con scarico condensa e serbatoio polmone, del tutto corrispondente allo schema di Fig. 13.1 di /1/ e a quanto riportato nel relativo par. 13.1 di /1/. Dopo il serbatoio non è previsto un sistema di essiccamento aggiuntivo per ulteriore scarico di condensa, perché non necessario, e si va direttamente all'utenza.

2.6 Servizio idrico

Il servizio idrico è chiamato a fornire acqua in pressione per le fasi di spianatura e di piegatura delle lamiere e dei tubi con presse ed inoltre per la fase di prova degli elementi costituenti la caldaia. Esso è assicurato da un impianto con pompa di prelievo di acqua da un pozzo e serbatoio di compenso, avente la funzione di supplire alle esigenze variabili delle utenze mentre la pompa funziona a portata costante. Il serbatoio di compenso provvede anche al servizio antincendio. Lo schema dell'impianto è del tutto corrispondente allo schema di Fig. 12.6 di /1/ e a quanto illustrato nel relativo par. 12.3.2 di /1/.

BIBLIOGRAFIA

/1/ A. PARESCHI, "Impianti Meccanici per l'Industria", Collana Progetto Leonardo, Editrice Esculapio, Bologna, 2009

ESERCIZIO 3

DIAGRAMMA QUALI-QUANTITATIVO DEL CICLO TECNOLOGICO DI UNA CARTIERA

3.1 Introduzione e dati del problema

Nella presente esercitazione si considera il ciclo tecnologico di un impianto di produzione della carta per pervenire ad un diagramma quali-quantitativo, che illustri gli impianti di servizio necessari e le quantità di risorse che tali impianti devono fornire al processo tecnologico per produrre 100 kg di carta giornale.

Il ciclo in esame non è del tipo integrale, ma prende avvio dalla pasta di legno. Infatti in Italia il legno scarseggia e quindi viene importata direttamente la pasta di legno.

La potenzialità dell'impianto è pari a 1000 quintali/giorno di carta giornale.

Il diagramma quali-quantitativo presentato al paragrafo successivo è relativo a 100 kg di carta giornale.

Le macchine fondamentali per la realizzazione del ciclo di lavorazione sono:

1. macchina raffinatrice "olandese";
2. macchina continua o a tavola piana, che provvede anche all'essiccamento finale del prodotto.

La macchina raffinatrice, costituita di cilindri rotanti e coltelli, ha la funzione di sfibrare i vari elementi e componenti di pasta di legno che vengono a suo contatto rimescolandoli con elevati quantitativi di acqua; si ottiene in questo modo una massa fluida costituita dal 90% di acqua.

La macchina è costituita da una vasca ovale, di forma più o meno allungata e profonda poco più di un metro, in ghisa, cemento o muratura, rivestita internamente di intonaco molto resistente alle scalfitture o piastrellata. Una parete verticale e longitudinale, in posizione mediana nella vasca, consente di realizzare un canale di lavoro, chiuso su sé stesso, in cui la pasta circola indefinitamente. Cilindri, trasversali al canale e dotati di coltelli, ruotano sfiorando il fondo della vasca dal quale sporgono altri coltelli. Il gioco fra le lame può essere regolato in funzione degli obiettivi produttivi e della qualità di prodotto da realizzare. La velocità di rotazione dei cilindri è dell'ordine di 200 giri/min.

La macchina continua è un insieme di diversi organi meccanici sincronizzati che hanno la funzione di realizzare, in una serie continua di operazioni, la trasformazione dell'impasto in un nastro di carta finito ed ininterrotto.

Essa è costituita di una parte *umida,* che comprende la cassa di afflusso, la tavola piana, la pressa manicotto o cilindro aspirante e ulteriori presse di vario tipo, e da una parte *secca* costituita da una serie di cilindri essiccatori, cilindri raffreddatori, liscie, etc... Questa parte svolge l'importante compito di essiccamento eliminando gran parte della umidità fino ad un valore del 2÷3%.

Il depuratore è costituito da canali *sabbieri* a sezione rettangolare muniti di paratoie sporgenti dal fondo che per sedimentazione trattengono le particelle pesanti (sabbia, calcinacci, carbone, particelle o corpi metallici) estranee all'impasto che nuocciono alla qualità del prodotto e potrebbero anche danneggiare gli organi della macchina continua.

Dopo essiccamento da parte della macchina continua, la carta va in magazzino dove subisce un trattamento termo-igrometrico specifico in funzione del tipo di carta che si vuole ottenere.

Gli impianti ausiliari o di servizio necessari sono quelli che forniscono:

a. combustibile;
b. acqua;
c. trasporti;
d. energia elettrica compresa una centrale a recupero.

L'energia elettrica viene in genere autoprodotta con un impianto di cogenerazione a ricupero utilizzante vapore di acqua. Se l'energia elettrica autoprodotta non è sufficiente, la parte mancante viene prelevata da ENEL.

Le cartiere vengono poste nelle immediate vicinanze di un corso d'acqua perché ne utilizzano grandi quantità, mediamente 400÷600 kg acqua/kg carta giornale.

3.2 Il diagramma quali-quantitativo

Oltre alla macchina raffinatrice e alla macchina continua di essiccamento, il ciclo tecnologico comprende anche:

- tine mescolatrici (ovvero recipienti mescolatori) e tine di macchina;
- regolatore di densità e depuratore;
- bobinatrice e taglierina.

Il diagramma quali-quantitativo per la produzione di 100 kg di carta giornale è riportato a pagina seguente in Fig. 3.1.

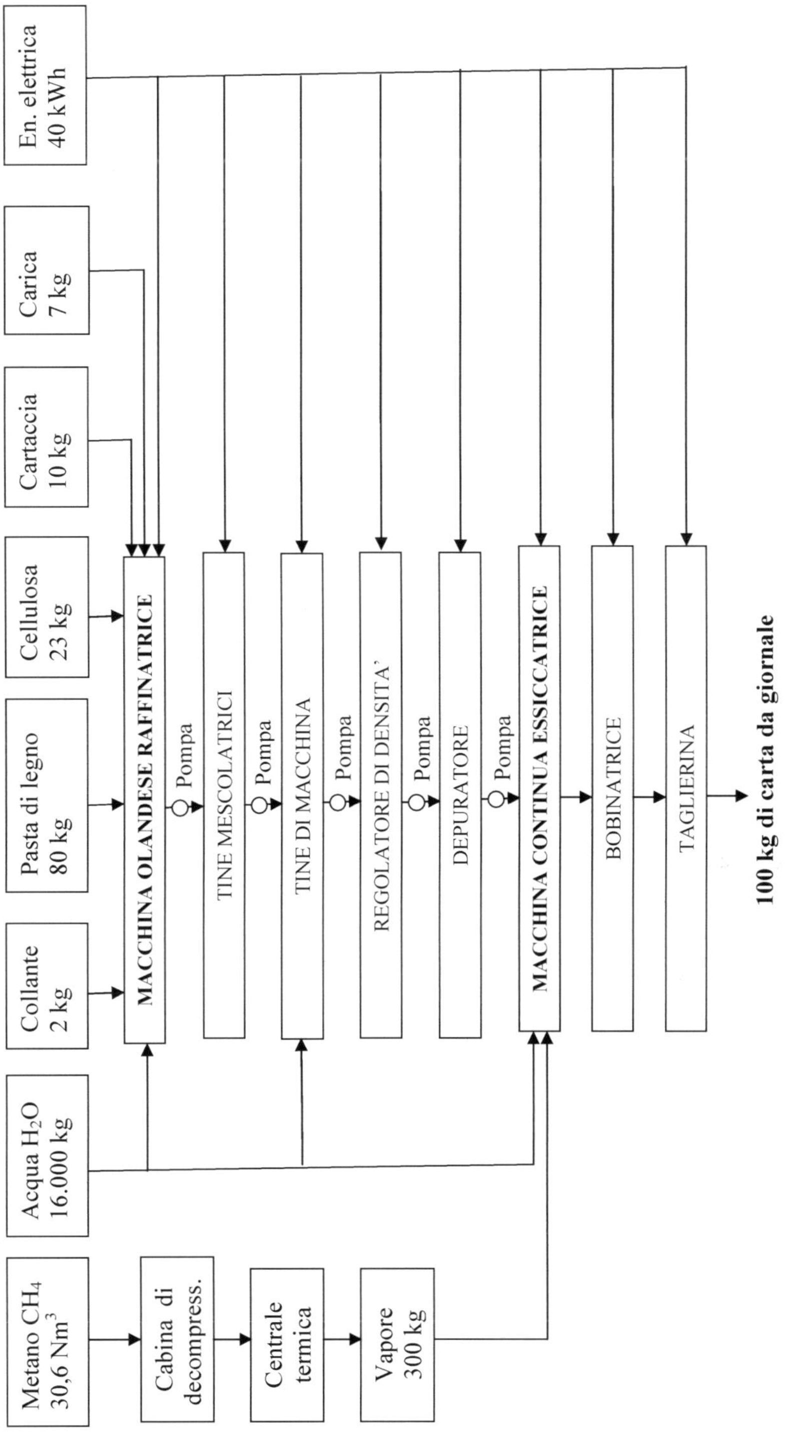

Fig. 3.1 – Diagramma quali-quantitativo della produzione di 100 kg di carta da giornale

ESERCIZIO 4

PROGETTO DI UN IMPIANTO DI COGENERAZIONE DI ENERGIA ELETTRICA E TERMICA A RECUPERO TOTALE PER UNO ZUCCHERIFICIO

4.1 Dati del problema e sviluppo del progetto

La richiesta giornaliera di potenza elettrica P_{kW} e di energia termica, in termini di portata $G(\tau)$ di vapore saturo agli utilizzatori operante alla pressione p_u = 3,5 bar, è data nelle tabelle seguenti:

Tab. 4.1

ore	P_{kW}
0 ÷ 6	3.000
6 ÷ 12	5.000
12 ÷ 15	4.000
15 ÷ 20	5.000
20 ÷ 24	3.000

Tab. 4.2

ore	G (t/h)
0 ÷ 10	25
10 ÷ 20	35
20 ÷ 24	25

Si determina innanzitutto il valore del rapporto $K(\tau) = P_{kW}(\tau)/G(\tau)$:

Tab. 4.3

ore	K (kWh/kg)
0 ÷ 6	0,120
6 ÷ 10	0,200
10 ÷ 12	0,143
12 ÷ 15	0,114
15 ÷ 20	0,143
20 ÷ 24	0,120

In Fig. 4.1 si riporta lo schema dell'impianto. Alla pressione agli utilizzatori p_u = 3,5 bar corrisponde una temperatura T_{vu} = 138,87 °C. Sul diagramma entropico (T,S) (Fig. 4.2) risulta quindi definita la posizione del punto 1', che rappresenta lo stato fisico del vapore all'ingresso degli utilizzatori. Si considera che il vapore uscente dalla turbina sia leggermente surriscaldato in modo da arrivare in condizioni di vapore saturo secco all'ingresso degli utilizzatori che normalmente sono collocati lontano dallo scarico della turbina in base alle specifiche esigenze e al conseguente

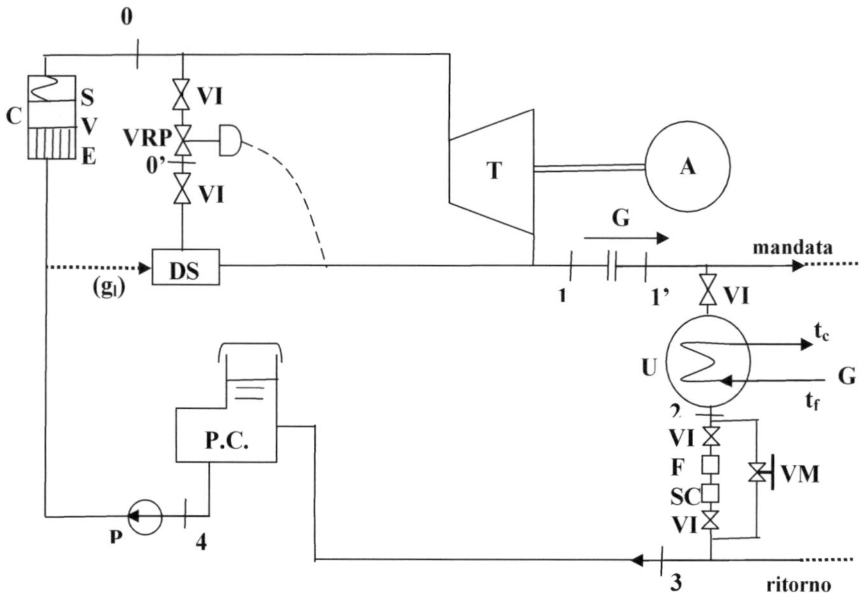

Fig. 4.1 – Schema dell'impianto di cogenerazione di energia elettrica e termica a recupero totale

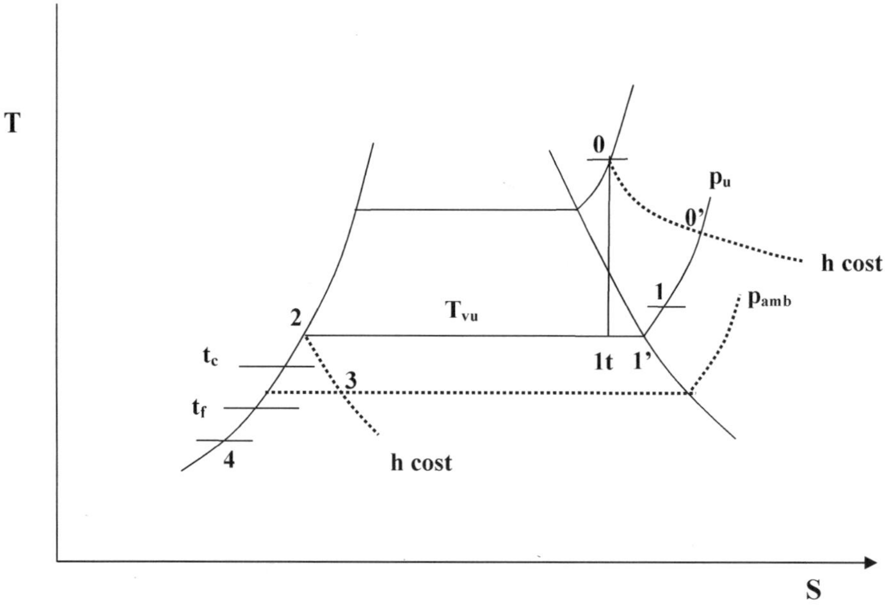

Fig. 4.2 – Ciclo termodinamico sul diagramma (T,S) relativo all'impianto di cogenerazione a recupero totale

layout dell'impianto di produzione. Si considera mediamente un grado di surriscaldamento ΔT_s di circa 10÷15°C. Si assume in questo caso:

$T_1 = T_{vu} + \Delta T_s = 150°C$

Dal diagramma di Mollier è possibile dedurre l'entalpia del vapore (sempre alla pressione p_u = 3,5 bar) nello stato fisico 1 in uscita dalla turbina:

h_1 = 2.755 kJ/kg.

Dalla relazione della potenza si trae secondo la (4.3) di /1/:

$$\Delta h = (h_0 - h_1) = P_{kW}(\tau)/G(\tau) \cdot \eta_m \cdot \eta_e \cdot \eta_{aus} = K(\tau) / \eta_{totale}$$

essendo η_m il rendimento meccanico della turbina, η_e il rendimento elettrico dell'alternatore, η_{aus} il coefficiente che tiene conto della potenza assorbita dalle macchine ausiliarie e $\eta_{totale} = \eta_m \cdot \eta_{aus} \cdot \eta_e$. Il valore più elevato del salto entalpico necessario si ha in corrispondenza delle ore 6÷10 quando K assume il suo valore massimo pari a 0,200; assumendo η_{totale} = 0,95 il salto entalpico reale risulta:

$$\Delta h = 0{,}200 / 0{,}95 = 0{,}21 \text{ kWh/kg} = 0{,}21 \cdot 3600 \text{ kJ/kg} = 756 \text{ kJ/kg.}$$

Il salto entalpico teorico Δh_t è deducibile dal salto entalpico reale attraverso il rendimento isentropico η_i che viene assunto pari a 0,80 trattandosi sicuramente di una turbina non particolarmente spinta essendo inserita in un impianto di produzione industriale; risulta:

$$\Delta h_t = \Delta h / \eta_i = 756 / 0{,}8 = 945 \text{ kJ/kg}$$

E' possibile a questo punto determinare l'entalpia del punto teorico (1t) essendo:

$$h_{1t} = h_1 - (\Delta h_t - \Delta h) = 2.755 - (945 - 756) = 2.566 \text{ kJ/kg}$$

Di seguito è possibile determinare l'entalpia del punto (0):

$$h_0 = h_{1t} + \Delta h_t = 2.566 + 945 = 3.511 \text{ kJ/kg}$$ oppure anche:

$$h_0 = h_1 + \Delta h = 2.755 + 756 = 3.511 \text{ kJ/kg.}$$

Dal diagramma di Mollier si ricavano pressione e temperatura dello stato fisico (0):

Punto (0): p_0 = 180 bar T_0 = 580°C

I valori trovati sono troppo alti perché superano i valori limite ($p_{0\,max}$ = 70÷80 bar, $T_{0\,max}$ = 460÷470°C) accettabili in un impianto a contropressione inserito in un sistema produttivo. A questo punto per disporre comunque di tutta la potenza necessaria si potrebbe ricorrere ad un impianto in derivazione.

Si opta tuttavia di mantenere la soluzione di impianto totalmente a contropressione con ricorso ad ENEL per acquistare l'energia elettrica mancante nelle ore di punta.

A questo punto è necessario ottimizzare il valore di Δh e quindi di p_0 determinando sul diagramma di Mollier la retta luogo dei punti (0) che, al variare di Δh e di p_0, soddisfano i prefissati valori di h_1 ed η_i.

Con riferimento allo schema di Fig. 4.3 e secondo quanto esposto in /1/ (par. 4.1),

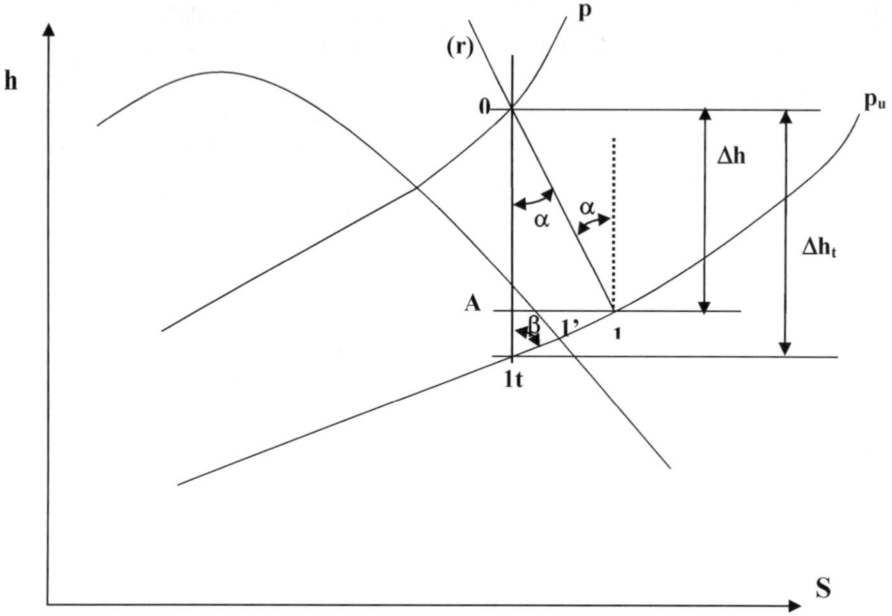

4.3 – Rappresentazione schematica dell'espansione sul diagramma di Mollier (h,S)

vale la relazione:

$$\text{tg}\,\alpha = \text{tg}\,\beta \cdot (1-\eta_i)/\eta_i$$

Operando sul diagramma di Mollier reale (cfr. Fig 4.4) si ottiene:

$$\text{tg}\,\beta = \frac{\overline{A1}}{\overline{A1_t}} = 1{,}2637 \qquad \text{ovvero } \beta = 51{,}6°$$

$$\text{tg}\,\alpha = 1{,}2637 \cdot (1-0.8)/0.8 = 0{,}3159 \qquad \text{ovvero } \alpha = 17{,}5°$$

e conseguentemente si può tracciare la retta cercata luogo dei punti (0) passante per il punto (1) e inclinata di α rispetto alla verticale.
Oltre ai valori limite superiori di pressione e temperatura già richiamati ($p_{0\ lim}$ = 80 bar, $T_{0\ lim}$ = 470°C), esistono ovviamente dei valori minimi delle caratteristiche potenziali del vapore al di sotto del quali la cogenerazione non conviene:

$p_{0\ min} \approx 20$ bar; $T_{0\ min} \approx 340°C$.

Dal diagramma di Fig. 4.4 è possibile dedurre i valori massimo e minimo di h_0 che corrispondono ai punti indicati con (**0 max**) e (**0 min**):

$h_{0\ max}$ = 3.325 kJ/kg $\quad$ $h_{0\ min}$ = 3.100 kJ/kg

I valori massimo e minimo del salto entalpico Δh risultano pertanto:

$\Delta h_{max} = h_{0\ max} - h_1$ = 3.325 – 2.755 = 570 kJ/kg

$\Delta h_{min} = h_{0\ min} - h_1$ = 3.100 – 2.755 = 345 kJ/kg

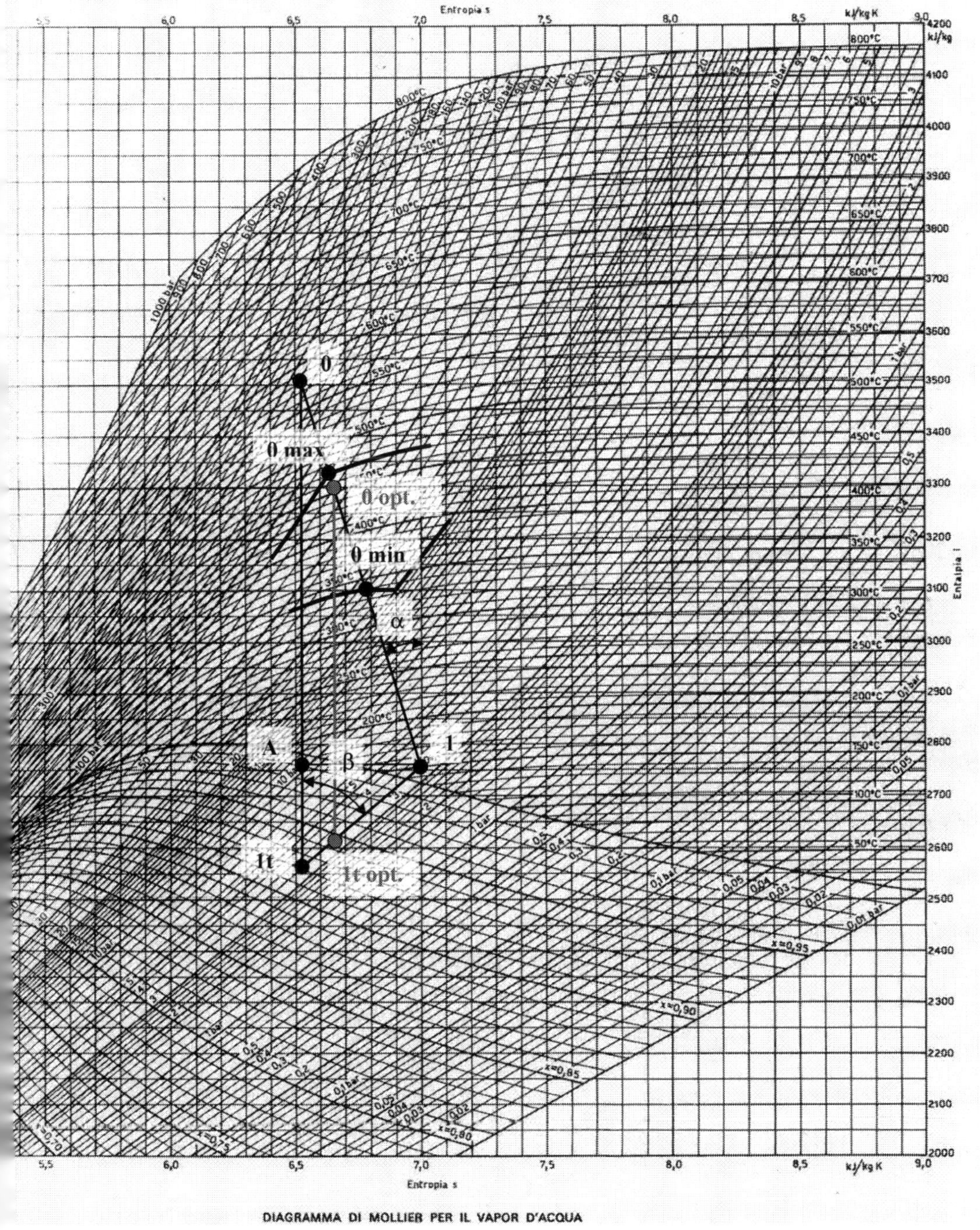

Fig. 4.4 – Retta luogo dei punti (0) passante per il punto (1) e inclinata di α rispetto alla verticale per fissato $\eta_i = 0,8$

Nel seguito si varia il valore di Δh fra il minimo e il massimo calcolando ogni volta il costo totale dell'impianto a contropressione (comprensivo di costi fissi e costi variabili) e si determina quindi il valore ottimale di Δh per cui si ha il minimo costo totale. Noto Δh_{opt} è possibile ricavare il valore ottimo di p_0 e dimensionare l'impianto.
La potenza erogata dalla turbina al netto della potenza assorbita dalle macchine ausiliarie è data da:

$$P_{kW}(\tau) = G(\tau) \cdot (h_0 - h_1) \cdot \eta_m \cdot \eta_e \cdot \eta_{aus} = G(\tau) \cdot \Delta h \cdot 0{,}95$$

avendo assunto: $\eta_m \cdot \eta_e \cdot \eta_{aus} = \cdot 0{,}98 \cdot 0{,}99 \cdot 0{,}98 = 0{,}95$

I valori di $P_{kW}(\tau)$ al variare delle ore del giorno sono riportati nella seguente Tab. 4.4:

Tab. 4.4 – Valori di $P_{kW}(\tau)$ al variare delle ore del giorno

ore	G (kg/s)	P_{kW}								
		Δh = = 345 (kJ/kg)	Δh = = 380 (kJ/kg)	Δh = = 420 (kJ/kg)	Δh = = 460 (kJ/kg)	Δh = = 500 (kJ/kg)	Δh = = 540 (kJ/kg)	Δh = = 550 (kJ/kg)	Δh = = 560 (kJ/kg)	Δh = = 570 (kJ/kg)
0÷10	6,94	2.275	2.505	2.769	3.033	3.296	3.560	3.626	3.692	3.758
10÷20	9,72	3.186	3.509	3.878	4.245	4.617	4.986	5.079	5.171	5.263
20÷24	6,94	2.275	2.505	2.769	3.033	3.296	3.560	3.626	3.692	3.758

Nella successiva Tab. 4.5 sono riportati, a partire dai valori della potenza disponibile netta e della potenza mancante, i quantitativi di energia prodotti ed utilizzati durante una giornata tipo e quelli mancanti e quindi acquistati da ENEL. I quantitativi in eccesso si considerano prodotti ma non utilizzati.

E' possibile determinare l'energia elettrica E_y necessaria in un anno di funzionamento dell'impianto:

$$E_y = E_{tot,\,giorno} \cdot 365 \cdot f_u = (97 \cdot 10^3) \cdot 365 \cdot 0{,}8 = 28{,}324 \cdot 10^6 \text{ kWh/anno}$$

avendo indicato $E_{tot,\,giorno}$ = 97.000 kWh/giorno l'energia totale necessaria ogni giorno, con f_u il fattore di utilizzo dell'impianto (assunto uguale 0,8) e quindi con ($365 \cdot f_u$) il numero medio di giorni di funzionamento all'anno dell'impianto.

Si determinano nel seguito i costi fissi e i costi variabili.

I costi variabili sono due.
Il primo è quello relativo alla massa di combustibile aggiuntiva consumata al giorno a seguito dell'adozione di un impianto di cogenerazione a contropressione. Vale la seguente relazione tratta da /1/ (cfr. relazione 4.5):

$$m_c = E'_g (\Delta h) / k_i \cdot \eta_g \cdot \eta_m \cdot \eta_e$$

Tab. 4.5 - Quantitativi di energia prodotti ed utilizzati durante una giornata tipo e quantitativi di energia mancanti e quindi acquistati da ENEL

ore	Pot. richiesta (kW)	Δh = 345 (kJ/kg)		Δh = 380 (kJ/kg)		Δh = 420 (kJ/kg)		Δh = 460 (kJ/kg)		Δh = 500 (kJ/kg)		Δh = 540 (kJ/kg)		Δh = 550 (kJ/kg)		Δh = 560 (kJ/kg)		Δh = 570 (kJ/kg)	
		Pot. disp. netta (kW)	Pot. man-cante (kW)	Pot. disp. netta (kW)	Pot. man-cante (kW)	Pot. disp. netta (kW)	Pot. man-cante (kW)	Pot. disp. netta (kW)	Pot. man-cante (kW)	Pot. disp. netta (kW)	Pot. man-cante (kW)	Pot. disp. netta (kW)	Pot. man-cante (kW)	Pot. disp. netta (kW)	Pot. man-cante (kW)	Pot. disp. netta (kW)	Pot. man-cante (kW)	Pot. disp. netta (kW)	Pot. man-cante (kW)
0/ /6	3000	2275	725	2505	495	2769	231	3000 + 33	0	3000 +296	0	3000 +560	0	3000 +626	0	3000 +692	0	3000 +758	0
6/ /10	5000	2275	2725	2505	2495	2769	2231	3033	1967	3296	1704	3560	1440	3626	1374	3692	1308	3758	1242
10/ /12	5000	3186	1814	3509	1491	3878	122	4245	755	4617	383	4986	14	5000 +79	0	5000 +171	0	5000 +263	0
12/ /15	4000	3186	814	3509	491	3878	122	4000 +245	0	4000 +617	0	4000 +986	0	4000 +1079	0	4000 +1171	0	4000 +1263	0
15/ /20	5000	3186	1814	3509	1491	3878	1122	4245	755	4617	383	4986	14	5000 +79	0	5000 +171	0	5000 +263	0
20/ /24	3000	2275	725	2505	495	2769	231	3000 + 33	0	3000 +296	0	3000 +560	0	3000 +626	0	3000 +692	0	3000 +758	0
En. netta prodotta E_g (kWh/g)		63710		70160		77546		83847		87503		91142		91504		91768		92032	
Energia acquistata E_a (kWh/g)			33290		26840		19454		13153		9497		5858		5496		5232		4968
TOT. En. utilizz. (kWh/g)		97000		97000		97000		97000		97000		97000		97000		97000		97000	

nella quale:

- m_c (kg/giorno) è la massa di combustibile consumata al giorno;
- E'_g (Δh) espressa in (kWh/giorno) è l'energia elettrica prodotta al giorno al lordo di quella consumata dalle macchine ausiliarie aggiuntive introdotte con la soluzione cogenerativa;
- k_i (kJ/kg comb.) è il potere calorifico inferiore del combustibile assunto pari a 40.000 kJ/kg;
- η_g è il rendimento del generatore di vapore assunto pari a 0,9;
- η_m è il rendimento meccanico della turbina assunto pari a 0,98;
- η_e il rendimento elettrico dell'alternatore assunto pari a 0,99.

Si precisa che: $E'_g = E_g / \eta_{aus}$

essendo E_g l'energia netta autoprodotta al giorno di cui alla terz'ultima riga della Tab. 4.5, ed η_{aus} il coefficiente già ricordato (assunto pari a 0,98), che tiene conto della energia elettrica assorbita da macchine operatrici aggiuntive introdotte con la soluzione cogenerativa.
Indicando con b (€/kg) il costo unitario del combustibile, assunto pari a 0,4225 €/kg, il costo variabile del combustibile consumato in un anno vale:

$$c_{v1}(\Delta h) = b \cdot (365 \cdot f_u) \cdot m_c(\Delta h) = b \cdot (365 \cdot f_u) \cdot E_g(\Delta h) / k_i \cdot \eta_g \cdot \eta_m \cdot \eta_e \cdot \eta_{aus} =$$
$$= (0{,}4225 \cdot 365 \cdot 0{,}8 \cdot 3600/\, 40000 \cdot 0{,}9 \cdot 0{,}98 \cdot 0{,}99 \cdot 0{,}98) \cdot E_g(\Delta h) =$$
$$= 12{,}9754 \cdot E_g(\Delta h).$$

I valori di c_{v1} (Δh) al variare di Δh sono riportati nella successiva Tab. 4.6.

Il secondo costo variabile è quello per l'acquisto della energia elettrica mancante.
Si utilizza la formula:

$$c_{v2}(\Delta h) = c \cdot (365 \cdot f_u) \cdot E_a(\Delta h) = 0{,}153 \cdot 365 \cdot 0{,}8 \cdot E_a(\Delta h) = 44{,}676 \cdot E_a(\Delta h)$$

avendo indicato con E_a (Δh) l'energia elettrica acquistata al giorno da ENEL, di cui alla penultima riga della Tab. 4.5, e con c (€/kWh) il costo unitario dell'energia elettrica assunto pari a 0,153 (€/kWh).
I valori di c_{v2} (Δh) al variare di Δh sono riportati nella successiva Tab. 4.6.

I costi fissi sono tre.
Il primo è quello relativo al costo del gruppo-turboalternatore compreso il maggior costo della caldaia per alte pressioni. La potenza installata vale:

$$P_{installata}(\Delta h) = P_{max} = G_{max} \cdot \Delta h \cdot \eta_m \cdot \eta_e = 9{,}72 \cdot 0{,}98 \cdot 0{,}99 \cdot \Delta h = 9{,}43 \cdot \Delta h$$

Il primo costo fisso su base annua vale:

$$c_{f1} = \Delta C \cdot P_{installata}(\Delta h) \cdot s = 500 \cdot 0{,}1627 \cdot P_{installata}(\Delta h) = 81{,}37 \cdot P_{installata}(\Delta h)$$

avendo indicato con ΔC (€/kW) il costo unitario della potenza elettrica installata, compreso il maggior costo della caldaia per alte pressioni, assunto uguale a 500 (€/kW) e con s il coefficiente di ammortamento pari a:

$$s = \frac{r^n \cdot i}{r^n - 1} = \frac{1{,}1^{10} \cdot i}{1{,}1^{10} - 1} = 0{,}1627$$

con n=10 anni e i=10%.

Il secondo costo fisso è il costo annuale della manutenzione delle attrezzature aggiunte espresso come percentuale m (≈ 5%) del costo delle attrezzature stesse:

$$c_{f2} = \Delta C \cdot P_{installata}(\Delta h) \cdot m = 500 \cdot 0{,}05 \cdot P_{installata}(\Delta h) = 25 \cdot P_{installata}(\Delta h).$$

Il terzo costo fisso è il costo annuale della manodopera aggiuntiva di manutenzione:

$$c_{f3} = N_m \cdot C_m = 4 \cdot 40000 = 160.000 \text{ €/anno}$$

avendo indicato con N_m (assunto uguale a 4) il numero di manutentori aggiuntivi per accudire l'impianto di cogenerazione e con C_m (assunto pari a 40.000 €/anno) il costo annuale di ogni manutentore.
I valori di c_{f1} (Δh) e c_{f2} (Δh) al variare di Δh sono riportati ancora nella successiva Tab. 4.6, nella quale sono riportati anche al variare di Δh i valori del costo fisso totale annuale c_f dato dalla somma:

$$c_f(\Delta h) = c_{f1}(\Delta h) + c_{f2}(\Delta h) + c_{f3}$$

Infine nella stessa Tab. 4.6 è riportato il costo totale al variare di Δh dato dalla somma di costi fissi e costi variabili:

$$c_{tot}(\Delta h) = c_{f1}(\Delta h) + c_{f2}(\Delta h) + c_{f3} + c_{v1}(\Delta h) + c_{v2}(\Delta h)$$

Per valori crescenti di Δh (a partire da 345 kJ/kg) il costo totale annuale scende fino ad un minimo pari a 2.144.528 €/anno per Δh = 550 kJ/kg.
Per valori superiori di Δh pari a 560 e 570 kJ/kg il costo totale annuale torna a salire verso valori superiori.
Il salto entalpico ottimale è pertanto pari a: Δh_{opt} = 550 kJ/kg
Nella stessa Tab. 4.6 è riportato il costo unitario medio al variare di Δh espresso da:

$$c \text{ unitario} = C_{tot}(\Delta h)/E_{tot,giorno} \cdot 365 \cdot 0{,}8$$

che assume il valore minimo di 0,07571(€/kWh) in corrispondenza di Δh_{opt} = 550 kJ/kg.
Si adotta quindi il valore $\Delta h_{opt.}$ = 550 kJ/kg con un gruppo turboalternatore da 5.200 kW. Sul diagramma di Mollier è possibile individuare i punti (0 opt.) e (1t opt.). Si ha infatti:

$$h_1 = 2.755 \text{ kJ/kg};$$

$$h_{0\,opt.} = h_1 + \Delta h_{opt.} = 2.755 + 550 = 3.305 \text{ kJ/kg}.$$

$$\Delta h_{t\,opt.} = \Delta h_{opt.} / \eta_i = 550 / 0{,}8 = 687{,}5 \text{ kJ/kg}$$

E' possibile a questo punto determinare l'entalpia del punto teorico (1t opt.) essendo:

$$h_{1t\,opt.} = h_1 - (\Delta h_{t\,opt.} - \Delta h_{opt.}) = 2.755 - (687{,}5 - 550) =$$
$$= 2.755 - 137{,}5 = 2.617{,}5 \text{ kJ/kg}$$

Tab. 4.6 – Riepilogo dei costi fissi, dei costi variabili e del costo totale dell'impianto di cogenerazione e del costo unitario dell'energia elettrica complessivamente utilizzata al variare del salto entalpico Δh e determinazione del salto entalpico ottimale.

□h (kJ/kg)	Eg (kWh/g)	Ea (kWh/g)	Cv1 (€/anno)	Cv2 (€/anno)	Pinstallata (kW)	Cf1 (€/anno)	Cf2 (€/anno)	Cf3 (€/anno)	Cf (€/anno)	Ctot (€/anno)	c unitario (€/kWh)
345	63710	33290	826.663	1.487.264	3.253	264.725	81.334	160.000	506.059	2.819.986	0,09956
380	70160	26840	910.354	1.199.104	3.583	291.581	89.585	160.000	541.166	2.650.624	0,09358
420	77546	19454	1.006.190	869.127	3.961	322.274	99.015	160.000	581.289	2.456.606	0,08673
460	83847	13153	1.087.948	587.623	4.338	352.967	108.445	160.000	621.412	2.296.984	0,08110
500	87503	9497	1.135.386	424.288	4.715	383.660	117.875	160.000	661.535	2.221.209	0,07842
540	91142	5858	1.182.604	261.712	5.092	414.352	127.305	160.000	701.657	2.145.973	0,07577
opt. 550	**91504**	**5496**	**1.187.301**	**245.539**	**5.187**	**422.026**	**129.663**	**160.000**	**711.688**	**2.144.528**	**0,07571**
560	91768	5232	1.190.727	233.745	5.281	429.699	132.020	160.000	721.719	2.146.190	0,07577
570	92032	4968	1.194.152	221.950	5.375	437.372	134.378	160.000	731.749	2.147.852	0,07583

Di seguito è possibile verificare l'entalpia del punto (0 opt.) partendo da $h_{1t\,opt.}$:

$$h_{0\,opt.} = h_{1t\,opt} + \Delta h_{t\,opt.} = 2.617{,}5 + 687{,}5 = 3.305 \text{ kJ/kg}$$

Dal diagramma di Mollier si ricavano i valori di pressione e temperatura dello stato fisico (0 opt.) e dello stato fisico (1t opt.) e per quest'ultimo anche del titolo :

Stato fisico (0 opt.):	$p_{0\,opt.} = 70$ bar	$T_{0\,opt.} = 458°C$	
Stato fisico (1t opt.):	$p_u = 3{,}5$ bar	$T_{1t\,opt.} = 140$ °C	$x_{1t\,opt.} = 0{,}946$

La turbina scelta è in grado di fornire l'energia occorrente per quasi tutto l'arco della giornata ad esclusione del periodo dalle ore 6 alle ore 10 del mattino in cui si è costretti a prelevare parte dell'energia elettrica dalla rete ENEL.
In tutte le altre ore della giornata è possibile produrre una quantità di energia elettrica leggermente superiore a quella necessaria, che però non si è in grado di utilizzare interamente. Peraltro si deve continuare a produrre l'intera portata di vapore $G(\tau)$ perché è quella necessaria agli utilizzatori. Questo significa che una parte di portata, nel periodo di sovraproduzione di energia elettrica, deve essere condotta direttamente agli utilizzatori, attraverso un ramo di *by-pass*, senza passare in turbina.
Nel seguito si determina la portata di *by-pass* $G_{b.p.}$ tramite la relazione:

$$G_{b.p.}(\tau) = (P_g - P_r) / \Delta h \cdot \eta_{totale} = (P_g - P_r) / \Delta h \cdot 0{,}95$$

essendo P_g la potenza elettrica disponibile e P_r la potenza elettrica richiesta durante le varie ore del giorno.
Il vapore deviato attraverso il ramo di *by-pass* deve essere desurriscaldato dallo stato fisico (0') allo stato fisico (1) tramite il desurriscaldatore (DS) (cfr. la sottostante Fig. 4.5):

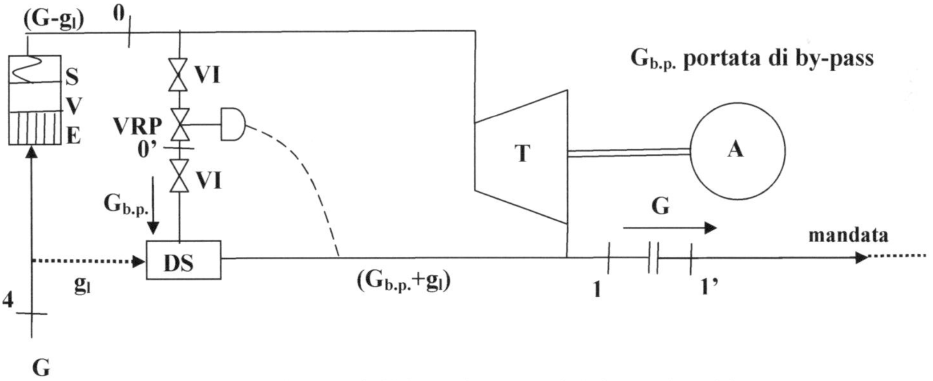

Fig. 4.5 – Schema dell'inserimento del desurriscaldatore

Dal bilancio termico del desurriscaldatore è possibile dedurre la portata di liquido $g_l(\tau)$ che, derivata prima dell'ingresso in caldaia, alimenta il desurriscaldatore:

$$G_{b.p.}(\tau) \cdot h_{0'} + g_l(\tau) \cdot h_4 = [G_{b.p.}(\tau) + g_l(\tau)] \cdot h_1$$

$$g_l(\tau) = G_{b.p.}(\tau) \cdot [h_{0'} - h_1] / [h_1 - h_4] = G_{b.p.}(\tau) \cdot 550/2.378 = 0{,}2313 \cdot G_{b.p.}(\tau)$$

essendo:

$h_{0'} = h_0 = 3.305$ kJ/kg

$h_1 = 2.755$ kJ/kg

Per quanto riguarda h_4, si suppone che la temperatura t_4 sia un po' inferiore a 100°C per il raffreddamento che si verifica all'interno del pozzo caldo non schermato. Si suppone in particolare $t_4 = 90$ °C, per cui si ha:

$h_4 = 90$ kcal/kg = 377 kJ/kg.

Le principali portate di vapore risultano pertanto:

$G(\tau)$ portata complessiva agli utilizzatori;

$G(\tau) - g_l(\tau) = G_c(\tau)$ portata che attraversa la caldaia;

$G(\tau) - g_l(\tau) - G_{b.p.}(\tau) = G_c(\tau) - G_{b.p.}(\tau) = G_u(\tau)$ portata che attraversa la turbina.

Nella Tab. 4.7 sono riportati i valori di $G(\tau)$, $G_{b.p.}(\tau)$, $g_l(\tau)$, $G_c(\tau)$, $G_u(\tau)$.

Tab.4.7

ore	G portata vapore (kg/sec)	Pr potenza richiesta (kW)	Pg potenza disponibile (kW)	Pg - Pr (kW)	G b.p. portata vap. bypass (kg/sec)	$g_l(\tau)$ (kg/sec)	Gc = = G - g_l (τ) (kg/sec)	Gu = Gc - - G b.p. (kg/sec)
0-6	6,94	3000	3626	626	1,198	0,277	6,663	5,465
6-10	6,94	5000	3626	-1374	0,000	0,000	6,940	6,940
10-12	9,72	5000	5079	79	0,151	0,035	9,685	9,534
12-15	9,72	4000	5079	1079	2,065	0,478	9,242	7,177
15-20	9,72	5000	5079	79	0,151	0,035	9,685	9,534
20-24	6,94	3000	3626	626	1,198	0,277	6,663	5,465

BIBLIOGRAFIA

/1/ A. PARESCHI, "Impianti Meccanici per l'Industria", Collana Progetto Leonardo, Editrice Esculapio, Bologna, 2009

ESERCIZIO 5

PROGETTO DI UN IMPIANTO DI COGENERAZIONE A RECUPERO CON ACCUMULATORE DI VAPORE PER UNA INDUSTRIA TESSILE

5.1 Dati del problema e sviluppo del progetto

Come nel precedente Esercizio 4, si procede al dimensionamento di un impianto di cogenerazione a recupero per una particolare industria reale (in questo caso tessile) con la differenza che si desidera produrre in casa tutta l'energia elettrica necessaria e per questo si ricorre ad un accumulatore di vapore.
La richiesta giornaliera di potenza elettrica P_{kW} e di potenza termica, in termini di portata $G(\tau)$ di vapore saturo agli utilizzatori operanti alla pressione $p'_u = 3{,}2$ bar, è data rispettivamente nella seconda e nella terza colonna della tabella seguente (cfr. anche successiva Fig. 5.1):

Tab. 5.1

ore	G (kg/h)	P_{kW}	K (kWh/kg)
0 ÷ 5	2.000	500	0,250
5 ÷ 7	9.000	500	0,055
7 ÷ 8	9.000	800	0,089
8 ÷ 11	10.000	800	0,080
11 ÷ 12	10.000	1.000	0,100
12 ÷ 16	10.000	900	0,090
16 ÷ 17	10.000	700	0,070
17 ÷ 20	8.000	700	0,087
20 ÷ 22	8.000	400	0,050
22 ÷ 24	6.000	400	0,067

Nella quarta colonna di Tab. 5.1 è riportato il valore del rapporto $K(\tau) = P_{kW}(\tau)/G(\tau)$.
Si fa riferimento in generale allo schema dell'impianto riportato nella Fig. 4.1 del precedente Esercizio 4 e in /1/ (par. 4.1).
Si suppone che il vapore all'uscita della turbina (stato fisico 1) sia alla pressione p_u = 3,5 bar, in modo che sia disponibile una caduta di carico $\Delta p = 0{,}3$ bar per la rete di distribuzione del vapore dall'uscita della turbina all'ingresso negli utilizzatori (stato fisico 1'). Alla pressione degli utilizzatori, $p'_u = 3{,}2$ bar, corrisponde una temperatura satura $T'_{vu} = 135{,}76$ °C. Sul diagramma entropico (T,S) (Fig. 5.2) risulta quindi definita la posizione del punto 1', che rappresenta lo stato fisico del vapore saturo secco all'ingresso degli utilizzatori.

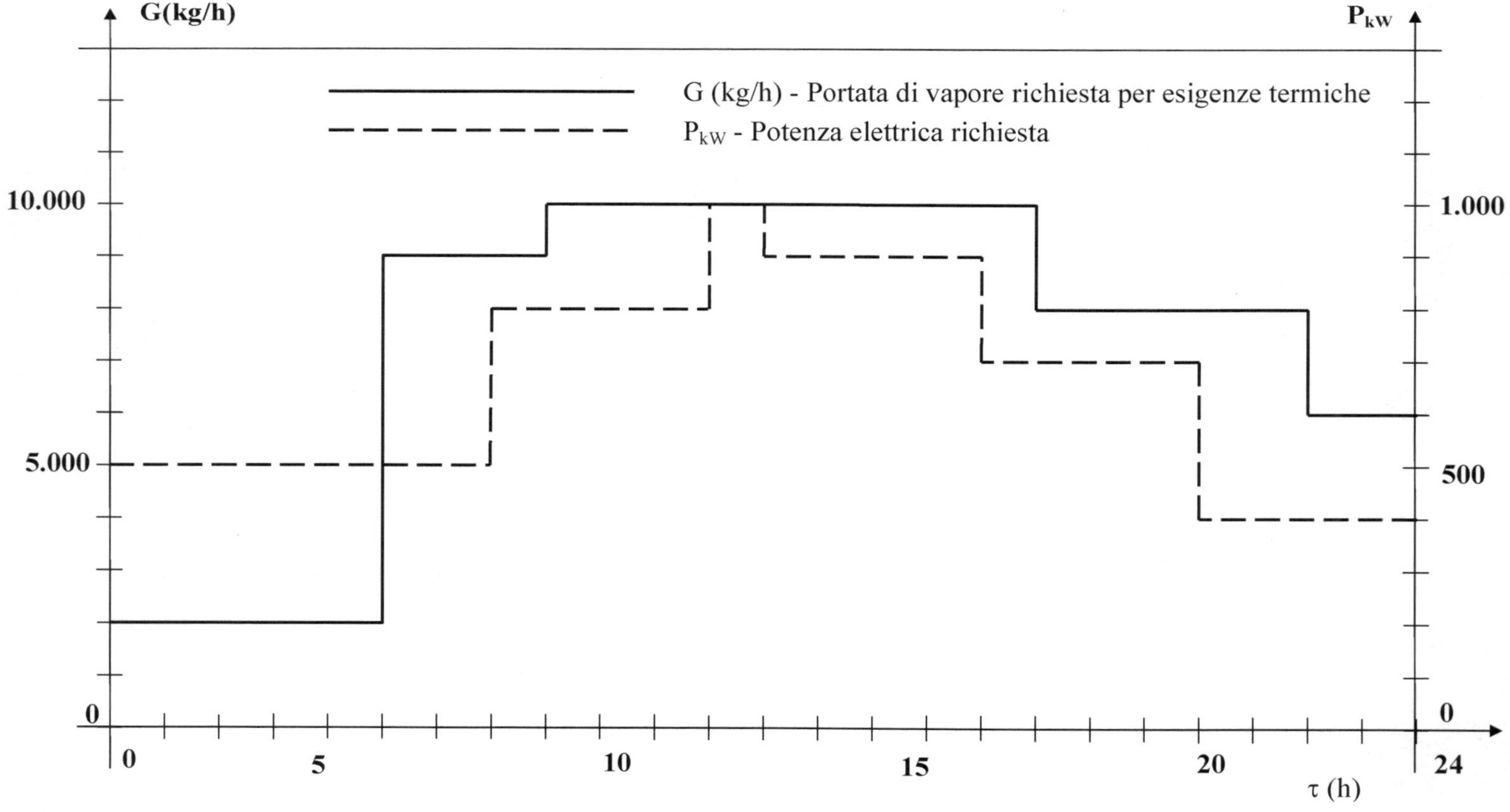

Fig. 5.1 – Diagramma di richiesta giornaliera di potenza termica (in termini di portata di vapore) e di potenza elettrica

Si considera infatti che il vapore uscente dalla turbina sia leggermente surriscaldato in modo da arrivare in condizioni di vapore saturo secco all'ingresso degli utilizzatori che normalmente sono collocati lontano dallo scarico della turbina in base alle specifiche esigenze e al conseguente layout dell'impianto di produzione.
In Fig. 5.2 è riportato sul diagramma (T,S) il ciclo termodinamico relativo all'impianto di cogenerazione a recupero con evidenziate le curve a pressione costante p_u e p'_u, i cui valori sono eguali rispettivamente a 3,5 e 3,2 bar.

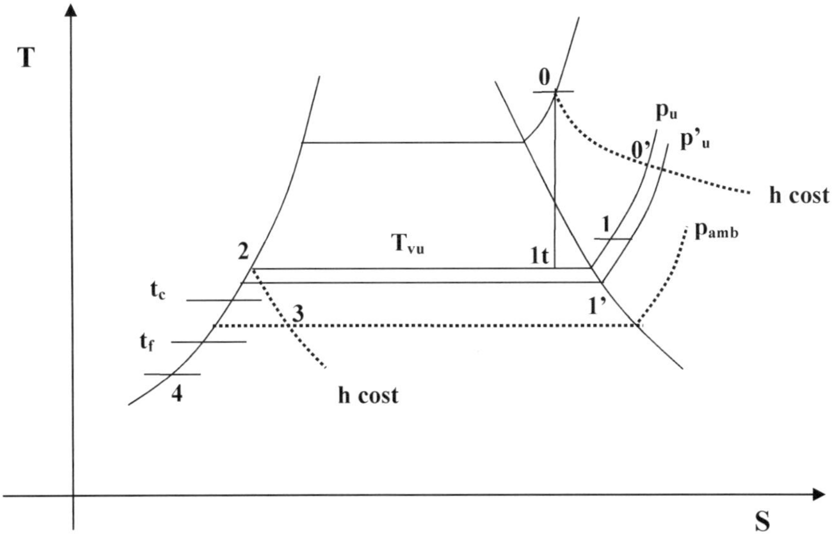

Fig. 5.2 – Ciclo termodinamico sul diagramma (T,S) relativo all'impianto di cogenerazione a recupero

Alla pressione p_u = 3,5 bar corrisponde una temperatura satura T_{vu} = 138,87 °C. Si considera mediamente per il punto 1 un grado di surriscaldamento ΔT_s di circa 10÷15°C. Si assume in questo caso:

$$T_1 = T_{vu} + \Delta T_s = 150°C$$

Dal diagramma di Mollier è possibile dedurre l'entalpia del vapore (sempre alla pressione p_u = 3,5 bar) nello stato fisico 1 in uscita dalla turbina:

h_1 = 2.755 kJ/kg.

Dalla relazione della potenza si trae secondo la (4.3) di /1/:

$$\Delta h = (h_0 - h_1) = P_{kW}(\tau)/G(\tau) \cdot \eta_m \cdot \eta_e \cdot \eta_{aus} = K(\tau) / \eta_{totale} \qquad (1)$$

essendo η_m il rendimento meccanico della turbina, η_e il rendimento elettrico dell'alternatore, η_{aus} il coefficiente che tiene conto della potenza assorbita dalle macchine ausiliarie e $\eta_{totale} = \eta_m \cdot \eta_{aus} \cdot \eta_e$. Il valore più elevato del salto entalpico necessario si ha in corrispondenza delle ore 0÷5 quando K assume il suo valore massimo pari a 0,250 (kWh/kg); assumendo η_{totale} = 0,95 il salto entalpico reale (in kJ/kg) risulta pari a:

$\Delta h = 0{,}250\ (kWh/kg) \cdot 3600\ (sec/h) / 0{,}95 = 947\ kJ/kg.$

Il salto entalpico teorico Δh_t è deducibile dal salto entalpico reale attraverso il rendimento isentropico η_i che viene assunto pari a 0,80 trattandosi sicuramente di una turbina non particolarmente spinta essendo inserita in un impianto di produzione industriale; risulta:

$\Delta h_t = \Delta h / \eta_i = 947 / 0{,}8 = 1.184\ kJ/kg$

E' possibile a questo punto determinare l'entalpia del punto teorico (1t) essendo:

$h_{1t} = h_1 - (\Delta h_t - \Delta h) = 2.755 - (1.184 - 947) = 2.518\ kJ/kg$

Di seguito è possibile determinare l'entalpia del punto (0):

$h_0 = h_{1t} + \Delta h_t = 2.518 + 1.184 = 3.702\ kJ/kg$ oppure anche:

$h_0 = h_1 + \Delta h = 2.755 + 947 = 3.702\ kJ/kg.$

Dal diagramma (h,S) di Mollier (Fig. 5.3) si ricavano pressione e temperatura dello stato fisico (0):

Stato fisico (0): $p_0 = 380$ bar $T_0 = 706°C$

Si fa rilevare che il valore h_{1t} permette di individuare sulla curva a p_u = 3,5 bar lo stato fisico (1t) e che la verticale per tale punto, intersecando l'orizzontale ad h cost. = h_0 = 3.702 kJ/kg individua lo stato fisico (0).

I valori trovati sono troppo alti perché superano i valori limite ($p_{0\,max}$ = 70÷80 bar, $T_{0\,max}$ = 460÷470°C) accettabili in un impianto a contropressione inserito in un sistema produttivo. A questo punto per disporre comunque di tutta la potenza necessaria si può ricorrere ad un impianto in derivazione e a condensazione (detto anche a recupero parziale con turbina ad estrazione) oppure nei casi meno gravosi (dal punto di vista del Δh necessario) ad un impianto ancora a contropressione con accumulatore di vapore.
Per procedere alla scelta dell'uno o dell'altra soluzione è opportuno valutare la situazione ai valori medi.
La potenza media richiesta durante le 24 ore del giorno vale:

$$P_{kW,m} = \frac{\int_0^{24} P(\tau)\cdot d\tau}{24} = \frac{15.700}{24} = 654{,}17 kW$$

La portata oraria media (in kg/h) richiesta durante le 24 ore del giorno vale:

$$G_m = \frac{\int_0^{24} G(\tau)\cdot d\tau}{24} = \frac{179.000}{24} = 7.458{,}33 kg/h$$

E' possibile, in analogia con quanto fatto in precedenza, determinare il rapporto fra i valori medi di potenza elettrica e portata:

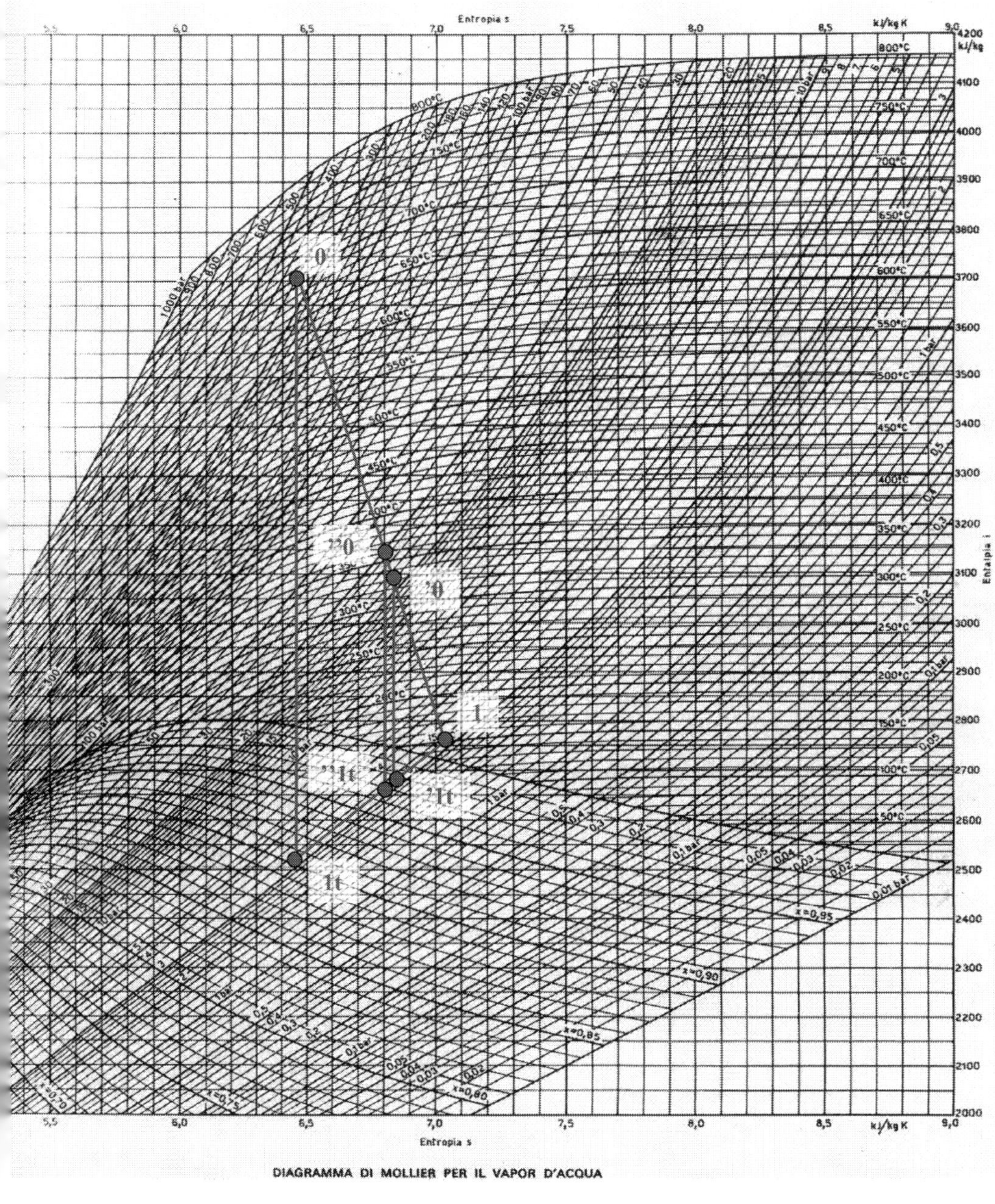

Fig. 5.3 – Diagramma (h,S) di Mollier con evidenziati gli stati fisici interessanti il problema in discussione

$K' = P_{kW,m} / G_m = 0{,}0877$ kWh/kg

Utilizzando la relazione (1), il salto entalpico reale (in kJ/kg) risulta pari a:

$\Delta h' = 0{,}0877$ (kWh/kg) · 3600 (sec/h) / 0,95 = 332,37 kJ/kg.

Il salto entalpico teorico $\Delta h'_t$ è deducibile dal salto entalpico reale attraverso il rendimento isentropico η_i che viene assunto ancora pari a 0,80:

$\Delta h'_t = \Delta h' / \eta_i = 332{,}37 / 0{,}8 = 414{,}42$ kJ/kg

E' possibile a questo punto determinare l'entalpia del punto teorico ('1t) essendo:

$h'_{1t} = h_1 - (\Delta h'_t - \Delta h') = 2.755 - (414{,}42 - 332{,}37) = 2.672{,}95$ kJ/kg

Di seguito è possibile determinare l'entalpia h'_0 che assumerebbe lo stato fisico ('0) in queste condizioni medie giornaliere:

$h'_0 = h'_{1t} + \Delta h'_t = 2.672{,}95 + 414{,}42 = 3.087{,}37$ kJ/kg oppure anche:

$h'_0 = h_1 + \Delta h' = 2.755 + 332{,}37 = 3.087{,}37$ kJ/kg

cui corrispondono sul diagramma (h,S) di Mollier (Fig. 5.3) i seguenti valori di pressione e temperatura:

Stato fisico ('0): $p'_0 = 24$ bar $T'_0 = 332$°C

Come già ricordato lo stato fisico ('0) si determina sul diagramma (h,S) di Mollier noti i valori di h'_{1t} [e quindi lo stato fisico ('1t)] e di h'_0.
Dai dati sopra ricavati, si osserva che, se si facesse riferimento alla richiesta media giornaliera di potenza elettrica P_{kW} e di potenza termica, in termini di portata $G(\tau)$ di vapore saturo agli utilizzatori, lo stato fisico del vapore all'ingresso della turbina in termini sia di pressione sia di temperatura è ben al di sotto dei valori limite da non superare per non avere un impianto troppo spinto inadatto ad uno stabilimento di produzione. E'quindi sufficiente realizzare un impianto a recupero con accumulatore di vapore, che interviene quando gli utilizzatori non assorbono tutto il vapore che deve comunque attraversare la turbina per soddisfare la richiesta di energia elettrica. Lo stesso si può dire esaminando il valore dell'entalpia $h'_0 = 3.087$ kJ/kg ben lontano dal valore limite circa uguale a 3.300 kJ/kg, al di sopra del quale si dovrebbero adottare pressioni p_0 di caldaia e ingresso turbina superiori agli 80÷100 bar non accettabili in questo tipo di impianti e quindi si dovrebbe ricorrere alla soluzione in derivazione con recupero parziale e condensazione.
Si esamina quindi nel seguito la soluzione con impianto a recupero in contropressione con accumulatore di vapore.
Per il dimensionamento della caldaia e della turbina bisogna riferirsi alle condizioni più gravose che si hanno dalle ore 11 alle ore 12:

$P_{kW,max} = 1.000$ kW

$G_{max} = 10.000$ t/h

E' possibile, in analogia con quanto fatto in precedenza, determinare il rapporto fra i valori massimi di potenza elettrica e portata richiesti:

$K'' = P_{kW,max} / G_{max} = 1.000/10.000 = 0,1$ kWh/kg

Utilizzando la relazione (1), il salto entalpico reale (in kJ/kg) risulta pari a:

$\Delta h'' = 0,1$ (kWh/kg) · 3600 (sec/h) / 0,95 = 379 kJ/kg.

Il salto entalpico teorico $\Delta h''_t$ è deducibile dal salto entalpico reale attraverso il rendimento isentropico η_i che viene assunto ancora pari a 0,80:

$\Delta h''_t = \Delta h'' / \eta_i = 379 / 0,8 = 473,75$ kJ/kg

E' possibile a questo punto determinare l'entalpia del punto teorico ("1t) essendo:

$h''_{1t} = h_1 - (\Delta h''_t - \Delta h'') = 2.755 - (473,75 - 379) = 2.660,25$ kJ/kg

Di seguito è possibile determinare l'entalpia h''_0 che assume lo stato fisico ("0) in queste condizioni relative al periodo dalle ore 11 alle ore 12:

$h''_0 = h''_{1t} + \Delta h''_t = 2.660,25 + 473,75 = 3.134$ kJ/kg oppure anche:

$h''_0 = h_1 + \Delta h'' = 2.755 + 379 = 3.134$ kJ/kg

cui corrispondono sul diagramma di Mollier (Fig. 5.3) i seguenti valori di pressione e temperatura:

Stato fisico ("0): $p''_0 = 32$ bar $T''_0 = 360°C$

Come già ricordato lo stato fisico ("0) si determina sul diagramma (h,S) di Mollier noti i valori di h''_{1t} [e quindi lo stato fisico ("1t)] e di h''_0.
La caldaia deve quindi fornire una portata massima di vapore surriscaldato pari a 10.000 kg/h alla pressione $p''_0 = 32$ bar e alla temperatura di surriscaldamento pari a $T''_0 = 360°C$. La turbina deve fornire una potenza di 1.000 kW per queste condizioni del vapore in ingresso (pressione, temperatura e portata) e per una pressione di scarico di 3,5 bar.

E' utile portare in un unico diagramma la richiesta di vapore in termini di portata oraria durante le 24 ore per le utenze termiche e in termini di portata di vapore equivalente della potenza elettrica. Si ottiene il diagramma di Fig. 5.4 in cui i valori di $G(\tau)$ sono quelli della seconda colonna di tab. 5.1 e i valori di P_{kW} sono moltiplicati per 10 (tenuto conto che $1/K'' = G_{max} / P_{kW,max} = 10$ kg/kWh) per trasformarli in valori equivalenti di portata. In figura sono evidenziate le zone A e B. La zona B, che va dalle ore 5 alle ore 24 (esclusa l'ora dalle 11 alle 12), rappresenta la quantità di vapore che deve essere by-passata, perché la richiesta termica è sempre superiore alla richiesta equivalente elettrica. Nel periodo dall'ora 0 alle ore 5 la quantità di vapore prodotta per la richiesta equivalente elettrica è superiore alla richiesta termica; la zona A, che va dall'ora 0 alle ore 5, rappresenta appunto la quantità di vapore in più prodotta esclusivamente per la richiesta equivalente elettrica. Tale supero di vapore in uscita dalla turbina non andrà agli utilizzatori ma verrà riversato in un accumulatore di vapore alimentato da acqua a 10°C.
Il fabbisogno giornaliero di vapore per la richiesta termica è dato da:

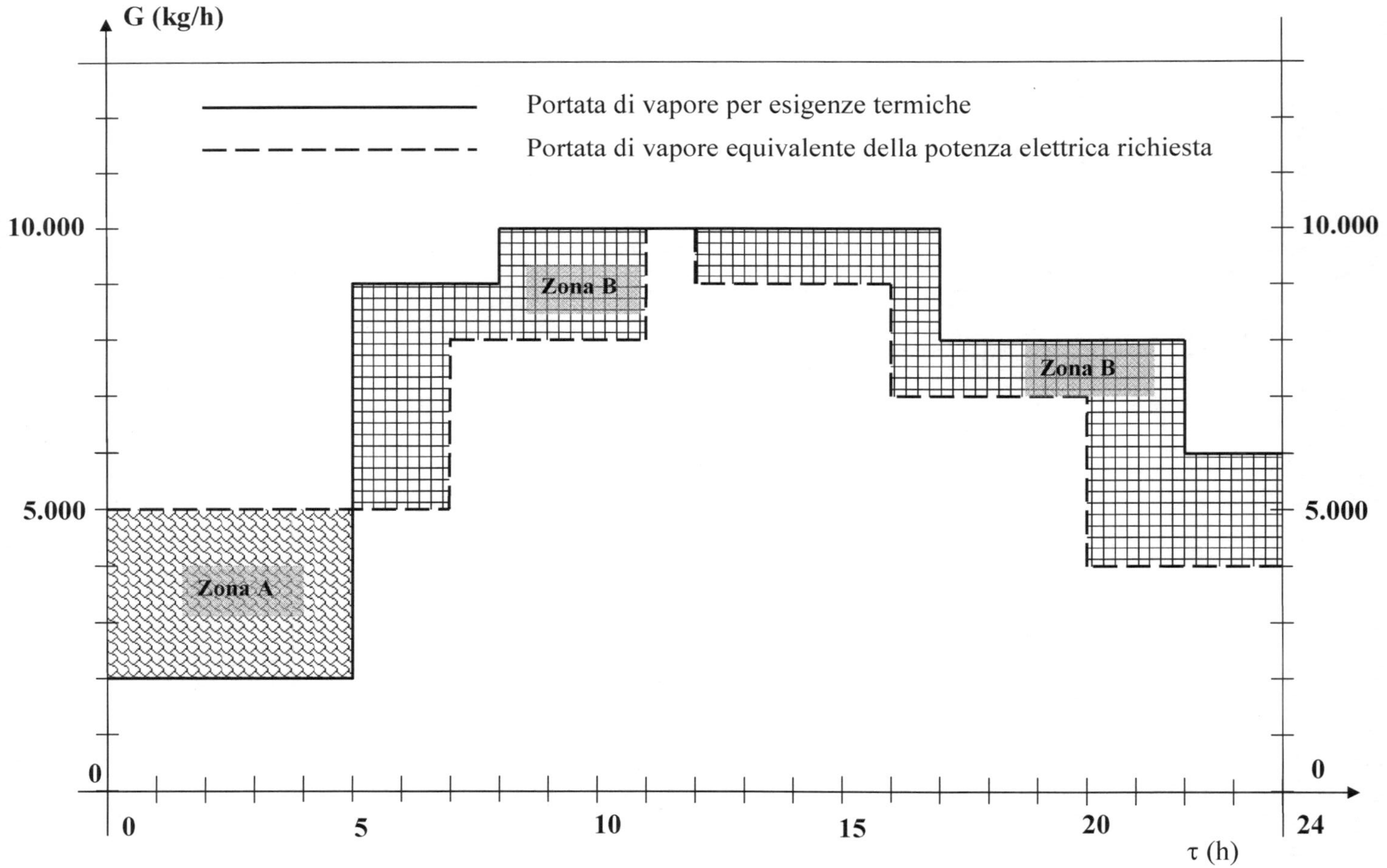

Fig. 5.4 – Diagramma di richiesta giornaliera di portata di vapore per esigenze termiche e di portata di vapore equivalente della potenza elettrica richiesta.

- 179.000 kg per l'intera giornata (0-24 ore)

di cui:

- 10.000 kg per il periodo dall'ora 0 alle ore 5;
- 169.000 kg per il periodo dalle ore 5 alle ore 24.

Il fabbisogno di vapore per la richiesta elettrica è dato da:

- 157.000 kg per l'intera giornata (0-24 ore)

  di cui:

- 25.000 kg per il periodo dall'ora 0 alle ore 5;
- 132.000 kg per il periodo dalle ore 5 alle ore 24.

Nel periodo della giornata dalle ore 5 alle ore 24 esiste un eccesso di richiesta di vapore per uso tecnologico rispetto a quella elettrica; tale eccesso vale:

$M_{vap,by\text{-}pass.} = (169.000 - 132.000) = 37.000$ kg

Tale eccesso di vapore deve by-passare la turbina, passare per un desurriscaldatore alimentato da acqua ed essere desurriscaldato dallo stato fisico (0') allo stato fisico (1) (cfr. Fig. 5.2). Il desurriscaldatore è preceduto da una valvola di regolazione della pressione (VRP) (si veda lo schema dell'impianto in Fig. 5.5) che porta il vapore by-passato dallo stato fisico (0) allo stato fisico (0') attraverso una trasformazione isentalpica ($h''_0 \approx h''_{0'}$). Il bilancio del desurriscaldatore è il seguente:

$M_{vap,by\text{-}pass.} \cdot (h''_{0'} - h_1) = M_a \cdot (h_1 - h_{liq.})$

in cui M_a è la massa incognita di acqua necessaria per eseguire il desurriscaldamento e $h_{liq.}$è l'entalpia di tale acqua, che alimenta il de surriscaldatore, supposta alla temperatura di circa 50°C e con un calore specifico c_l posto uguale a 4,186 kJ/kg ·°C . Tale acqua, di portata variabile $g_l(\tau)$ (cfr. schema impianto, Fig. 5.5), è derivata dalla tubazione di ritorno in caldaia. Risulta:

$$M_a = M_{vap.,by-pass} \cdot \frac{h''_0 - h_1}{h_1 - h_{liq.}} = 37.000 \cdot \frac{3.134 - 2755}{2755 - 4,186 \cdot 50} = 37.000 \cdot 0,1488 = 5.506\text{kg}$$

La quantità di acqua M_a = 5.506 kg è quella da alimentare al desurriscaldatore ogni giorno nell'arco di tempo dalle ore 5 alle ore 24 per desurriscaldare il vapore by-passato.

Il fabbisogno di vapore nel periodo da ore 0 alle ore 5 è dato da:

- 25.000 kg per la richiesta elettrica;
- 10.000 kg per la richiesta termica.

Nel periodo della giornata dalle ore 0 alle ore 5 esiste quindi un eccesso di richiesta di vapore per esigenze elettriche rispetto alla esigenza termica; tale eccesso vale:

$M_{vap.} = (25.000 - 10.000) = 15.000$ kg

Tale eccesso di vapore all'uscita dalla turbina viene convogliato ad un accumulatore di vapore alimentato da acqua a 10°C.

Il bilancio termico dell'accumulatore di vapore è il seguente:

$M_{vap.} \cdot (h_1 - h''_{liq.}) = M'_a \cdot (h''_{liq.} - h'_{liq.})$

in cui:

- M'_a è la massa incognita di acqua necessaria per eseguire la ricondensazione del vapore accumulato;
- $h'_{liq.}$ è l'entalpia dell'acqua che alimenta l'accumulatore di vapore supposta alla temperatura di 10°C e con calore specifico c_l posto uguale a 4,186 kJ/kg ·°C ;
- $h''_{liq.}$ è l'entalpia dell'acqua che esce dall'accumulatore di vapore insieme al vapore ricondensato supposta alla temperatura di 90°C e con calore specifico c_l posto uguale a 4,186 kJ/kg ·°C

Risulta:

$$M'_a = M_{vap.} \cdot \frac{h_1 - h''_{liq.}}{h''_{liq.} - h'_{liq.}} = 15.000 \cdot \frac{2755 - 4{,}186 \cdot 90}{4{,}186 \cdot (90 - 10)} = 15.000 \cdot 7{,}1018 = 106.527 \text{kg}$$

La quantità di acqua M'_a = 106.527 kg è quella da alimentare all'accumulatore di vapore ogni giorno nell'arco di tempo dalle ore 0 alle ore 5 per ricondensare il vapore in eccesso uscente dalla turbina.

In questo modo si fa fronte all'intera richiesta giornaliera sia elettrica sia termica ma l'impianto non è più a recupero totale perché, da mezzanotte alle ore cinque, 15.000 kg di vapore, uscenti dalla turbina, non vanno alla utilizzazione termica perché in eccesso rispetto alla stessa ma vengono semplicemente ricondensati in un accumulatore di vapore (cfr. Fig. 5.5).

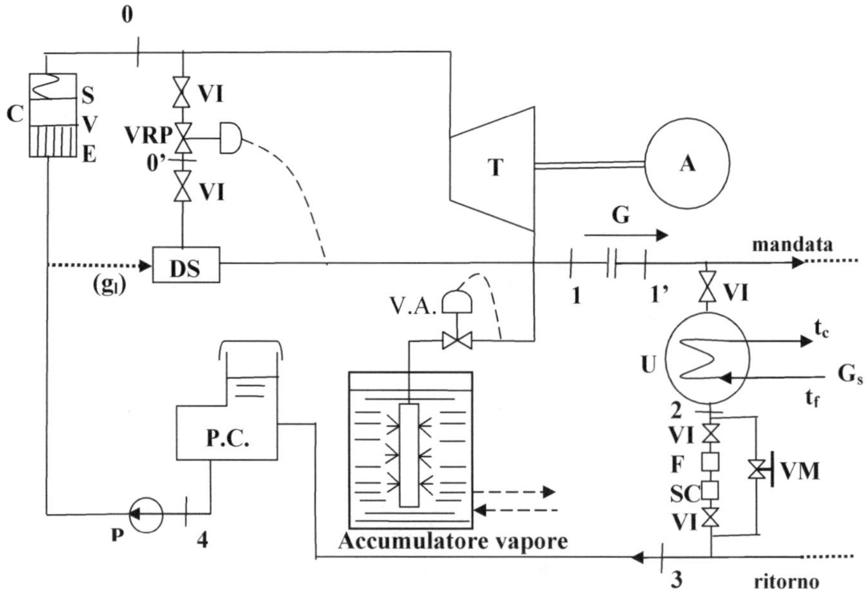

Fig. 5.5 – Schema dell'impianto di cogenerazione di energia elettrica e termica a recupero con accumulatore di vapore

Nello schema dell'impianto di Fig. 5.5 è evidenziato l'accumulatore di vapore. Il vapore in eccesso uscente dalla turbina viene ammesso all'accumulatore da una valvola automatica (V.A.) a comando pressostatico: la pressione del vapore sale perché le utenze richiedono una portata inferiore a quella uscente dalla turbina, la valvola automatica si apre e il vapore in eccesso viene ammesso nell'accumulatore dove si scioglie ricondensandosi.

E' possibile che l'acqua dell'acccumulatore, riscaldata dal vapore a 90°C, venga ricircolata all'esterno dello stesso per ulteriori impieghi tecnologici (in questo caso la quota di energia termica recuperata aumenta) oppure semplicemente per miscelarla con nuova acqua fredda per riportarla alla temperatura di 10°C pronta per l'ora 0 del giorno successivo.

BIBLIOGRAFIA

/1/ A. Pareschi, "Impianti meccanici per l'industria", Progetto Leonardo, Ed. Esculapio, dicembre 2009, Bologna.

ESERCIZIO 6

PROGETTO DI UN IMPIANTO DI PRODUZIONE E DISTRIBUZIONE DI VAPORE TECNOLOGICO

6.1 Introduzione e dati del problema

Si considera un impianto di produzione e distribuzione di vapore tecnologico al servizio di 5 utenze. La disposizione dell'impianto dal punto A (uscita caldaia) alle varie utenze è rappresentata nella vista assonometrica di Fig. 6.1. Nello schema viene messo in evidenza il particolare (punto B) della presa di vapore dalla tubazione principale per alimentare l'utenza I: il vapore viene estratto dalla parte alta della condotta, in corrispondenza della generatrice superiore, per evitare l'aspirazione di eventuale condensa scorrente lungo la generatrice inferiore, che potrebbe essersi formata nella tubazione all'avviamento a impianto freddo.

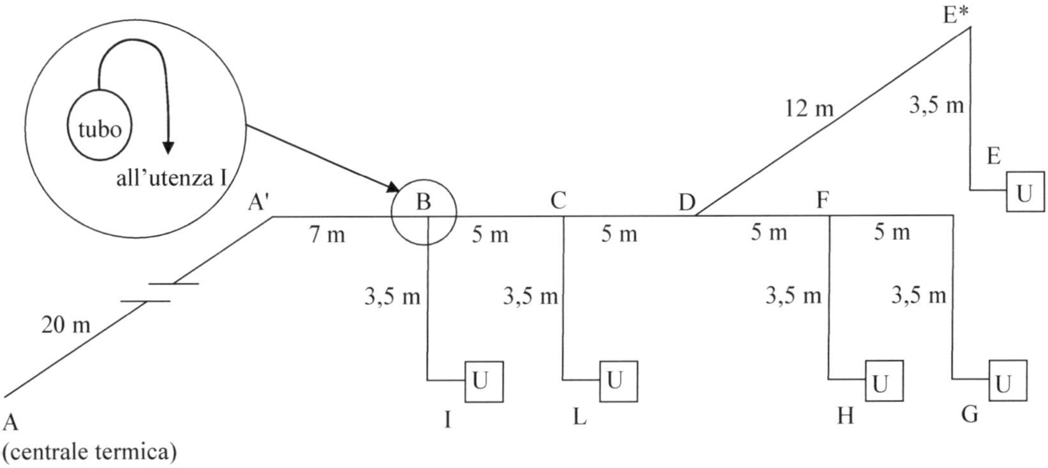

Fig. 6.1 – Vista assonometrica della rete di distribuzione del vapore alle utenze

Sono noti o assegnati i seguenti dati:

$G_U = 450$ kg/h	portata di vapore identica per ciascuna delle 4 utenze: G-H-I-L;
$G_E = 200$ kg/h	portata di vapore per l'utenza E;
$p_u = 5$ kp/cm^2	pressione del vapor saturo alle utenze;
$T_{vu} = 151$°C	temperatura del vapor saturo alle utenze corrispondente alla $p_u = 5$ kp/cm^2.

Le utenze sono tutte allo stesso livello rispetto alla centrale termica. Tutti i gomiti della rete di distribuzione sono a 90°. Per le perdite di carico concentrate si utilizzano i seguenti valori del coefficiente di resistenza ξ: 1 per curva a 90°; 1 per T diretto; 1,5 per T deviato (a 90°). Per le perdite di carico distribuite nelle tubazioni di vapore si

utilizza il diagramma allegato più avanti (Fig. 6.3) tratto da Rietschel e Raiss /2/, che utilizza unità di misura del SistemaTecnico.
Si richiede il dimensionamento completo dell'impianto ovvero:
a - scelta delle caratteristiche e del numero delle caldaie;
b - dimensionamento della rete di distribuzione del vapore;
c - dimensionamento della rete delle condense;
d - schema di massima dell'impianto, comprensivo della rete delle condense e dei dispositivi di linea e di regolazione.

6.2 Scelta delle caldaie

Stante la pressione richiesta alle utenze pari a 5 kp/cm^2, si adottano una o più caldaie aventi pressione massima di esercizio p_{max} pari a 11 kp/cm^2, con possibilità di escursione da 8 a 11 kp/cm^2 per avere un funzionamento del bruciatore il più possibile continuo durante l'esercizio dell'impianto. La pressione minima di caldaia (8 kp/cm^2) è superiore alla pressione del vapore alle utenze (5 kp/cm^2) per consentire, come è noto, la disponibilità di un volano termico ovvero di una sovraproduzione di vapore nel caso di punte di richiesta di vapore all'utenza. Le caldaie sono del tipo a tubi di fumo a focolare pressurizzato (per migliorare il tiraggio). Si ricava innanzitutto la portata totale della caldaia (o delle caldaie) della centrale termica che deve essere pari alla portata complessiva di vapore richiesta dalle cinque utenze:

$G = 4 \cdot 450 + 200 = 2.000$ kg/h.

I costi delle caldaie possono essere legati alle rispettive potenzialità da una relazione empirica del tipo:

$$C_2 = C_1 \left(\frac{Q_2}{Q_1}\right)^{0,6 \div 0,7} \qquad (1)$$

in cui i pedici 1 e 2 si riferiscono a due generiche caldaie di potenzialità Q_1 e Q_2 e di costo C_1 e C_2. Poiché esiste una proporzionalità diretta fra potenzialità di una caldaia e portata di vapore saturo da essa prodotta, i costi delle caldaie possono anche essere legati alle rispettive portate da una relazione empirica del tutto analoga alla (1):

$$C_2 = C_1 \left(\frac{G_2}{G_1}\right)^{0,6 \div 0,7} \qquad (2)$$

in cui i pedici 1 e 2 si riferiscono a due generiche caldaie di portata G_1 e G_2 e di costo C_1 e C_2.
Poiché secondo la relazione (2) il costo della caldaia cresce al crescere della portata con legge meno che lineare, sarebbe conveniente scegliere una sola caldaia di portata pari a 2000 kg/h; ma per assicurare una riserva del 100%, in caso di fuori servizio della caldaia stessa, sarebbe necessaria una seconda caldaia di portata identica. In conclusione con questa ipotesi, se il prezzo della caldaia da 2.000 kg/h (cfr. ad esempio con il modello SIXEN 2000) è pari a C_1 = € 23.015, si rende necessario un investimento complessivo di:

(23.015 x 2) = 46.030 €.

Il costo di una caldaia dello stesso tipo, avente una portata di vapore prodotto pari a 1.000 kg/h, può essere dedotto secondo la (2) e risulta pari a:

$C_2 = 23.015 \cdot (1.000/2.000)^{0,7} = 14.167$ €

Si può quindi in alternativa adottare una soluzione costituita da 3 caldaie identiche ciascuna da 1.000 kg/h di cui 2 in funzionamento e 1 di riserva. In tal modo, escludendo il caso che le due caldaie in funzionamento vadano in avaria contemporaneamente (eventualità la cui probabilità può essere ridotta praticamente a zero tramite un adeguato piano di manutenzione preventiva con interventi periodici a rotazione), si assicura la produzione dei 2.000 kg/h richiesti con riserva del 100%. In questo caso l'investimento complessivo necessario è pari a:

(14.167 x 3) = 42.501 €.

Si adotta quindi la seconda ipotesi (3 caldaie da 1.000 kg/h), che assicura lo stesso livello di servizio con riserva del 100% ma consente un risparmio di circa 3.500 € in termini di investimento: (46.030 – 42.501) = 3.529 €.

Nel funzionamento normale, stante la differenza di pressione fra l'uscita dalla caldaia (sezione 0) e le utenze (sezione 1') è necessario interporre, fra la caldaia/e e la rete di distribuzione del vapore, una valvola riduttrice di pressione come rappresentato in Fig. 6.2:

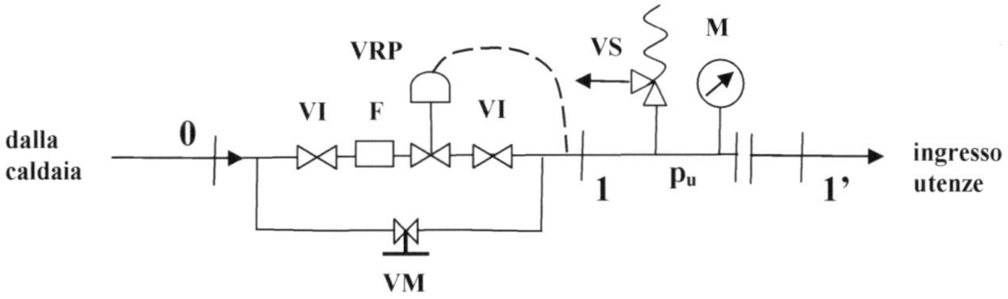

Fig. 6.2 – Valvola riduttrice di pressione fra caldaia e utenze

La rete di distribuzione del vapore, che si sviluppa fra la sezione 1 e la sezione 1', assorbe una caduta di pressione che si assume pari a:

$\Delta p_{1\text{-}1'} = 0,3$ kg/cm^2.

La valvola (VRP) deve quindi realizzare una laminazione fra la pressione di caldaia $p_0 = 8 \div 11$ kp/cm^2 e la pressione p_1 (nella sezione 1 di Fig. 6.2), a monte della rete di distribuzione, pari a 5,3 kp/cm^2. Tale laminazione, molto prossima ad una trasformazione isoentalpica, provoca un lieve surriscaldamento del vapore saturo prodotto dalla caldaia nello stato fisico (0). In generale il vapore surriscaldato è meno idoneo al trasporto e allo scambio termico, tuttavia essendo il salto di pressione $\Delta p_{0\text{-}1}$ abbastanza limitato (e oscillante da 2,7 a 5,7 kp/cm^2), il lieve surriscaldamento del vapore saturo è trascurabile e non è necessario interporre un desurriscaldatore a valle del manometro (M) prima di entrare nella rete. E' da rilevare inoltre che lungo la rete i disperdimenti termici, nonostante l'isolamento delle tubazioni, riducono il lieve surriscaldamento del vapore fino anche a provocare piccole quantità di condensa.

La portata volumetrica (G · v) del vapore saturo uscente dalla caldaia assume il suo valore massimo per p_0 uguale al valore minimo di 8 kp/cm^2, cui corrisponde infatti il valore più elevato del volume specifico del vapore saturo uscente dalla caldaia pari a v = 0,2448 m^3/kg. Se si adotta una tubazione di diametro pari a 3" (pollici) avente diametro interno D pari a 81,6 mm e quindi sezione di passaggio S pari a 0,00523 m^2, si ottiene dalla equazione di continuità la velocità media c del vapore :

$$c = \frac{G \cdot v}{S} = \frac{2000 \cdot 0{,}2448}{3600 \cdot 0{,}00523} = 26 \text{ m/sec}$$

valore accettabile in quanto rientrante nel range di 18÷36 m/sec consigliato per la velocità del fluido in tubazioni percorse da vapore saturo.
Per quanto riguarda la valvola (VRP) si adotta, per contenere i costi, un esemplare PN 16 (per ragioni di maggiore sicurezza) con un attacco da 2", in quanto il costo di una valvola cresce in funzione del diametro nominale con legge circa cubica. La velocità media del vapore all'interno della valvola risulta in tal caso più elevata perché la sezione di passaggio è più ridotta ($D_{int.}$ = 53,8 mm, S = 0,0023 m^2):

$$c = \frac{G \cdot v}{S} = \frac{2000 \cdot 0{,}2448}{3600 \cdot 0{,}0023} = 59{,}13 \text{ m/sec}$$

Tale valore è accettabile perché limitato solo al passaggio all'interno della valvola. Dalla targhetta della valvola in commercio prescelta si leggono i seguenti dati tecnici relativi alle prestazioni della valvola:

pressione a monte (kp/cm^2)	11	10	9	8
pressione a valle (kp/cm^2)	5,3	5,3	5,3	5,3
Portata massima (kp/h)	3.150	2.750	2.400	2.020

Come si vede, anche con un valore di pressione a monte pari al valore minimo di 8 kp/cm^2, la valvola prescelta riesce a smaltire i 2000 kg/h richiesti dall'impianto.

6.3 Dimensionamento della rete di distribuzione del vapore

Si segue il metodo illustrato nel par. 5.3 di /1/, al quale si rimanda per i dettagli.
Si considera il ramo più caricato che è quello che si sviluppa dal punto A (sezione coincidente con il punto 1 dopo la valvola VRP) all'utilizzatore E: questo è il tracciato che presenta il maggior numero di curve e deviazioni. La perdita di carico complessiva disponibile vale:

$$\Delta p_{A\text{-}E} = 0{,}3 \text{ kp/cm}^2.$$

Si assume in prima ipotesi che la perdita di carico distribuita nel tronco AE corrisponda al 62% di tale valore complessivo:

$$(\Delta p_{A\text{-}E})_d = 0{,}3 \cdot 0{,}62 = 0{,}186 \text{ kp/cm}^2 = 1.860 \text{ kp/m}^2 = 18.247 \text{ Pa}$$

Si può quindi calcolare un valore provvisorio della perdita di carico per unità di percorso R* [in $(kp/m^2)/m$ oppure in Pa/m] che prescinde dalle perdite concentrate:

$$R^* = (\Delta p_{A\text{-}E})_d \,/\, L_{A\text{-}E} = 1.860/52{,}5 = 35{,}42\ (kp/m^2)/m$$

essendo $L_{A\text{-}E}$ = 52,5 m la lunghezza dell'intero tratto AE.
Ci si riferisce ora al primo tratto AB della rete; utilizzando il valore di R* determinato è possibile trovare un valore provvisorio di caduta di carico per perdite distribuite riferibile a tale tratto lungo $L_{A\text{-}B}$ = 27 m secondo la formula:

$$(\Delta p_{A\text{-}B})_d = R^* \cdot L_{A\text{-}B} = 35{,}42 \cdot 27 = 955\ kp/m^2$$

Essendo noto p_A = 53.000 kp/m^2, è possibile, trascurando le perdite concentrate, determinare un valore approssimato di p_B con la relazione:

$$p'_B \approx p_A - (\Delta p_{A\text{-}B})_d = 53.000 - 955 = 52.045\ kp/m^2$$

Nel seguito si indicano con apostrofo (') i valori provvisori o approssimati delle grandezze e senza apostrofo i valori effettivi delle stesse grandezze.
E' possibile allora dedurre in via approssimata un valore medio di pressione nel tratto AB secondo la relazione:

$$p'_m \approx (p_A + p'_B)/2 = (53.000 + 52.045)/2 = 52.522\ kp/m^2 = 5{,}2522\ kp/cm^2$$

Noti R*, p'_m e la portata G = 2.000 kg/h, si può ora entrare nel già citato diagramma (Fig. 6.3) riportante le perdite di carico distribuite nelle tubazioni di vapore saturo, tratto da Rietschel e Raiss /2/ e già riportato come Fig. 5.7/b in /1/, e procedere alla scelta del diametro della tubazione secondo il metodo già illustrato nel par. 5.3 di /1/. Il diametro interno del tubo commerciale disponibile risulta pari a 88 mm (equivalente a 3 ½"), cui corrisponde un valore reale della perdita di carico distribuita per unità di percorso pari a R_{vero} = 28 $(kp/m^2)/m$. E' da rilevare che nel suddetto diagramma i valori riportati entro parentesi tonda sono quelli del diametro interno come è facile rilevare dall'esempio della retta contrassegnata con l'espressione: "Tubo DN 100 (diametro interno 100,5 mm)". Il valore del diametro interno è particolarmente importante in questo contesto perché da esso dipende l'area della sezione di passaggio e quindi la velocità media del fluido, dalla quale dipendono in ultima analisi tutte perdite di carico distribuite e concentrate. E' da rilevare ancora che il tubo prescelto non è di uso frequente come dimostra il fatto che l'intera indicazione del diametro è racchiusa fra parentesi quadre; peraltro l'utilizzo della tubazione di diametro immediatamente superiore, e cioè DN 100 (equivalente a 4"), di uso molto comune, porterebbe ad un inutile aumento di costo. A questo punto è facile determinare le effettive perdite di carico distribuite che si hanno nel tratto AB con il tubo prescelto:

$$(\Delta p_{A\text{-}B})_d = R_{vero} \cdot L_{A\text{-}B} = 28 \cdot 27 = 756\ kp/m^2$$

Per quanto riguarda le perdite di carico concentrate, si osserva innanzitutto che il tratto AB presenta due curve a 90° per ciascuna delle quali il coefficiente di perdita vale $\xi = 1$; valgono pertanto le seguenti relazioni per il calcolo della velocità media c nella tubazione e della perdita di carico concentrata effettiva $(\Delta p_{A\text{-}B})_c$:

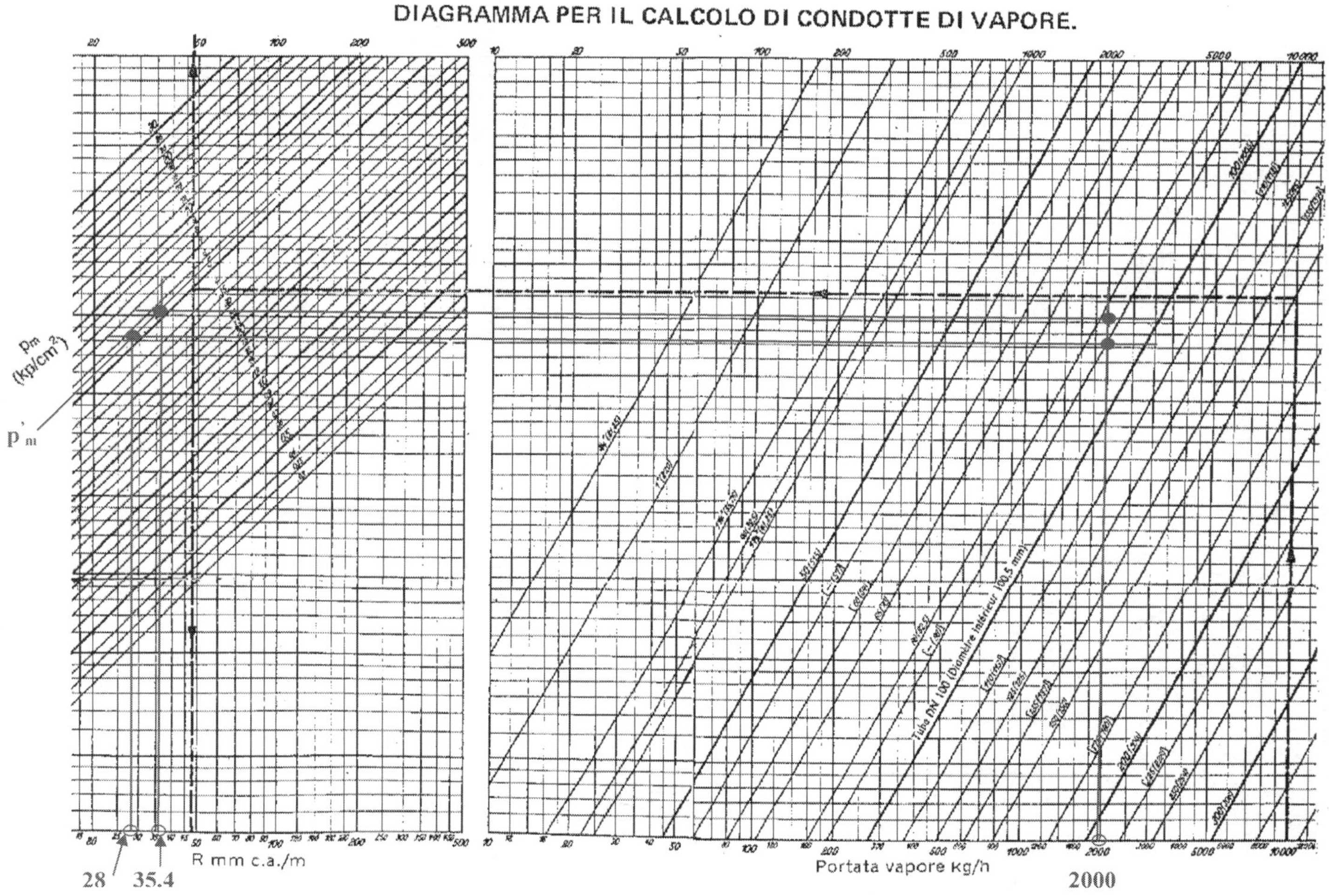

Fig. 6.3 - Perdite di carico distribuite nelle tubazioni di vapore saturo (da Rietschel e Raiss /2/)

$S = \pi\, D^2/4 = \pi \cdot 0{,}088^2/4 = 0{,}0061\ m^2$

$\rho_A = 2{,}748\ kg/m^3$ densità del vapore saturo alla pressione di 53.000 kp/m²

$\rho'_B = 2{,}718\ kg/m^3$ densità del vapore saturo alla pressione di 52.045 kp/m²

$\rho'_m = (\rho_A + \rho'_B)/2 = (2{,}748 + 2{,}718)/2 \approx 2{,}73\ kg/m^3$

$$c = \frac{G}{\rho'_m \cdot S} = \frac{2000}{3600 \cdot 2{,}73 \cdot 0{,}0061} \approx 33\ m/sec$$

$(\Delta p_{A\text{-}B})_c = (\Sigma\xi) \cdot \rho'_m \cdot c^2/2 = 2 \cdot 2{,}73 \cdot 33^2/2 = 2.973\ Pa = 303\ kp/m^2.$

La effettiva perdita di carico totale nel tronco AB con la tubazione prescelta vale:

$(\Delta p_{A\text{-}B})_{tot} = (\Delta p_{A\text{-}B})_d + (\Delta p_{A\text{-}B})_c = 756 + 303 = 1.059\ kp/m^2.$

E' ora possibile verificare che i valori effettivi di p_B e p_m sono di poco inferiori a quelli prima ipotizzati; risulta infatti:

$p_B = p_A - (\Delta p_{A\text{-}B})_{tot} = 53.000 - 1.059 = 51.941\ kp/m^2$ valore effettivo

$p'_B \approx p_A - (\Delta p_{A\text{-}B})_d = 53.000 - 955 = 52.045\ kp/m^2$ valore ipotizzato

e ancora:

$p_m = (p_A + p_B)/2 = (53.000 + 51.941)/2 = 52.470\ kp/m^2$ valore effettivo

$p'_m \approx (p_A + p'_B)/2 = (53.000 + 52.045)/2 = 52.522\ kp/m^2$ valore ipotizzato.

E' facile verificare dalle tabelle delle proprietà del vapor saturo che la densità ρ_B del vapore saturo alla pressione di 51.941 kp/m² è quasi coincidente con $\rho'_B \approx 2{,}718\ kg/m^3$ densità del vapore saturo alla pressione di 52.045 kp/m² e quindi l'approssimazione $\rho_m \approx \rho'_m \approx 2{,}73\ kg/m^3$ è valida e i valori sopra calcolati della velocità c e delle perdite di carico concentrate e totali (che dipendono dalla densità media nel tronco) sono ampiamente accettabili.

Procedendo nello stesso modo è possibile scegliere i diametri interni delle tubazioni e determinare le perdite di carico effettive nei tronchi B-C, C-D e D-E che costituiscono il ramo principale tenendo conto delle diverse portate che attraversano gli stessi. I risultati dei calcoli, eseguiti in esplicito più sopra per il ramo A-B e in modo analogo per gli altri rami sopra ricordati, sono raccolti nella successiva Tab. 6.1. Per la migliore comprensione della tabella valgono le seguenti indicazioni:

- (i) indica la sezione d'inizio del tronco di tubazione in esame;
- (j) indica la sezione terminale dello stesso tronco di tubazione in esame;
- $(\Sigma\xi)$ rappresenta il valore totale del coefficiente di perdita accidentale che tiene conto di tutte le accidentalità presenti nel tronco considerato (il dettaglio di tali accidentalità per i vari tronchi è rappresentato in Tab. 6.2).

Per aiutare la comprensione della Tab. 6.1, si osserva che la pressione p_i all'inizio del generico tronco di tubazione dell'intero tratto A-E si ottiene sottraendo al valore della pressione esistente all'inizio del tronco precedente la caduta di pressione totale calcolata per il tronco precedente stesso; utilizzando i dati esplicitati nella Tab. 6.1 in corrispondenza della quinta e dell'ultima riga nelle varie colonne si ha:

$p_B = p_A - (\Delta p_{A\text{-}B})_{tot} = 53.000 - 1.059 = 51.941$ kp/m^2 valore effettivo

$p_C = p_B - (\Delta p_{B\text{-}C})_{tot} = 51.941 - 257 = 51.684$ kp/m^2 valore effettivo

$p_D = p_C - (\Delta p_{C\text{-}D})_{tot} = 51.684 - 285 = 51.399$ kp/m^2 valore effettivo

Sommando i termini dell'ultima riga della Tabella 6.1 e aggiungendo una perdita di carico di 209 kp/m^2 dovuta alla valvola termoregolatrice dell'utenza E, si trae una caduta di pressione complessiva da A ad E pari a:

$(\Delta p_{A\text{-}E})_{tot} = 1.059 + 257 + 285 + 939 + 209 = 2.749$ kp/m^2 < 3.000 kp/m^2 disponibili

La verifica è soddisfatta.

Tab. 6.1 – Perdite di carico e diametri delle tubazioni prescelte nel tratto principale A-E

	Ramo A-B	Ramo B-C	Ramo C-D	Ramo D-E
Portata (kg/h)	2000	1550	1100	200
$L_{i\text{-}j}$ (m)	27	5	5	15,5
R* (kp/m^2·m)	35,42	35,42	35,42	35,42
$\Delta p = R^* \cdot L_{i\text{-}j}$ (kp/m^2)	955	177	177	549
p_i (kp/m^2)	53.000 = p_A	51.941= p_B	51.684= p_C	51.399 = p_D
p'_j (kp/m^2)	52.045	51.764	51.507	50.850
p'_m (kp/m^2)	52.522	51.852	51.595	51.124
ρ_i (kp/m^2)	2,75	2,71	2,69	2,67
ρ'_j (kp/m^2)	2,71	2,69	2,67	2,65
ρ'_m (kp/m^2)	2,73	2,70	2,68	2,66
$D_{int.}$ (mm)	88 (3 ½")	82,5 (3")	70 (2 ½")	35,75 (1 ¼")
c (m/sec)	33	29,8	29,6	20,8
R_{vero} [(kp/m^2)/m]	28	27	33	36
Δp_d (kp/m^2)	756	135	165	558
$\Sigma\xi$	2	1	1	6,5
Δp_c (kp/m^2)	303	122	120	381
$\Delta p_{tot.}$ (kp/m^2)	1.059=$(\Delta p_{A\text{-}B})_{tot}$	257=$(\Delta p_{B\text{-}C})_{tot}$	285=$(\Delta p_{C\text{-}D})_{tot}$	939=$(\Delta p_{D\text{-}E})_{tot}$

Tab. 6.2 – Coefficienti di perdita di carico accidentale nel tratto principale A-E

Ramo	Accidentalità	Coefficiente ξ	$\Sigma\xi$
A-B	2 curve	1	2
B-C	1 passaggio a T diretto	1	1
C-D	1 passaggio a T diretto	1	1
D-E	1 derivazione 2 curve 1 valvola di utenza	1,5 1 3	6,5

6.3.1 Dimensionamento dei rami derivati

Le dimensioni dei rami derivati vengono determinate in base all'ipotesi secondo la quale le perdite di carico dal Punto B alle singole utenze siano tutte eguali. Con procedimento analogo a quanto fatto in precedenza, una volta stabilito il valore Δp in base al quale calcolare un valore provvisorio R* della caduta di carico per unità di lunghezza, si determinano i diametri della generica condotta derivata. Nella Tab. 6.3 si espongono i coefficienti perdita di carico accidentale nei rami derivati.

Tab. 6.3 – Coefficienti di perdita di carico accidentale nei rami derivati

Ramo	Accidentalità	Coefficiente ξ	$\Sigma\xi$
B-I	1 T deviato 2 curve 1 valvola di utenza 1 variazione di sezione	1,5 1 2 0,36	5,86
C-L	1 T deviato 2 curve 1 valvola di utenza 1 variazione di sezione	1,5 1 2 0,36	5,86
D-F	1 passaggio a T diretto	1	1
F-G	1 passaggio diretto 2 gomiti 1 valvola di utenza	1 2 2	7
F-H	1 T deviato 2 gomiti 1 valvola di utenza	1,5 2 2	7,5

Si calcola ora la $(\Delta p_{B\text{-}E})_{tot}$ che, in base all'ipotesi fatte, è uguale alla caduta di carico totale a disposizione delle altre utenze. Utilizzando i dati calcolati in precedenza risulta:

$(\Delta p_{B\text{-}E})_{tot} = (\Delta p_{A\text{-}E})_{tot} - (\Delta p_{A\text{-}B}) = 2.749 - 1.059 = 1.690 \text{ kp/m}^2$

$p_B = p_A - (\Delta p_{A\text{-}B})_{tot} = 53.000 - 1.059 = 51.941 \text{ kp/m}^2$ valore effettivo

Ramo B-I

Essendo per ipotesi $(\Delta p_{B\text{-}E})_{tot} = (\Delta p_{B\text{-}I})_{tot} = 1.690$ kp/m^2, è subito possibile calcolare la pressione all'ingresso della utenza (I):

$p'_I = p_B - (\Delta p_{B\text{-}I})_{tot} = 51.941 - 1.690 = 50.251$ kp/m^2.

Si calcolano di seguito la pressione media e la corrispondente densità media:

$p'_m = (p_B + p_I)/2 = (51.941 + 50.251)/2 = 51.096$ kp/m^2 valore effettivo

$\rho'_m = (\rho_B + \rho_I)/2 = (2,71 + 2,63)/2 \approx 2,67$ kg/m^3

Si assume in prima ipotesi che la perdita di carico distribuita nel ramo B-I corrisponda solo al 30% della perdita di carico totale; infatti nei rami derivati ci sono molte accidentalità. Risulta:

$$(\Delta p_{B\text{-}I})_d = 0,3 \cdot 1.690 = 507 \text{ kp/m}^2 = 4.974 \text{ Pa}$$

Si può quindi calcolare un valore provvisorio della perdita di carico per unità di percorso R* [in (kp/m^2)/m] che prescinde dalle perdite concentrate:

$$R^* = (\Delta p_{B\text{-}I})_d / L_{B\text{-}I} = 507/3,5 = 145 \text{ (kp/m}^2\text{)/m}$$

essendo $L_{B\text{-}I} = 3,5$ m la lunghezza del tratto BI.
Noti R*, p'_m e la portata G = 450 kg/h, si può ora entrare nel diagramma già utilizzato (Fig. 6.3) e procedere alla scelta del diametro della tubazione. Il diametro interno del tubo commerciale disponibile risulta pari a 39,5 mm (equivalente a DN 40) cui corrisponde un valore reale della perdita di carico distribuita per unità di percorso pari a $R_{vero} = 100$ kp/m$^2\cdot$m. A questo punto è facile determinare le effettive perdite di carico distribuite che si hanno nel tratto B-I con il tubo prescelto:

$$(\Delta p_{B\text{-}I})_d = R_{vero} \cdot L_{B\text{-}I} = 100 \cdot 3,5 = 350 \text{ kp/m}^2$$

Per quanto riguarda le perdite di carico concentrate, si osserva innanzitutto che il tratto B-I presenta diverse accidentalità e che il coefficiente globale di perdita concentrata $\Sigma\xi$ è pari a 5,86.
Valgono pertanto le seguenti relazioni per il calcolo della velocità media c nella tubazione e della perdita di carico concentrata effettiva $(\Delta p_{B\text{-}I})_c$:

$$S = \pi D^2/4 = \pi \cdot 39,5^2/4 = 1.225 \text{ mm}^2 = 0,00122 \text{ m}^2$$

$$\rho'_m = 2,67 \text{ kg/m}^3$$

$$c = \frac{G}{\rho'_m \cdot S} = \frac{450}{3600 \cdot 2,67 \cdot 0,00122} \approx 38 \text{ m/sec}$$

$$(\Delta p_{B\text{-}I})_c = (\Sigma\xi) \cdot \rho'_m \cdot c^2/2 = 5,86 \cdot 2,67 \cdot 38^2/2 = 11.313 \text{ Pa} = 1.153 \text{ kp/m}^2.$$

Poiché a monte dell'utenza c'è una valvola termoregolatrice dell'utenza stessa, nella quale si realizza una caduta di carico pari a 176 kp/m^2, la caduta totale di pressione tra B ed I è pari a:

$$(\Delta p_{B\text{-}I})_{tot} = (\Delta p_{B\text{-}I})_d + (\Delta p_{B\text{-}I})_c + (\Delta p)_{valvola\ utenza} =$$
$$= 350 + 1.153 + 176 = 1.679 \text{ kp/m}^2 < 1.690 \text{ kp/m}^2 \text{ disponibili}$$

La verifica è soddisfatta.
La pressione effettiva nella sezione I all'imbocco dell'utenza corrispondente vale:

$$p_I = p_B - (\Delta p_{B-I})_{tot} = 51.941 - 1.679 = 50.262 \text{ kp/m}^2.$$

Il valore medio effettivo della pressione nel tronco B-I vale:

$$p_m = (p_B + p_I)/2 = (51.941 + 50.262)/2 = 51.101 \text{ kp/m}^2$$

Tale valore di p_m = 51.101 kp/m^2 differisce in misura minima dal valore di p'_m = 51.096 kp/m^2 e quindi l'approssimazione $\rho_m \approx \rho'_m \approx$ 2,67 kg/m^3 è ampiamente accettabile.

Ramo C-L

Essendo per ipotesi $(\Delta p_{B-E})_{tot} = (\Delta p_{B-L})_{tot}$ = 1.690 kp/m^2, è subito possibile calcolare la pressione p_C all'inizio del ramo C-L, la $(\Delta p_{C-L})_{disponibile}$ e la pressione p'_L alla fine del ramo ovvero all'ingresso dell'utenza L:

$$p_C = p_B - (\Delta p_{B-C})_{tot} = 51.941 - 257 = 51.684 \text{ kp/m}^2$$

$$(\Delta p_{C-L})_{disponibile} = (\Delta p_{B-L})_{tot} - (\Delta p_{B-C})_{tot} = 1.690 - 257 = 1.433 \text{ kp/m}^2$$

$$p'_L = p_C - (\Delta p_{C-L})_{disponibile} = 51.684 - 1.433 = 50.251 \text{ kp/m}^2$$

Si calcolano ora la pressione media e la corrispondente densità media nel ramo C-L:

$$p'_m = (p_C + p_L)/2 = (51.684 + 50.251)/2 = 50.967{,}5 \text{ kp/m}^2$$

$$\rho'_m = (\rho_C + \rho_L)/2 = (2{,}69 + 2{,}63)/2 \approx 2{,}66 \text{ kg/m}^3$$

Si assume in prima ipotesi che la perdita di carico distribuita nel ramo C-L corrisponda solo al 30% della perdita di carico totale; infatti nei rami derivati ci sono molte accidentalità (cfr. Tab 6.3). Risulta:

$$(\Delta p_{C-L})_d = 0{,}3 \cdot 1.433 = 430 \text{ kp/m}^2 = 4.217 \text{ Pa}$$

Si può quindi calcolare un valore provvisorio della perdita di carico per unità di percorso R^* [in (kp/m^2)/m] che prescinde dalle perdite concentrate:

$$R^* = (\Delta p_{C-L})_d / L_{C-L} = 430/3{,}5 = 123 \text{ (kp/m}^2\text{)/m}$$

essendo L_{C-L} = 3,5 m la lunghezza del tratto C-L.
Noti R^*, p'_m e la portata G = 450 kg/h, si può ora entrare nel diagramma già utilizzato (Fig. 6.3) e procedere alla scelta del diametro della tubazione. Il diametro interno del tubo commerciale disponibile risulta pari a 41,25 mm (equivalente a 1 ½"), cui corrisponde un valore reale della perdita di carico distribuita per unità di percorso pari a R_{vero} = 80 (kp/m^2)/m. A questo punto è facile determinare le effettive perdite di carico distribuite che si hanno nel tratto C-L con il tubo prescelto:

$$(\Delta p_{C-L})_d = R_{vero} \cdot L_{C-L} = 80 \cdot 3{,}5 = 280 \text{ kp/m}^2$$

Per quanto riguarda le perdite di carico concentrate, si osserva innanzitutto che il tratto C-L presenta diverse accidentalità e che il coefficiente globale di perdita concentrata $\Sigma\xi$ è pari a 5,86.

Valgono pertanto le seguenti relazioni per il calcolo della velocità media c nella tubazione e della perdita di carico concentrata effettiva $(\Delta p_{C\text{-}L})_c$:

$$S = \pi\, D^2/4 = \pi \cdot 41{,}25^2/4 = 1.336\ mm^2 = 0{,}001336\ m^2$$

$$\rho'_m = 2{,}66\ kg/m^3$$

$$c = \frac{G}{\rho'_m \cdot S} = \frac{450}{3600 \cdot 2{,}66 \cdot 0{,}001336} \approx 35\ m/sec$$

$$(\Delta p_{C\text{-}L})_c = (\Sigma\xi) \cdot \rho'_m \cdot c^2/2 = 5{,}86 \cdot 2{,}66 \cdot 35^2/2 = 9.547\ Pa = 973\ kp/m^2.$$

Poiché a monte dell'utenza c'è una valvola termoregolatrice dell'utenza stessa, nella quale si realizza una caduta di carico pari a 176 kp/m^2, la caduta totale di pressione tra C ed L è pari a:

$$(\Delta p_{C\text{-}L})_{tot} = (\Delta p_{C\text{-}L})_d + (\Delta p_{C\text{-}L})_c + (\Delta p)_{valvola\ utenza} =$$

$$= 280 + 973 + 176 = 1.429\ kp/m^2 < 1.433\ kp/m^2\ \text{disponibili}$$

La verifica è soddisfatta.
La pressione effettiva nella sezione L all'imbocco dell'utenza corrispondente vale:

$$p_L = p_C - (\Delta p_{C\text{-}L})_{tot} = 51.684 - 1.429 = 50.255\ kp/m^2.$$

Il valore medio effettivo della pressione nel tronco C-L vale:

$$p_m = (p_C + p_L)/2 = (51.684 + 50.255)/2 = 50.969{,}5\ kp/m^2$$

Tale valore di p_m = 50.969,5 kp/m^2 differisce in misura minima dal valore di p'_m = 50.967,5 kp/m^2 e quindi l'approssimazione $\rho_m \approx \rho'_m \approx 2{,}66$ kg/m^3 è ampiamente accettabile.

Tronco D-G

Il tronco D-G è costituito dal tratto D-F e dal ramo F-G.
Essendo $(\Delta p_{C\text{-}L})_{disponibile} = (\Delta p_{C\text{-}G})_{disponibile}$ = 1.433 kp/m^2 e inoltre $(\Delta p_{C\text{-}D})_{tot}$ = 285 (cfr. Tab. 6.1), è subito possibile calcolare la pressione p_D all'inizio del tronco D-G, la $(\Delta p_{D\text{-}G})_{disponibile}$ e la pressione p'_G alla fine del ramo ovvero all'ingresso dell'utenza G:

$$p_D = p_C - (\Delta p_{C\text{-}D})_{tot} = 51.684 - 285 = 51.399\ kp/m^2$$

$$(\Delta p_{D\text{-}G})_{disponibile} = (\Delta p_{C\text{-}G})_{disponibile} - (\Delta p_{C\text{-}D})_{tot} = 1.433 - 285 = 1.148\ kp/m^2$$

$$p'_G = p_D - (\Delta p_{D\text{-}G})_{disponibile} = 51.399 - 1.148 = 50.251\ kp/m^2$$

Si assume in prima ipotesi che la perdita di carico distribuita nel tronco D-G corrisponda al 30% del valore complessivo disponibile:

$$(\Delta p_{D\text{-}G})_d = 0{,}3 \cdot 1.148 = 344{,}4\ kp/m^2$$

Si può quindi calcolare un valore provvisorio della perdita di carico per unità di percorso R* [in (kp/m^2)/m oppure in Pa/m) che prescinde dalle perdite concentrate:

$$R^* = (\Delta p_{D\text{-}G})_d / L_{D\text{-}G} = 344{,}4/13{,}5 = 25{,}5\ (kp/m^2)/m$$

essendo $L_{D\text{-}G}$ = 13,5 m la lunghezza dell'intero tronco D-G.

Per completezza si determinano anche la pressione media e la corrispondente densità media nell'intero tronco D-G:

$p'_m = (p_D + p'_G)/2 = (51.399 + 50.251)/2 = 50.825 \text{ kp/m}^2$

$\rho'_m = (\rho_D + \rho_G)/2 \approx 2{,}657 \text{ kg/m}^3$

Tratto D-F

Ci si riferisce ora al primo tratto D-F dell'intero tronco D-G; utilizzando il valore di R* determinato è possibile trovare un valore provvisorio di caduta di carico per perdite distribuite riferibile a tale tratto lungo $L_{D\text{-}F} = 5$ m secondo la formula:

$$(\Delta p_{D\text{-}F})_d = R^* \cdot L_{D\text{-}F} = 25{,}5 \cdot 5 = 127{,}6 \text{ kp/m}^2$$

Essendo noto $p_D = 51.399 \text{ kp/m}^2$, è possibile, trascurando le perdite concentrate, determinare un valore approssimato di p_F con la relazione:

$$p'_F \approx p_D - (\Delta p_{D\text{-}F})_d = 51.399 - 127{,}6 = 51.271{,}4 \text{ kp/m}^2$$

E' possibile dedurre in via approssimata un valore medio di pressione nel tratto D-F secondo la relazione:

$$p'_m \approx (p_D + p'_F)/2 = (51.399 + 51.271{,}4)/2 = 51.335 \text{ kp/m}^2$$

Noti R*, p'_m e la portata G = 900 kg/h, si può ora entrare nell'allegato diagramma (Fig. 6.3) e procedere alla scelta del diametro della tubazione. Il diametro interno del tubo commerciale disponibile risulta pari a 70 mm (equivalente a 2 ½"), cui corrisponde un valore reale della perdita di carico distribuita per unità di percorso pari a $R_{vero} = 22 \text{ (kp/m}^2\text{)/m}$.

A questo punto è facile determinare le effettive perdite di carico distribuite che si hanno nel tratto D-F con il tubo prescelto:

$$(\Delta p_{D\text{-}F})_d = R_{vero} \cdot L_{D\text{-}F} = 22 \cdot 5 = 110 \text{ kp/m}^2$$

Per quanto riguarda le perdite di carico concentrate, si osserva innanzitutto che il tratto D-F presenta 1 passaggio a T diretto per il quale il coefficiente di perdita vale $\xi = 1$; valgono pertanto le seguenti relazioni per il calcolo della velocità media c nella tubazione e della perdita di carico concentrata effettiva $(\Delta p_{D\text{-}F})_c$:

$$S = \pi D^2/4 = \pi \cdot 0{,}070^2/4 = 0{,}0038 \text{ m}^2$$

$\rho_D = 2{,}674 \text{ kg/m}^3$ densità del vapore saturo alla pressione di 51.399 kp/m^2

$\rho'_F = 2{,}67 \text{ kg/m}^3$ densità del vapore saturo alla pressione di $51.271{,}4 \text{ kp/m}^2$

$$\rho'_m = (\rho_D + \rho'_F)/2 = (2{,}674 + 2{,}670)/2 \approx 2{,}672 \text{ kg/m}^3$$

$$c = \frac{G}{\rho'_m \cdot S} = \frac{900}{3600 \cdot 2{,}672 \cdot 0{,}0038} \approx 24{,}32 \text{ m/sec}$$

$$(\Delta p_{D\text{-}F})_c = \xi \cdot \rho'_m \cdot c^2/2 = 1 \cdot 2{,}672 \cdot 24{,}32^2/2 = 790{,}2 \text{ Pa} = 80{,}6 \text{ kp/m}^2 \approx 81 \text{ kp/m}^2$$

La effettiva perdita di carico totale nel tronco D-F con la tubazione prescelta vale:

$$(\Delta p_{D\text{-}F})_{tot} = (\Delta p_{D\text{-}F})_d + (\Delta p_{D\text{-}F})_c = 110 + 81 = 191 \text{ kp/m}^2.$$

E' ora possibile verificare che i valori effettivi di p_F e p_m sono di poco inferiori a quelli prima ipotizzati; risulta infatti:

$p_F = p_D - (\Delta p_{D\text{-}F})_{tot} = 51.399 - 191 = 51.208$ kp/m^2 valore effettivo

$p_m = (p_D + p_F)/2 = (51.399 + 51.208)/2 = 51.303{,}5$ kp/m^2 valore effettivo

Tale valore di $p_m = 51.303{,}5$ kp/m^2 differisce in misura minima dal valore di $p'_m = 51.335$ kp/m^2 e quindi l'approssimazione $\rho_m \approx \rho'_m \approx 2{,}672$ kg/m^3 è ampiamente accettabile.

Ramo F-G

Ci si riferisce ora al ramo finale F-G dell'intero tronco D-G; utilizzando il valore di R* determinato in precedenza è possibile calcolare un valore provvisorio di caduta di carico per perdite distribuite riferibile a tale tratto lungo $L_{F\text{-}G} = 8{,}5$ m secondo la formula:

$$(\Delta p_{F\text{-}G})_d = R^* \cdot L_{F\text{-}G} = 25{,}5 \cdot 8{,}5 = 216{,}8 \text{ kp/m}^2$$

Essendo noti il valore di $p_F = 51.208$ kp/m^2 e quello di $p'_G = 50.251$ kp/m^2 già determinato in precedenza in base al valore di $(\Delta p_{D\text{-}G})_{disponibile}$ (cfr. pag. 12), è possibile dedurre direttamente il valore medio di pressione nel tratto F-G secondo la relazione:

$$p'_m = (p_F + p'_G)/2 = (51.208 + 50.251)/2 = 50.729 \text{ kp/m}^2$$

A tale valore di pressione corrisponde una densità media del vapore pari a:

$$\rho'_m \approx 2{,}655 \text{ kg/m}^3$$

Noti R*, p'_m e la portata G = 450 kg/h, si può ora entrare nel diagramma già utilizzato (Fig. 6.3) e procedere alla scelta del diametro della tubazione. Il diametro interno del tubo commerciale disponibile risulta pari a 51,5 mm (equivalente a 2"), cui corrisponde un valore reale della perdita di carico distribuita per unità di percorso pari a $R_{vero} = 26$ (kp/m^2)/m. A questo punto è facile determinare le effettive perdite di carico distribuite che si hanno nel tratto F-G con il tubo prescelto:

$$(\Delta p_{F\text{-}G})_d = R_{vero} \cdot L_{F\text{-}G} = 26 \cdot 8{,}5 = 221 \text{ kp/m}^2$$

Per quanto riguarda le perdite di carico concentrate, si osserva innanzitutto che il tratto F-G presenta diverse accidentalità e che il coefficiente globale di perdita concentrata $\Sigma\xi$ è pari a 7.

Valgono pertanto le seguenti relazioni per il calcolo della velocità media c nella tubazione e della perdita di carico concentrata effettiva $(\Delta p_{F\text{-}G})_c$:

$$S = \pi D^2/4 = \pi \cdot 51{,}5^2/4 = 2.083 \text{ mm}^2 = 0{,}002083 \text{ m}^2$$

$$\rho'_m = 2{,}655 \text{ kg/m}^3$$

$$c = \frac{G}{\rho'_m \cdot S} = \frac{450}{3600 \cdot 2{,}655 \cdot 0{,}002083} \approx 22{,}6 \text{ m/sec}$$

$$(\Delta p_{F\text{-}G})_c = (\Sigma\xi) \cdot \rho_m \cdot c^2/2 = 7 \cdot 2{,}655 \cdot 22{,}6^2/2 = 4.737 \text{ Pa} = 483 \text{ kp/m}^2.$$

Poiché a monte dell'utenza c'è una valvola termoregolatrice dell'utenza stessa, nella quale si realizza una caduta di carico pari a 176 kp/m^2, la caduta totale di pressione tra F ed G è pari a:

$$(\Delta p_{F\text{-}G})_{tot} = (\Delta p_{F\text{-}G})_d + (\Delta p_{F\text{-}G})_c + (\Delta p)_{valvola\ utenza} =$$

$$= 221 + 483 + 176 = 880 \text{ kp/m}^2$$

La pressione effettiva nella sezione G vale:

$$p_G = p_F - (\Delta p_{F\text{-}G})_{tot} = 51.208 - 880 = 50.328 \text{ kp/m}^2.$$

Il valore medio effettivo della pressione nel tronco F-G vale:

$$p_m = (p_F + p_G)/2 = (51.208 + 50.328)/2 = 50.768 \text{ kp/m}^2$$

Tale valore di p_m = 50.768 kp/m^2 differisce in misura minima dal valore di p'_m = 50.729 kp/m^2 e quindi l'approssimazione $\rho_m \approx \rho'_m \approx$ 2,655 kg/m^3 è ampiamente accettabile.
Si procede ora alla verifica dell'intero tronco D-G per il quale è stata calcolata in precedenza una perdita di carico disponibile pari a 1.148 kp/m^2. Risulta:

$$(\Delta p_{D\text{-}G})_{tot} = (\Delta p_{D\text{-}F})_{tot} + (\Delta p_{F\text{-}G})_{tot} = 191 + 880 = 1.071 < 1.148 \text{ kp/m}^2.$$

La verifica è soddisfatta.

Ramo F-H

Con le solite ipotesi, la perdita di carico disponibile sul ramo F-H è data da:

$$(\Delta p_{F\text{-}H})_{tot\ disponibile} = (\Delta p_{F\text{-}G})_{tot} = 880 \text{ kp/m}^2$$

E' quindi possibile ricavare la pressione nella sezione H all'ingresso dell'utenza:

$$p'_H = p_F - (\Delta p_{F\text{-}H})_{tot\ disponibile} = 51.208 - 880 = 50.328 \text{ kp/m}^2.$$

A questo punto è possibile dedurre direttamente il valore medio di pressione nel tratto F-H secondo la relazione:

$$p'_m = (p_F + p'_H)/2 = (51.208 + 50.328)/2 = 50.768 \text{ kp/m}^2$$

A tale valore di pressione corrisponde una densità media del vapore pari a:

$$\rho'_m \approx 2,656 \text{ kg/m}^3.$$

Si assume in prima ipotesi che la perdita di carico distribuita nel tronco F-H corrisponda al 30% del valore complessivo disponibile:

$$(\Delta p_{F\text{-}H})_d = 0,3 \cdot 880 = 264 \text{ kp/m}^2$$

Si può quindi calcolare un valore provvisorio della perdita di carico per unità di percorso R* [in (kp/m^2)/m] che prescinde dalle perdite concentrate:

$$R^* = (\Delta p_{F\text{-}H})_d / L_{F\text{-}H} = 264/3,5 = 75,4 \text{ kp/m}^2\cdot\text{m}$$

essendo $L_{D\text{-}G}$ = 3,5 m la lunghezza dell'intero tronco F-H.

Noti R*, p'_m e la portata G = 450 kg/h, si può ora entrare nel diagramma già utilizzato

(Fig. 6.3) e procedere alla scelta del diametro della tubazione. Il diametro interno del tubo commerciale disponibile risulta pari a 51,5 mm (equivalente a 2”), cui corrisponde un valore reale della perdita di carico distribuita per unità di percorso pari a $R_{vero} = 26$ kp/m^2·m.

A questo punto è facile determinare le effettive perdite di carico distribuite che si hanno nel tratto F-H con il tubo prescelto:

$$(\Delta p_{F\text{-}H})_d = R_{vero} \cdot L_{F\text{-}H} = 26 \cdot 3{,}5 = 91 \text{ kp/m}^2$$

Per quanto riguarda le perdite di carico concentrate, si osserva innanzitutto che il tratto F-H presenta diverse accidentalità e che il coefficiente globale di perdita concentrata $\Sigma\xi$ è pari a 7,5.

Valgono pertanto le seguenti relazioni per il calcolo della velocità media c nella tubazione e della perdita di carico concentrata effettiva $(\Delta p_{F\text{-}H})_c$:

$$S = \pi\, D^2/4 = \pi \cdot 51{,}5^2/4 = 2.083 \text{ mm}^2 = 0{,}002083 \text{ m}^2$$

$$\rho'_m = 2{,}656 \text{ kg/m}^3$$

$$c = \frac{G}{\rho'_m \cdot S} = \frac{450}{3600 \cdot 2{,}656 \cdot 0{,}002083} \approx 22{,}59 \text{ m/sec}$$

$$(\Delta p_{F\text{-}G})_c = (\Sigma\xi) \cdot \rho_m \cdot c^2/2 = 7{,}5 \cdot 2{,}656 \cdot 22{,}59^2/2 = 5.084 \text{ Pa} = 518 \text{ kp/m}^2.$$

Poiché a monte dell’utenza c’è una valvola termoregolatrice dell’utenza stessa, nella quale si realizza una caduta di carico pari a 176 kp/m^2, la caduta totale di pressione tra F ed H è pari a:

$$(\Delta p_{F\text{-}H})_{tot} = (\Delta p_{F\text{-}H})_d + (\Delta p_{F\text{-}H})_c + (\Delta p)_{valvola\ utenza} =$$

$$= 91 + 518 + 176 = 785 \text{ kp/m}^2$$

La pressione effettiva nella sezione H vale:

$$p_H = p_F - (\Delta p_{F\text{-}H})_{tot} = 51.208 - 785 = 50.423 \text{ kp/m}^2.$$

Il valore medio effettivo della pressione nel tronco F-H vale:

$$p_m = (p_F + p_H)/2 = (51.208 + 50.423)/2 = 50.816 \text{ kp/m}^2$$

Tale valore di $p_m = 50.816$ kp/m^2 differisce in misura minima dal valore di $p'_m = 50.768$ kp/m^2 e quindi l’approssimazione $\rho_m \approx \rho'_m \approx 2{,}656$ kg/m^3 è ampiamente accettabile.

Si procede ora alla verifica del ramo F-H per il quale è stata calcolata in precedenza una perdita di carico disponibile pari a 880 kp/m^2. Risulta:

$$(\Delta p_{F\text{-}H})_{tot} = 785 < 880 \text{ kp/m}^2.$$

La verifica è soddisfatta.

Si riportano nella successiva Tab. 6.4 i dati ricavati nel dimensionamento della rete di distribuzione del vapore alle utenze G-H-I-L.

Tab. 6.4 – Perdite di carico e diametri delle tubazioni prescelte nella rete di distribuzione del vapore alle utenze G-H-I-L.

	Ramo B-I	Ramo C-L	Ramo D-G	Ramo D-F	Ramo F-G	Ramo F-H
Portata (kg/h)	450	450		900	450	450
$\Delta p_{disponibile}$	1.690	1.433	1.148			880
$\Delta p_{d\ provvisorio}$	507	430	344,4	127,6	216,8	264
$L_{i\text{-}j}$ (m)	3,5	3,5	13,5	5	8,5	3,5
R* (kp/m^2·m)	145	123	25,5	25,5	25,5	75,4
p_i (kp/m^2)	51.941= p_B	51.684= p_C	51.399= p_D	51.399= p_D	51.208= p_F	51.208= p_F
p'_j (kp/m^2)	50.251=p'_I	50.251=p'_L	50.251=p'_G	51.271= p'_F	50.251= p'_G	50.328=p'_H
p'_m (kp/m^2)	51.096	50.967,5	50.825	51.335	50.729	50.768
ρ'_m (kp/m^2)	2,67	2,66	2,657	2,672	2,655	2,656
$D_{int.}$ (mm)	39,5 (DN 40)	41,25 (1 ½”)		70 (2 ½”)	51,5 (2”)	51,5 (2”)
c (m/sec)	38	35		24,3	22,6	22,6
R_{vero} (kp/m^2·m)	100	80		22	26	26
Δp_d (kp/m^2)	350	280		110	221	91
$\Sigma\xi$	5,86	5,86		1	7	7,5
Δp_c (kp/m^2)	1.153	973		81	483	517
$\Delta p_{valvola}$ (kp/m^2)	176	176			176	176
$\Delta p_{tot.}$ (kp/m^2)	1.679	1429		191	880	784
p_j (kp/m^2)	50.262=p_I	50.255=p_L		51.208= p_F	50.328=p_G	50.424=p_H
p_m (kp/m^2)	51.101	50.969,5		51.303	50.768	50.816
$\rho_m \approx \rho'_m$	2,67	2,66		2,672	2,655	2,656

6.4 Calcolo della rete delle condense e dei relativi scaricatori a valle delle utenze

Nello schema di Fig, 6.4 è rappresentata la rete di distribuzione del vapore con evidenziati rete delle condense, scaricatori di condensa (SC), scaricatori d’aria (S.A.), compensatori a soffietto, supporti elastici e punti fissi.

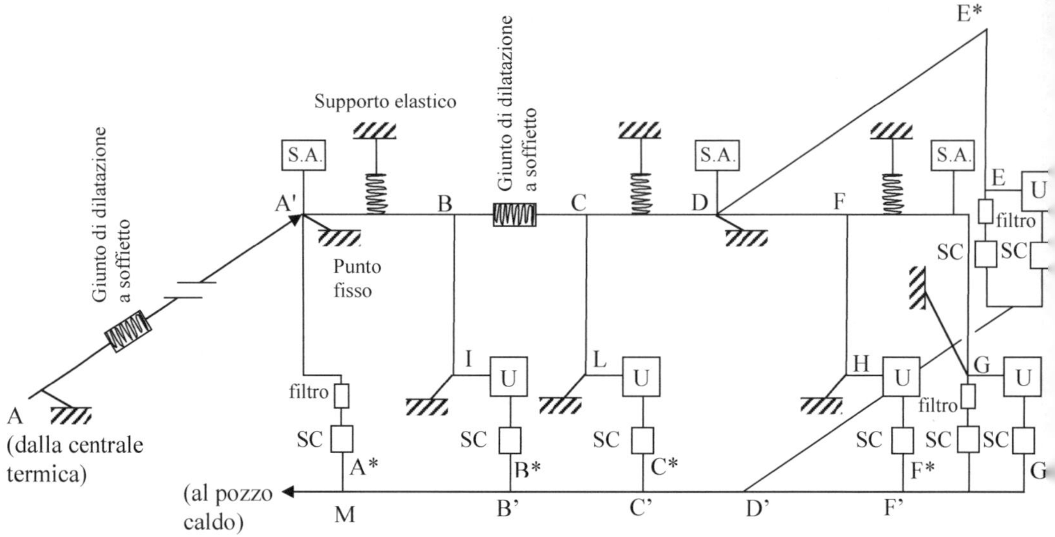

Fig. 6.4 - Rete di distribuzione del vapore con scaricatori di condensa SC, scaricatori d'aria S.A., compensatori a soffietto, supporti elastici e punti fissi.

Si tralasciano per ora i tre scaricatori della condensa all'avviamento applicati nel punto A' e alle due utenze E e G, che sono le più lontane dalla centrale termica, dei quali si tratterà nel par. 6.5 seguente.
Le 5 utenze E-G-H-L-I sono seguite da altrettanti scaricatori della condensa, in uscita dalle utenze, i quali funzionano sotto una pressione differenziale $\Delta p_{scaricatore}$ applicata a ciascuno di essi. Peraltro la pressione a valle degli scaricatori deve essere superiore alla pressione atmosferica, che grava sul pozzo caldo (P.C.), per garantire il deflusso delle condense stesse verso il pozzo caldo. E' necessario quindi stabilire questa pressione in funzione delle portate da smaltire e dei diametri delle tubazioni prescelte.
Si considera pertanto il ramo più caricato ovvero il ramo E'- Serbatoio P.C., costituito dai tratti E'- D', D'- C', C'- B', B'- Serbatoio P.C..
Si suppone che le sezioni di uscita dagli scaricatori (E', G', F*, C*, B*, A*) siano ad una altezza di 1 metro da terra.
Il tratto E'- D' è lungo 13 m ed è percorso a regime da una portata di condensa pari a 200 kg/h. Si trascura la presenza nel liquido di una piccola quantità di vapore dovuta alla espansione isoentalpica, che si realizza attraverso lo scaricatore.
Dal diagramma delle perdite di carico dell'acqua in tubazioni di ghisa riportato in /3/ si trae una perdita unitaria di 10 kp/m^2 per metro di tubazione da ½" (diametro interno 16,6 mm).
Procedendo nello stesso modo per gli altri tratti si hanno i dati della seguente tabella:

Tab. 6.5

grandezza	Tratto E'-D'	Tratto D'-C'	Tratto C'-B'	Tratto B'- P.C.
Lunghezza (m)	13	5	5	30
Portata Q (kg/h)	200	1100	1550	2000
Diametro Φ ('')	½"	1"	1 ¼"	1 ½"
Diametro interno (mm)	16,6	27,9	36,6	42,5
R [(kp/m^2)/m]	10	14	7	5,4
$\Delta p = L \cdot R$ (kp/m^2)	130	70	35	162

La perdita di carico totale lungo il ramo da E' al Serbatoio P.C. vale:

$(\Delta p_{tot})_{E'\text{- Serbatoio P.C.}} = (130 + 70 + 35 + 162) = 397\ (kp/m^2)$

Si verifica di seguito l'entità delle perdite di carico negli altri tratti significativi procedendo alla scelta del diametro in funzione della portata e degli altri dati noti. Per i simboli si fa riferimento alla Fig. 6.4 già riportata in precedenza.

Tab. 6.6

grandezza	Tratto G'- F'	Tratto F*- F'	Tratto F'- D'	Tratto C*- C'	Tratto B*- B'
Lunghezza (m)	6	1	5	1	1
Portata Q (kg/h)	450	450	900	450	450
Diametro Φ ('')	¾"	¾"	1"	¾"	¾"
Diametro interno (mm)	22,2	22,2	27,9	22,2	22,2
R [(kp/m^2)/m]	8,5	8,5	9,9	8,5	8,5
$\Delta p = L \cdot R$ (kp/m^2)	51	8,5	49,5	8,5	8,5

Mettendo a confronto le perdite di carico totali dall'uscita scaricatore di ciascuna utenza G-H-L-I fino alla sezione B', si verifica che tali perdite sono sempre inferiori a quella calcolata sul ramo più caricato E'-B'. Infatti esse valgono:

$$\Delta p_{G'-B'} = \Delta p_{G'-F'} + \Delta p_{F'-D'} + \Delta p_{D'-C'} + \Delta p_{C'-B'} = 51 + 49{,}5 + 70 + 35 = 205{,}5\ kp/m^2$$
$$\Delta p_{F*-B'} = \Delta p_{F*-F'} + \Delta p_{F'-D'} + \Delta p_{D'-C'} + \Delta p_{C'-B'} = 8{,}5 + 49{,}5 + 70 + 35 = 163\ kp/m^2$$
$$\Delta p_{C*-B'} = \Delta p_{C*-C'} + \Delta p_{C'-B'} = 8{,}5 + 35 = 43{,}5\ kp/m^2$$
$$\Delta p_{B*-B'} = 8{,}5\ kp/m^2$$

mentre la perdita di carico sul ramo più caricato E'-B' vale:

$$\Delta p_{E'-B'} = \Delta p_{E'-D'} + \Delta p_{D'-C'} + \Delta p_{C'-B'} = 130 + 70 + 35 = 235\ kp/m^2$$

La verifica è soddisfatta.

Per l'intero ramo A'- M, in cui solo nel transitorio iniziale passa una piccola portata di condensa equivalente a 35 kg/h (cfr. successivo par. 6.5), si adotta un diametro sovradimensionato pari a ½" che comporta perdite trascurabili e nel tratto da A' all'ingresso dello scaricatore di condensa e nel tratto A* - M dopo lo scaricatore di condensa. La perdita di carico totale da prendere a riferimento è dunque quella lungo il ramo più caricato da E' al Serbatoio P.C.; essa vale come già ricordato in precedenza:

$$(\Delta p_{tot})_{E'\text{-Serbatoio P.C.}} = (130 + 70 + 35 + 162) = 397\ (kp/m^2).$$

Poiché il pelo libero nel Serbatoio P.C. è supposto avere altezza da terra pari a 3 metri, la pressione assoluta che deve essere presente a valle degli scaricatori delle utenze (posti all'altezza di 1 m da terra) vale:

$$p = 10.000 \text{ (pressione atmosferica)} + 2.000 + 397 = 12.397 \text{ kp/m}^2 \approx 1{,}24 \text{ kp/cm}^2$$

La pressione differenziale minima a disposizione degli scaricatori di condensa al servizio delle utenze vale quindi:

$$\Delta p_{scaricatore} \approx 5{,}00 - 1{,}24 = 3{,}76 \text{ kg/cm}^2.$$

E' possibile ora, conoscendo tale valore della pressione differenziale minima e le portate di condensa da scaricare, passare alla scelta degli scaricatori della condensa a regime prodotta dalle utenze.

Con riferimento agli scaricatori a secchiello rovesciato, particolarmente indicati per la loro robustezza e sicurezza di funzionamento, e alla Tab. 6.7 si sceglie il modello:

- SB-12 da ¾" o SFB-12 da 20 mm in grado di scaricare 670 kg/h di condensa sotto la pressione differenziale di 3 kp/cm^2,

che risulta più che adeguato per le utenze G-H-L-I, che debbono scaricare 450 kg/h di condensa sotto una pressione differenziale disponibile non inferiore a 3,76 kp/cm^2.

Tabella 6.7

- SCARICATORI A SECCHIELLO ROVESCIATO TIPO S e TIPO SF

Capacità di scarico in kg/ora di condensa per pressioni differenziali in kg/cm²

TIPO	DN	PRESSIONE DIFFERENZIALE kg/cm²													
		0,2	0,3	0,5	0,8	1	2	3	4	5	6	7	8	10	12
SB-1	3/4"	940	1020	1150	1320	1420									
SC-1	1"	1130	1260	1470	1670	1750									
SD-1	1.1/2"	1850	2070	2270	2520	2660									
SA-4 SFA-4	1/2" 15		190	215	240	255	320	365	405						
SB-4 SFB-4	3/4" 20		730	830	960	1020	1290	1500	1680						
SC-4 SFC-4	1" 25		880	1000	1140	1210	1510	1740	1930						
SD-4 SFD-4	1.1/2" 40		1580	1800	2050	2200	2770	3220	3570						
SA-8 SFA-8	1/2" 15					175	220	275	310	340	365	385	405		
SB-8 SFB-8	3/4" 20					350	600	730	800	855	900	940	975		
SC-8 SFC-8	1" 25					860	1030	1200	1350	1470	1580	1690	1790		
SD-8 SFD-8	1.1/2" 40					1850	2200	2560	2800	3070	3300	3500	3700		
SA-12 SFA-12	1/2" 15						195	220	260	290	305	310	340	365	380
SB-12 SFB-12	3/4" 20						590	670	740	790	860	910	980	1070	1140
SC-12 SFC-12	1" 25						880	1050	1150	1250	1330	1400	1470	1580	1680
SD-12 SFD-12	1.1/2" 40						1500	1720	1880	2050	2200	2325	2470	2670	2820

Si sceglie invece il modello:

- SA-8 ½" o SFA-8 da 15 mm in grado di scaricare 275 kg/h di condensa sotto la pressione differenziale di 3 kp/cm^2,

che risulta più che adeguato per l'utenza E, che deve scaricare 200 kg/h di condensa sotto una pressione differenziale disponibile non inferiore a 3,76 kp/cm^2.

6.5 Calcolo degli scaricatori della condensa all'avviamento

All'avviamento si forma condensa nella rete di distribuzione per il fatto che le tubazioni sono fredde e assorbono calore per portarsi alla temperatura di funzionamento pari a circa 150°C. La potenza termica messa in giuoco nel transitorio iniziale, con riferimento al tratto A-A', vale:

$$Q = M_c \cdot r_v = L \cdot m_L \cdot c_p \cdot (T_{vu} - T_{iniziale})$$

essendo:

- M_c (kg) massa di vapore che condensa;
- $r_v \approx 2.106$ (kJ/kg) calore di vaporizzazione alla pressione $p_u \approx 5{,}2 \div 5{,}3$ kp/cm^2
- L = 20 m lunghezza del tratto di tubazione A-A';
- $m_L = 9{,}2$ (kg/m) massa della tubazione per unità di lunghezza in m;
- $c_p = 0{,}12$ (kcal/kg·°C) = 0,502 (kJ/kg·°C) calore specifico medio del materiale acciaio;
- $T_{vu} \approx 151 \div 152$ °C temperatura di saturazione alla pressione $p_u \approx 5{,}2 \div 5{,}3$ kp/cm^2;
- $T_{iniziale} \approx 20$ °C.

Risulta: $M_c = 5{,}79$ kg.
Assumendo una durata del transitorio di riscaldamento della tubazioni pari a 10 min, si può ricavare la portata oraria di condensa Q_c :

$$Q_c = M_c \cdot 60 / 10 = 34{,}74 \text{ kg/h} \approx 35 \text{ kg/h}.$$

Con questo valore di portata è possibile procedere alla scelta dello scaricatore di condensa idoneo consultando i cataloghi di tali apparecchiature. Nel presente caso si può collocare in corrispondenza del gomito A' uno scaricatore a secchiello rovesciato più che esuberante del tipo SA-12 da ½" o SFA-12 da 15 mm (cfr. ancora Tab. 6.7), che sotto una pressione differenziale applicata allo scaricatore $\Delta p_{scaricatore} = 3$ kp/cm^2 è in grado di scaricare 220 kg/h di condensa. Per il collegamento al tubo di ritorno al Serbatoio P.C. è sufficiente, data la modesta portata, una tubazione da ½".
Altri due scaricatori di condensa vanno collocati a ridosso dell'ingresso alle due utenze più lontane e cioè E e G. I percorsi A'-E e A'-G, aventi lunghezze geometriche rispettivamente pari a 32,5 m e 30,5, hanno però in comune il tratto A'-D avente lunghezza pari a 17 m e quindi, ai fini della formazione della condensa, le lunghezze equivalenti dei due percorsi si ottengono diminuendo i valori geometrici di 8,5 m, ottenendo rispettivamente $L_{A'\text{-}E\ equivalente} = 24$ m e $L_{A'\text{-}G\ equivalente} = 22$ m. Poiché tali valori sono di poco superiori alla lunghezza del tratto A-A' pari a 20 m e inoltre le tubazioni, procedendo da A' in avanti, hanno diametri via via inferiori a quello del

primo tratto A-A’, è plausibile per semplicità applicare a ridosso dell’ingresso delle utenze E e G due scaricatori di condensa per l’avviamento uguali a quello determinato più sopra (oltretutto di per sé esuberante), nella motivata convinzione che gli stessi risulteranno più che adeguati.

6.6 Calcolo dei compensatori delle dilatazioni termiche

La rete di distribuzione del vapore e gli utilizzatori sono ancorati ai punti fissi di ancoraggio A-A’-D-G-H-L-I (cfr. ancora Fig. 6.4). Le tubazioni passano nel transitorio iniziale dalla temperatura iniziale di circa 20°C alla temperatura di saturazione $T_{vu} \approx 151 \div 152$ °C subendo dilatazioni termiche di una certa entità per cui è necessario inserire dei compensatori delle dilatazioni o giunti dilatatori adeguati.
Si utilizza la formula:

$$\Delta l = \alpha \cdot l \cdot \Delta T$$

in cui:

- $\alpha = 12 \cdot 10^{-6}$ °C^{-1} per tubi in acciaio,
- l lunghezza del tratto di tubazione in metri,
- $\Delta T = 152 - 20 = 132$ °C.

Per il tratto A-A’ lungo 20 m risulta:

$$\Delta l = 31{,}7 \text{ mm}$$

Per il tratto A’-D lungo 17 m risulta:

$$\Delta l = 26{,}9 \text{ mm}$$

Con tali valori di Δl è possibile scegliere dai relativi cataloghi due compensatori a soffietto per i due rami principali e più lunghi A-A’ e A’-D.
Per il ramo D-E costituito da due tratti, uno orizzontale lungo 12 m ed uno verticale lungo 3,5 m, non è necessario alcun compensatore perché il primo tratto D-E*, opportunamente guidato, può dilatarsi e scorrere orizzontalmente per i pochi mm necessari non essendo fisso il gomito E*. Discorsi analoghi si possono ripetere per i rami derivati, che conducono alle utenze I-L-H-G. In particolare per il ramo D-G, costituito da due tratti, uno orizzontale lungo 10 m ed uno verticale lungo 3,5 m, vale quanto già osservato per l’analogo ramo D-E. Per quanto riguarda i tratti B-I, C-L e F-H, si osserva innanzitutto che gli stessi sono molto brevi (appena 3,5 m) e quindi affetti da allungamenti di pochi mm; inoltre sono attestati sui tratti A’-D e D-G che possono dilatarsi orizzontalmente e quindi alleviare i carichi generati dalle suddette dilatazioni sui rami trasversali.

BIBLIOGRAFIA

/1/ A. Pareschi, “Impianti meccanici per l’industria”, Progetto Leonardo, Ed. Esculapio, dicembre 2009, Bologna.
/2/ H. Rietschel, W. Raiss, “Traitè de chauffage et de ventilation”, 14° edizione, Librairie Polytechnique CH. Béranger, 1965, Parigi
/3/ C. Malavasi, “Vademecum per l’ingegnere costruttore meccanico”, XIII Edizione, Ed. Hoepli, 1966, Milano

ESERCIZIO 7

PROGETTO DI UN IMPIANTO DI CONCENTRAZIONE A MULTIPLI EFFETTI PER ZUCCHERIFICIO

7.1 Introduzione

Si considera un impianto di concentrazione per zuccherificio di potenzialità pari a:

$$P = 10^4 \text{ quintali barbabietole/giorno} = 41.666 \text{ kg barbabietole/h}$$

Le barbabietole vengono tritate e mescolate con acqua con ottenimento di quello che viene detto "sugo di barbabietole" con un valore medio del rapporto in massa pari a:

$$k = 1{,}25 \text{ kg sugo/kg barbabietole.}$$

Il sugo di barbabietole, detto anche "sugo leggero", è dunque una soluzione di acqua e zucchero, che deve essere concentrata. La concentrazione iniziale sia pari a:

$$c_i = 0{,}15 \text{ kg zucchero/kg sugo} = 0{,}15 \text{ Bx (gradi Brix).}$$

La concentrazione finale, che si deve ottenere in base al processo tecnologico per la produzione dello zucchero, risulta pari a:

$$c_f = 0{,}59 \text{ kg zucchero/kg sugo} = 0{,}59 \text{ Bx (gradi Brix).}$$

La portata oraria di sugo da trattare risulta quindi pari a:

$$G_0 = k \cdot P = 1{,}25 \cdot 41.666 = 52.083 \text{ kg sugo/h}$$

La temperatura massima sopportabile dal sugo leggero è pari a T_{max} = 101 °C. Tale valore risulta determinato da una specifica esigenza tecnologica, quella di non deteriorare le sostanze organiche presenti nel sugo.
La temperatura del vapore saturo in ingresso al primo evaporatore (o primo effetto) può essere scelta pari a T_{vap} = 110°C, con un salto di temperatura fra vapore vivo e sugo o soluzione zuccherina di circa 9°C, valore in linea con quelli che si determinerebbero con procedura di ottimizzazione del Δt.
Il numero degli effetti (o stadi) viene scelto pari a n = 3, valore anch'esso in linea con quello che si determina con procedura di progettazione ottimizzata sulla base della minimizzazione della somma dei costi fissi di installazione e dei costi variabili di esercizio dell'impianto di concentrazione.
Nella Fig. 7.1 è riportato lo schema dell'impianto che prevede la condensazione della portata di vapore V_3, liberata dal terzo effetto, tramite condensatore barometrico in depressione. L'adozione di un condensatore a miscela, e non a superficie, è dovuta principalmente al fatto che la condensa di V_3 è leggermente acida, perché trascina con sé tracce di zucchero e quindi non può essere riutilizzata introducendola tramite pompa nella caldaia, che produce il vapore primario. Con il condensatore barometrico inoltre non è necessaria la pompa di circolazione dell'acqua di condensazione; le uniche parti in movimento sono quelle del ventilatore estrattore d'aria posto alla sommità del condensatore stesso, che garantisce il mantenimento all'interno dell'apparecchio di una pressione p_3 convenientemente inferiore a quella atmosferica,

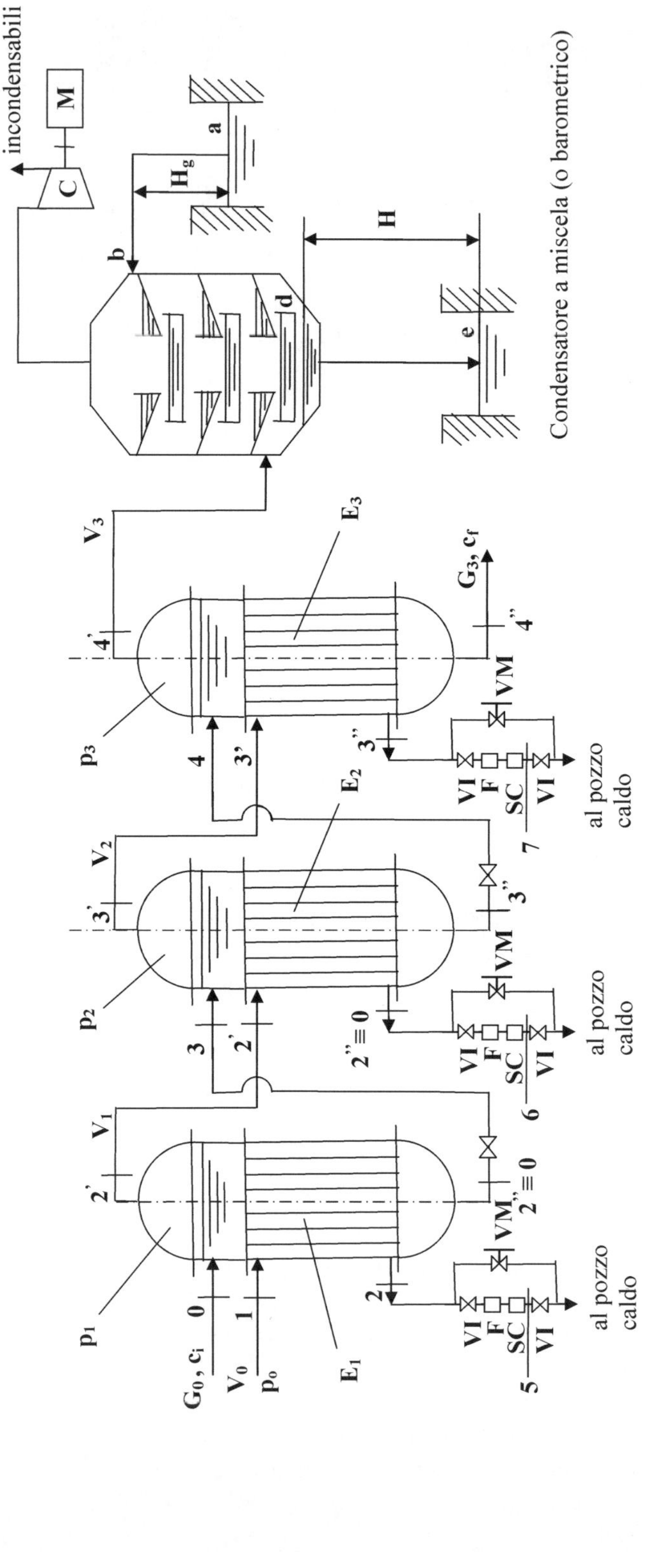

Fig. 7.1 – Impianto di concentrazione a vapore a tre effetti per zuccherificio con condensatore a miscela

come argomentato più sotto. Infine il condensatore a miscela utilizza una quantità di acqua per condensare un kg di vapore (≈14 kg acqua/kg vapore) nettamente inferiore a quella utilizzata da un condensatore a miscela (55 ÷ 60 kg acqua/kg vapore), come dimostrato più avanti.
Si assume all'interno del terzo effetto una pressione assoluta pari a p_3 = 0,2 ata. Poiché per il corretto funzionamento del condensatore barometrico deve risultare $H>H_g$ (cfr. Fig. 7.1) per compensare le perdite di carico nei due tratti di tubazione (a-b) e (d-e) e la perdita di energia cinetica alla sezione (b) di ingresso nel condensatore ovvero deve essere (in unità del sistema internazionale):

$$gH = gH_g + R_{a\text{-}b} + R_{d\text{-}e} + c_b^2/2,$$

un valore di H_g leggermente inferiore a 8 m (per esempio 7 m) e di H leggermente superiore a 8 m (per esempio 9 m) consente un adeguato funzionamento del condensatore barometrico. Infatti la differenza di pressione pari a 8 metri di colonna d'acqua esistente fra la superficie esterna (a) e l'interno del condensatore consente di superare il dislivello di 7 m e di compensare le perdite di carico $R_{a\text{-}b}$ e la dissipazione di energia cinetica $c_b^2/2$ garantendo nel contempo un adeguato sviluppo verticale del condensatore, che deve essere dotato di un congruo numero di piatti di miscelazione. Analogamente allo scarico i 2 metri di colonna d'acqua esistenti all'interno del condensatore più i 9 metri di colonna d'acqua corrispondenti ad H consentono di superare la pressione atmosferica (pari a circa 10 metri di colonna d'acqua) che grava sulla superficie esterna (e) e di compensare le perdite di carico $R_{d\text{-}e}$. In tal modo l'acqua entra con continuità nel condensatore e ne fuoriesce fluendo dalla superficie (a) alla superficie (e), senza necessità di un'apposita pompa.

Con le scelte tecniche eseguite, che tengono conto anche di esigenze tecnologiche, si hanno i seguenti dati di progetto:

- Temperatura e pressione di saturazione, calore di vaporizzazione del vapore primario:
  T_{v0} = 110°C; p_0 = 1,5 ata; r_0 = 533,1 kcal/kg
- Temperatura e pressione di saturazione, calore di vaporizzazione del vapore del primo effetto:
  T_{v1} = 101°C; p_1 = 1,1 ata; r_1 = 538,8 kcal/kg
- Temperatura e pressione di saturazione, calore di vaporizzazione del vapore del terzo effetto:
  T_{v3} = 60°C; p_3 = 0,2 ata; r_3 = 562,5 kcal/kg

Non sono noti per ora i corrispondenti dati relativi al secondo effetto:

- Temperatura e pressione di saturazione, calore di vaporizzazione del vapore del secondo effetto: T_{v2}; p_2; r_2. Tali valori saranno determinati successivamente.

E' comunque possibile tracciare il ciclo termodinamico del vapore (cfr. Fig. 7.2), corrispondente allo schema dell'impianto di Fig. 7.1, usando in via approssimata il diagramma (T,S) relativo all'acqua pura senza considerare la componente solida zuccherina. Si considera il punto 2, ovvero il vapore condensato all'uscita del primo effetto, alla temperatura di saturazione T_{v0} = 110°C, anche se potrebbe essere leggermente sotto raffreddato; lo stesso si considera anche per gli altri effetti. Si ipotizza inoltre che la soluzione zuccherina di portata G_0 entri nel primo effetto in uno stato fisico (0) a temperatura pari a T_{v1} = 101°C. Si osserva inoltre, in tale ipotesi, che lo stato fisico 2'' (corrispondente alla uscita della soluzione più concentrata dal primo effetto) coincide con il citato stato fisico (0), trascurando la colonna idrostatica che grava sul fondo dell'evaporatore. Si osserva infine che il suddetto stato fisico 2'' (corrispondente alla uscita della soluzione più concentrata dal primo effetto) coincide anche con quello corrispondente alla uscita del vapore condensato (sempre alla pressione p_1) dal secondo effetto.

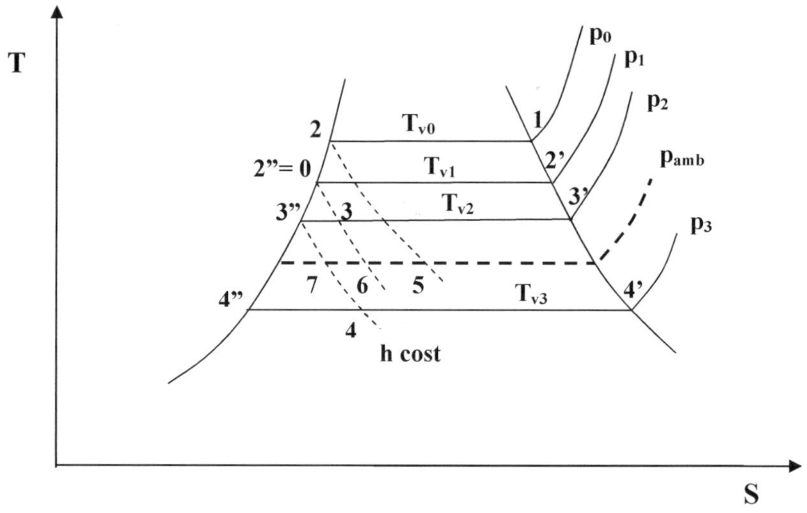

Fig. 7.2 – Ciclo del processo di concentrazione a tre effetti

7.2 Calcolo delle portate di vapore e delle superfici di scambio dei tre evaporatori

Si pone come obiettivo la realizzazione di tre evaporatori uguali ovvero con la medesima superficie di scambio. Ciò consente, in termini di gestione dell'impianto, di poter contare su una riserva al 100% con un unico quarto evaporatore, uguale agli altri tre, in grado di subentrare all'avaria di uno degli scambiatori in funzionamento (intervento di manutenzione a guasto) o di surrogarlo durante un intervento di manutenzione preventiva, senza alcun costo aggiuntivo di mancata produzione.

Nell'ipotesi semplificativa di considerare circa uguali i calori di vaporizzazione r_0, r_1, r_2, r_3, le potenze termiche scambiate nei tre evaporatori risultano con buona approssimazione uguali (cfr. par. 6.1 di /1/):

$$Q_I \approx Q_{II} \approx Q_{III}$$

essendo: $Q_I \approx A_I \cdot S_I \cdot \Delta T_I$

$Q_{II} \approx A_{II} \cdot S_{II} \cdot \Delta T_{II}$

$$Q_{III} \approx A_{III} \cdot S_{III} \cdot \Delta T_{III}$$

$$\Delta T_I = T_{v0} - T_{v1}; \quad \Delta T_{II} = T_{v1} - T_{v2}; \quad \Delta T_{III} = T_{v2} - T_{v3}$$

I valori A_I, A_{II}, A_{III} del coefficiente globale di scambio diminuiscono all'aumentare della concentrazione della soluzione zuccherina; si può assumere:

$$A_I \approx 2.700 \text{ kcal/m}^2 \text{ h °C} = 1{,}163 \cdot 2.700 \text{ W/m}^2 \text{ °C} = 3.140 \text{ W/m}^2 \text{ °C}$$
$$A_{II} \approx 1.870 \text{ kcal/m}^2 \text{ h °C} = 2.175 \text{ W/m}^2 \text{ °C}$$
$$A_{III} \approx 790 \text{ kcal/m}^2 \text{ h °C} = 919 \text{ W/m}^2 \text{ °C}.$$

Assumendo uguali le superfici di scambio dei tre evaporatori ovvero $S_I = S_{II} = S_{III}$, si deduce:

$$A_I \cdot \Delta T_I \approx A_{II} \cdot \Delta T_{II}$$
$$A_I \cdot \Delta T_I \approx A_{III} \cdot \Delta T_{III}$$

e quindi: $\Delta T_{II} / \Delta T_I = A_I / A_{II} = 2.700/1.870 = 1{,}44$ (7.1)

$\Delta T_{III} / \Delta T_I = A_I / A_{III} = 2.700/790 = 3{,}42$ (7.2)

essendo: $\Delta T_I + \Delta T_{II} + \Delta T_{III} = T_{v0} - T_{v3} = 110 - 60 = 50$ °C (7.3)

Risolvendo il sistema delle tre relazioni (7.1) (7.2) (73), si ottiene:

$$\Delta T_I + 1{,}44\ \Delta T_I + 3{,}42\ \Delta T_I = 50 \text{ °C}$$
$$\Delta T_I = 50/(1 + 1{,}44 + 3{,}42) = 8{,}53 \text{ °C}$$
$$\Delta T_{II} = 1{,}44\ \Delta T_I = 12{,}28 \text{ °C}$$
$$\Delta T_{III} = 3{,}42\ \Delta T_I = 29{,}17 \text{ °C}$$

Avendo scelto $T_{v0} = 110$ °C, si deduce infine il valore incognito di T_{v2} e per verifica i valori di T_{v1}, T_{v3}:

$$T_{v1} = T_{v0} - 8{,}53 = 110 - 8{,}53 = 101{,}47 \text{ °C} \approx 101 \text{ °C}$$
$$T_{v2} = T_{v1} - 12{,}28 = 101{,}47 - 12{,}28 = 89{,}19 \text{ °C} \approx 89 \text{ °C}$$
$$T_{v3} = T_{v2} - 29{,}17 = 89{,}19 - 29{,}17 = 60.02 \text{ °C} \approx 60 \text{ °C}$$

Alla temperatura di saturazione $T_{v2} \approx 89$ °C corrisponde una pressione di vapor saturo $p_2 = 0{,}7$ ata (pressione di funzionamento del secondo effetto) e un calore di vaporizzazione $r_2 = 544{,}7$ kcal /kg .

Per il calcolo delle superfici di scambio è necessario conoscere le potenze termiche Q_I, Q_{II} e Q_{III} scambiate nei tre evaporatori, che sono state supposte in una prima approssimazione, finalizzata alla determinazione di T_{v2}, circa uguali. In tale ipotesi, avendo considerato circa uguali i calori di vaporizzazione r_0, r_1, r_2, r_3 alle diverse corrispondenti pressioni, si avrebbe la sostanziale uguaglianza delle portate di vapore (cfr. trattazione semplificata in par. 6.1 di /1/) ovvero:

$$V_0 \approx V_1 \approx V_2 \approx V_3 \tag{7.4}$$

essendo complessivamente la portata oraria N (kg/h) di acqua da evaporare pari a:

$$N = V_1 + V_2 + V_3 = G_0 - G_3 = G_0 - (c_i / c_f)\ G_0 = G_0 \cdot [1 - (c_i / c_f)] =$$
$$= 52.083 \cdot [1 - (0{,}15/0{,}59)] = 38.842 \text{ kg vap/h} \tag{7.5}$$

con G_3 portata finale della soluzione uscente dal terzo effetto pari a:

$$G_3 = G_0 \, (c_i / c_f) = 13.241 \text{ kg soluz./h}$$

in base all'equazione di continuità per la fase solida.
Si avrebbe quindi in conclusione in base alle relazioni (7.4) e (7.5):

$$N = G_0 \cdot [1 - (c_i / c_f)] \approx 3 \, V_0$$

e quindi:

$$V_0 \approx N / 3 = 38.842/3 = 12.947 \text{ kg vap/h} \qquad (7.6)$$

essendo n = 3 il numero degli effetti.

In realtà poiché le portate di soluzione zuccherina, che alimentano il secondo e il terzo effetto, presentano di per sé un non trascurabile titolo di vapore (cfr. stati fisici 3 e 4), la relazione (7.6) determina una portata di vapore eccessiva rispetto alle necessità, che porterebbe ad un valore di c_f superiore a quello di progetto.

Si determinano quindi nel seguito il valori esatti delle quattro portate V_0, V_1, V_2 e V_3 scrivendo in maniera esatta i tre bilanci termici degli evaporatori e facendo sistema con la relazione (7.5).

Bilancio termico del primo evaporatore

$$V_0 \cdot h_1 + G_0 \cdot h_0 = V_1 \cdot h_{2'} + (G_0 - V_1) \cdot h_{2''} + V_0 \cdot h_2$$

$$V_0 \cdot (h_1 - h_2) + G_0 \cdot (h_0 - h_{2''}) = V_1 \cdot (h_{2'} - h_{2''})$$

Peraltro risulta: $h_0 = h_{2''}$
Segue: $V_0 \cdot r_0 = V_1 \cdot r_1$
e in conclusione: $V_1 = V_0 \cdot (r_0 / r_1)$ (7.7)

Bilancio termico del secondo evaporatore

$$V_1 \cdot h_{2'} + (G_0 - V_1) \cdot h_3 = V_2 \cdot h_{3'} + (G_0 - V_1 - V_2) \cdot h_{3''} + V_1 \cdot h_{2''}$$

$$V_1 \cdot (h_{2'} - h_{2''}) + (G_0 - V_1) \cdot (h_3 - h_{3''}) = V_2 \cdot (h_{3'} - h_{3''})$$

Peraltro risulta: $h_3 = h_{2''}$
Segue: $V_1 \cdot r_1 + (G_0 - V_1) \cdot (h_{2''} - h_{3''}) = V_2 \cdot r_2$

$$V_2 = V_1 \cdot (r_1 / r_2) + (G_0 - V_1) \cdot c_l \cdot (T_{v1} - T_{v2}) / r_2$$

In conclusione:

$$V_2 = V_0 \cdot (r_0 / r_1) \cdot [(r_1/ r_2) - c_l \cdot (T_{v1} - T_{v2})/r_2] + G_0 \cdot [c_l \cdot (T_{v1} - T_{v2}) / r_2] \qquad (7.8)$$

Bilancio termico del terzo evaporatore

$$V_2 \cdot h_{3'} + (G_0 - V_1 - V_2) \cdot h_4 = V_3 \cdot h_{4'} + (G_0 - V_1 - V_2 - V_3) \cdot h_{4''} + V_2 \cdot h_{3''}$$

$$V_2 \cdot (h_{3'} - h_{3''}) + (G_0 - V_1 - V_2) \cdot (h_4 - h_{4''}) = V_3 \cdot (h_{4'} - h_{4''})$$

Peraltro risulta: $h_4 = h_{3''}$

Segue:

$$V_2 \cdot r_2 + (G_0 - V_1 - V_2) \cdot (h_{3''} - h_{4''}) = V_3 \cdot r_3$$

$$V_3 = V_2 \cdot (r_2 / r_3) + (G_0 - V_1 - V_2) \cdot [c_l \cdot (T_{v2} - T_{v3}) / r_3]$$

$$V_3 = V_2 \cdot [(r_2/r_3) - c_l \cdot (T_{v2} - T_{v3})/r_3] + G_0 \cdot [c_l \cdot (T_{v2} - T_{v3})/r_3] - V_1 \cdot [c_l \cdot (T_{v2} - T_{v3})/r_3]$$

Inserendo nella espressione di V_3 le espressioni di V_1 e V_2 fornite dalle relazioni (7.7) e (7.8), si ottiene:

$$V_3 = V_0 \cdot (r_0 / r_1) \cdot [(r_1/ r_2) - c_l \cdot (T_{v1} - T_{v2})/r_2] \cdot [(r_2/r_3) - c_l \cdot (T_{v2} - T_{v3})/r_3] +$$
$$+ G_0 \cdot [c_l \cdot (T_{v1} - T_{v2}) / r_2] \cdot [(r_2/r_3) - c_l \cdot (T_{v2} - T_{v3})/r_3] +$$
$$+ G_0 \cdot [c_l \cdot (T_{v2} - T_{v3})/r_3] - V_0 \cdot (r_0 / r_1) \cdot [c_l \cdot (T_{v2} - T_{v3})/r_3] \qquad (7\ 9)$$

Si sostituiscono infine nella (7.5) i valori di V_1, V_2 e V_3 forniti dalle relazioni (7.7) (7.8) (7.9):

$$N = V_1 + V_2 + V_3 = V_0 \cdot (r_0 / r_1) + V_0 \cdot (r_0 / r_1) \cdot [(r_1/ r_2) - c_l \cdot (T_{v1} - T_{v2})/r_2] +$$
$$+ G_0 \cdot [c_l \cdot (T_{v1} - T_{v2}) / r_2] + V_0 \cdot (r_0 / r_1) \cdot [(r_1/ r_2) - c_l \cdot (T_{v1} - T_{v2})/r_2] \cdot$$
$$\cdot [(r_2/r_3) - c_l \cdot (T_{v2} - T_{v3})/r_3] + G_0 \cdot [c_l \cdot (T_{v1} - T_{v2}) / r_2] \cdot [(r_2/r_3) - c_l \cdot (T_{v2} - T_{v3})/r_3] +$$
$$+ G_0 \cdot [c_l \cdot (T_{v2} - T_{v3})/r_3] - V_0 \cdot (r_0 / r_1) \cdot [c_l \cdot (T_{v2} - T_{v3})/r_3] = 38.842 \text{ kg vap/h}$$

Ponendo il calore specifico dell'acqua c_l = 1 kcal/kg °C ed essendo noti tutti gli altri termini, si risolve in V_0 e si ottiene:

$$V_0 = 12.247{,}5 \text{ kg vap/h} \qquad (7.10)$$

inferiore del 5,4% al valore di 12.947 kg vap/h stabilito dalla (7.6).

Sostituendo il valore di V_0 dato dalla (7.10) nelle relazioni (7.7) (7.8) (7.9), si ottengono:

V_1 = 12.118 kg vap/h

V_2 = 12.867 kg vap/h

V_3 = 13.857 kg vap/h

Sommando i suddetti valori si ottiene:

$V_1 + V_2 + V_3$ = 12.118 + 12.867 + 13.857 = 38.842 kg vap/h

La (7.5) risulta pertanto verificata.

Utilizzando il valore V_0 = 12.947 kg vap/h, dato dalla (7.6), si otterrebbero attraverso le già citate relazioni (7.7) (7.8) (7.9) i seguenti valori:

V_1' = 12.810 kg vap/h

V_2' = 13.536,5 kg vap/h

V_3' = 14.435 kg vap/h

Sommando i suddetti valori si otterrebbe:

$$N' = V_1' + V_2' + V_3' = 12.810 + 13.536{,}5 + 14.435 = 40.781{,}5 \text{kg vap/h}$$

In base alla (7.5) la portata finale G_3 della soluzione uscente dal terzo effetto risulterebbe pari a:

$$G_3' = G_0 - N' = 52.083 - 40.781{,}5 = 11.301{,}5 \text{ kg soluz./h}$$

e pertanto la concentrazione finale c_f' della soluzione, nel rispetto dell'equazione di continuità per la fase solida, risulterebbe pari a:

$$c_f' = c_i \,(G_0 / G_3') = 0{,}15\,(52.083/11.301{,}5) = 0.69 = 69\%$$

valore inaccettabile perché nettamente superiore al dato di progetto pari al 59%.

E' possibile ora procedere al dimensionamento delle superfici di scambio degli evaporatori. Risulta:

$$S_I = \frac{Q_I}{A_I \cdot \Delta T_I} = \frac{V_0 \cdot r_0}{A_I \cdot \Delta T_I} = \frac{12.247{,}5 \cdot 533{,}1}{2.700 \cdot 9} = 269 \text{ m}^2$$

$$S_{II} = \frac{Q_{II}}{A_{II} \cdot \Delta T_{II}} = \frac{V_1 \cdot r_1}{A_{II} \cdot \Delta T_{II}} = \frac{12.118 \cdot 538{,}8}{1.870 \cdot 12} = 291 \text{ m}^2$$

$$S_{III} = \frac{Q_{III}}{A_{III} \cdot \Delta T_{III}} = \frac{V_2 \cdot r_2}{A_{III} \cdot \Delta T_{III}} = \frac{12.867 \cdot 544{,}7}{790 \cdot 29} = 306 \text{ m}^2$$

Le superfici risultano poco diverse; per avere tre evaporatori uguali si adotta per ciascuno il valore più alto pari a 306 m^2. Un quarto evaporatore, uguale ai precedenti, costituirà la riserva (100%) in caso di fuori servizio di uno dei tre evaporatori.

7.3 Dimensionamento della portata di acqua al condensatore barometrico.

Indicando con G_a la portata d'acqua al condensatore barometrico, è possibile scrivere il seguente bilancio termico:

$$V_3 \cdot r_3 = G_a \cdot c_l \cdot (t_e - t_a) = G_a \cdot c_l \cdot (T_{v3} - t_a)$$

essendo:

c_l = 1 kcal/kg °C	calore specifico dell'acqua
t_a = 20 °C	temperatura di entrata dell'acqua nel condensatore barometrico
$t_e = T_{v3}$ = 60 °C	temperatura di uscita dell'acqua e della condensa dal condensatore

Risulta:

$$G_a = 13.857 \cdot 562{,}5 / 1 \cdot 40 = 194.864 \text{ kg acqua/h}$$

Con il condensatore barometrico a miscela il consumo di acqua è più contenuto rispetto al caso di utilizzo di condensatore a superficie, in quanto l'acqua di condensazione e il vapore condensato escono insieme alla temperatura relativamente elevata $t_e = T_{v3}$ = 60 °C e vengono avviati ad un impianto di trattamento prima del riutilizzo. Il rapporto fra portata di acqua di condensazione e portata di vapore (ovvero il consumo specifico di acqua per kg di vapore) vale nel caso esaminato:

$m = G_a/V_3 = 194.864/13.857 = 14$ kg acqua/kg vap

Nel caso di condensatore a superficie la temperatura di uscita dell'acqua, che viene scaricata senza alcun trattamento nella sorgente da cui è stata prelevata, non può superare i 30°C per evitare fenomeni di inquinamento termico della sorgente. Il bilancio termico rimane formalmente identico:

$V_3 \cdot r_3 = G_a \cdot c_l \cdot (t_e - t_a)$

essendo:

$c_l = 1$ kcal/kg °C	calore specifico dell'acqua
$t_a = 20$ °C	temperatura di entrata dell'acqua nel condensatore a superficie
$t_e \approx 30$ °C	temperatura di uscita dell'acqua dal condensatore a superficie

Con i dati assunti risulta un valore m' del consumo specifico di acqua per kg di vapore condensato circa quattro volte superiore:

$m' = G_a / V_3 = r_3 / c_l \cdot (t_e - t_a) \approx 562,5 / 1 \cdot 10 = 56,25$ kg acqua/kg vap.

BIBLIOGRAFIA

/1/ A. Pareschi, "Impianti meccanici per l'industria", Progetto Leonardo, Ed. Esculapio, dicembre 2009, Bologna.

ESERCIZIO 8

OFFICINA DI MONTAGGIO DI MOTORI ENDOTERMICI E RELATIVO IMPIANTO DI RISCALDAMENTO

8.1 Introduzione

Scopo di questa esercitazione è presentare il diagramma di lavorazione di una officina meccanica di montaggio di piccoli motori endotermici, evidenziare gli impianti di servizio necessari alla produzione e dimensionare in particolare l'impianto di riscaldamento.

8.2 Ciclo tecnologico di montaggio e relativo diagramma di lavorazione

L'industria in esame esegue il montaggio di piccoli motori endotermici per motocicli, aventi cilindrata pari a 48 cm^3. Tutte le parti costituenti il motore vengono fornite da aziende specializzate, su progetto della industria stessa. La struttura di un'azienda di questo tipo necessita di un importante magazzino grezzi e semilavorati, dal quale escono i pezzi per il collaudo e il montaggio.
La planimetria dello stabilimento è riportata in Fig. 8.1.
Il diagramma qualitativo del ciclo tecnologico di montaggio è riportato in Fig. 8.2.

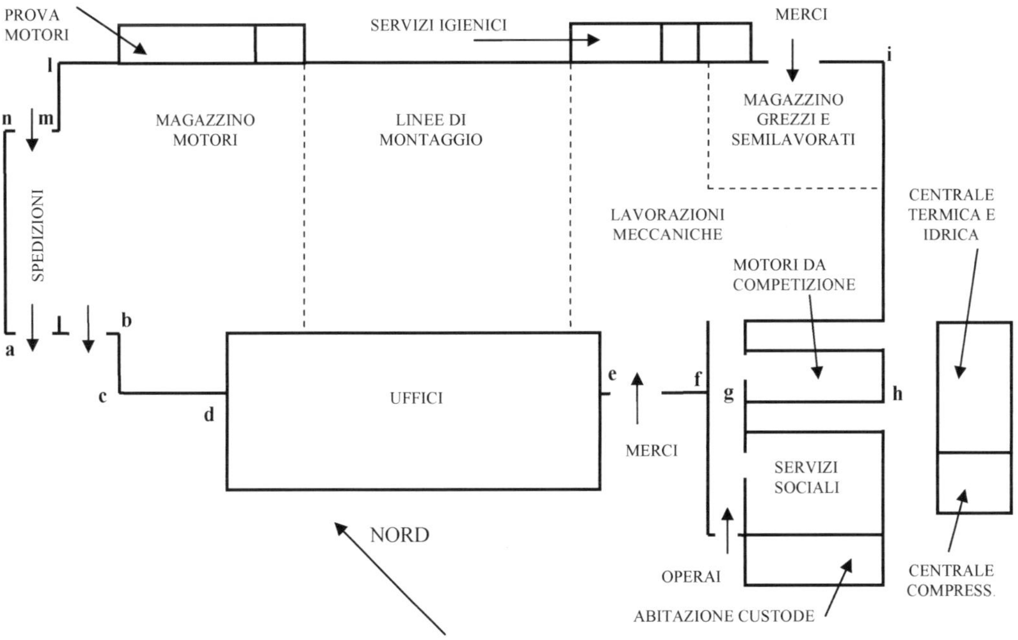

Fig. 8.1 – Planimetria dell'officina di montaggio di motori endotermici per motocicli

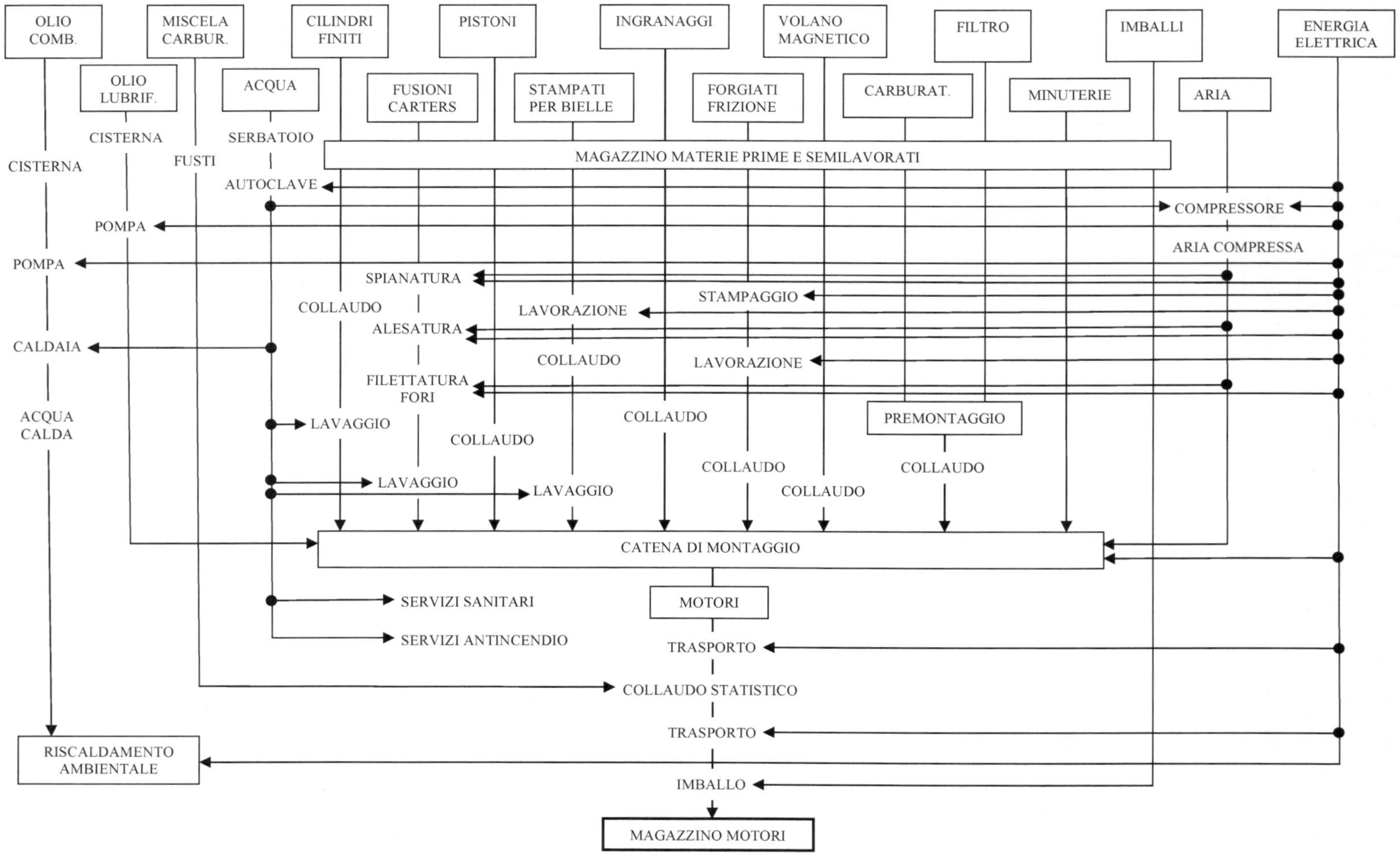

Fig. 8.2 – Diagramma qualitativo del ciclo tecnologico dell'officina di montaggio di motori endotermici per motocicli

8.3 I servizi necessari alla esecuzione del ciclo tecnologico di montaggio

Con riferimento alla Fig. 8.2, che riporta il diagramma qualitativo del ciclo tecnologico di montaggio, si rileva che gli impianti di servizio necessari sono i seguenti:

- servizio olio combustibile;
- servizio acqua;
- servizio energia elettrica
- servizio aria compressa;
- servizio trasporti;
- impianto di riscaldamento ambientale.

Si analizzano brevemente nel seguito gli impianti ausiliari che erogano i suddetti servizi, con esclusione dell'impianto di riscaldamento ambientale di cui viene trattato per esteso il dimensionamento.

8.3.1 Servizio olio combustibile

Il servizio olio combustibile alimenta le caldaie dell'impianto di riscaldamento degli ambienti di lavoro. L'olio combustibile viene stoccato (o accumulato) in una cisterna di facile accesso posta all'esterno dell'officina e viene inviato al bruciatore delle caldaie tramite pompa.

8.3.2 Servizio acqua

Dato il ridotto consumo, l'acqua viene prelevata direttamente dall'acquedotto pubblico essendo l'impianto sistemato all'interno di un insediamento industriale. E' previsto anche un serbatoio per accumulo di acqua di riserva. Per maggiore economia si evita di realizzare un serbatoio sopraelevato, per poter derivare l'acqua per gravità, ma si interra il serbatoio, derivando l'acqua tramite una pompa.

8.3.3 Servizio energia elettrica

L'energia elettrica è fornita da ENEL ed è a media tensione (10.000 ÷ 20.000 V); l'industria è dotata di una propria cabina di trasformazione per portare la tensione a 380÷220 V per le diverse esigenze di lavorazione e di illuminazione. La distribuzione dell'energia elettrica all'interno dello stabilimento è realizzata con linee aeree, che comandano i singoli motori elettrici.

8.3.4 Servizio aria compressa

L'impianto di produzione e distribuzione dell'aria compressa alle linee di montaggio e alle altre utenze è centralizzato e collocato all'esterno della fabbrica secondo i moderni criteri di sicurezza.

8.3.5 Servizio trasporti interni

Per i trasporti dei materiali in lavorazione (grezzi e semilavorati) e dei prodotti finiti all'interno della fabbrica vengono utilizzati paranchi elettrici posti a servizio degli impianti fissi costituenti le linee di montaggio; non sono necessari carriponte stante il peso modesto delle parti da trasportare. Nei reparti adiacenti e nel magazzino vengono previste ampie corsie di lavoro per la manovra di carrelli elevatori, che vengono utilizzati anche per il carico e scarico merci.

8.4 Impianto di riscaldamento ambientale

Si considera nota la planimetria e le dimensioni geometriche dell'edificio.
E' necessario determinare innanzi tutto la potenzialità termica dell'impianto di riscaldamento nel rispetto della Legge 373/1976, del D.P.R. 1052/1977, della Legge 10/1991, del D.M. 7/10/1991, del D.P.R. 412/93 e ulteriori norme successive.
Tale potenzialità dipende innanzi tutto dalle dispersioni termiche attraverso le pareti, la copertura e il pavimento espresse secondo la formula:

$$\Sigma_k Q_k = \Sigma_k K_k S_k \Delta t = \Sigma_k K_k S_k (t_i - t_e) \qquad (8.1)$$

nella quale:

- K_k (W/m^2 °C) è il coefficiente globale di scambio termico della generica parete piana esterna delimitante l'edificio;
- S_k è la superficie della suddetta generica parete;
- t_i è la temperatura interna fissata per legge pari a 20°C per gli uffici e a 18°C per il capannone adibito ad attività industriale;
- t_e è il valore minimo convenzionale (o di progetto) della temperatura esterna, fissato per legge in relazione all'andamento delle temperature minime registrate nella generica località, in cui è collocato l'impianto di riscaldamento.

Secondo il D.M. 7/10/1991 il territorio italiano viene suddiviso in sei zone climatiche e vengono fissati il numero dei gradi-giorno N_{Gg} e il numero di giorni n_g costituenti il periodo convenzionale di riscaldamento per i principali comuni italiani (cfr. Tab. 8.1/a-b). Le suddette grandezze sono legate dalla relazione (cfr. par. 8.6.1 di /1/):

$$N_{Gg} = (t_i - t_{em})\, n_g \qquad (8.2)$$

in cui t_{em} è invece il valore medio delle temperature minime registrate nella generica località, in cui è collocato l'impianto di riscaldamento. Poiché i valori di N_{Gg}, n_g e t_i sono fissati per legge, il valore di t_{em} risulta univocamente determinato e viene utilizzato per una prima valutazione del consumo di energia termica per l'intero periodo annuale di riscaldamento dell'edificio per sopperire alle dispersioni termiche
Si suppone nel seguito che il presente impianto sua collocato nella provincia di Bologna. Dalla Tab. 8.1 si deducono i seguenti valori:

$N_{Gg} = 2259$ (°C · giorno); $n_g = 180$ giorni.

Risolvendo la (8.2) e tenendo conto che $t_i = 20$°C, segue: $t_{em} = 7{,}45$°C .

Comune	Quota m s.l.m.	Durata convenzionale del periodo di riscaldamento (giorni)	Gradi giorno
Agrigento	230	120	729
Alassio	6	135	1206
Alessandria	95	180	2559
Amatrice	955	>180	3048
Ancona	16	165	1688
Aosta	583	180	2850
Arezzo	296	180	2104
Ariano Irpino	778	180	2410
Atri	444	165	2068
Auronzo	866	>180	4166
Avellino	348	165	1742
Bari	5	135	1185
Belluno	383	180	2936
Benevento	135	135	1316
Bergamo	249	180	2533
Bertinoro	220	180	2435
Biella	420	180	2589
Bologna	54	180	2259
Bolzano	262	180	2791
Bormio	1225	>180	3838
Bressanone	559	>180	3507
Cagliari	4	135	990
Camerino	661	180	2481
Caserta	68	135	1013
Catania	7	120	833
Chieti	330	165	1556
Como	201	180	2228
Corleone	542	165	1481
Cosenza	238	135	1317
Courmayeur	1224	>180	3926
Crotone	8	120	899
Desenzano	67	180	2229
Desulo	886	180	2169
Dobbiaco	1256	>180	4503
Enna	931	180	2248
Fabriano	325	180	2198
Firenze	50	165	1821
Floresta	1275	>180	3309
Foggia	76	165	1530
Foligno	234	165	1899
Forli'	34	165	2087
Gallipoli	12	135	999
Genova	19	165	1435
Gorizia	84	180	2333
Iesolo	2	180	2345
Imperia	10	135	1201

Tab. 8.1/a – Numero dei gradi-giorno N_{Gg} e numero di giorni n_g costituenti il periodo convenzionale di riscaldamento (D.M. 7/10/1991)

Comune	Quota m s.l.m.	Durata convenzionale del periodo di riscaldamento (giorni)	Gradi giorno
Isola Cantone	298	180	2199
Ivrea	253	180	2737
Lacedonia	732	180	2377
L'Aquila	714	180	2514
La Spezia	3	165	1413
Lecce	49	135	1153
Livorno	3	165	1408
Lucera	219	165	1473
Macomer	563	165	1580
Melfi	530	165	1841
Messina	3	120	707
Milano	122	180	2404
Milazzo	1	120	628
Mineo	511	135	1293
Mores	366	165	1661
Napoli	17	135	1034
Norcia	604	180	2608
Ortisei	1234	>180	4407
Padova	12	180	2383
Palermo	14	120	751
Perugia	493	180	2289
Pesaro	11	165	2083
Pescara	4	165	1718
Pescopagano	954	180	2712
Piacenza	61	180	2715
Pienza	491	180	2113
Pisa	4	165	1694
Porretta Terme	349	180	2648
Potenza	819	180	2472
Ravenna	4	180	2227
Recoaro	450	180	2879
Reggio Cal.	15	120	772
Rieti	405	180	2324
Riposto	6	120	857
Roma	20	165	1415
Salo'	75	180	2265
Sassari	225	135	1185
Siena	322	165	1943
Siracusa	17	120	799
Sondrio	307	180	2755
Taranto	15	135	1071
Tarvisio	732	>180	3959
Teramo	265	165	1834
Torino	239	180	2617
Trento	194	180	2567
Treviso	15	180	2378

Tab. 8.1/b – Numero dei gradi-giorno N_{Gg} e numero di giorni n_g costituenti il periodo convenzionale di riscaldamento (D.M. 7/10/1991)

Per il calcolo delle dispersioni termiche secondo la (8.1) si utilizza la temperatura esterna minima di progetto t_e fornita in Tabella 8.2 (cfr. seconda colonna) tratta dalla norma UNI 5364 per la località di Bologna:

$t_e = -5°C$

Si determina il valore del coefficiente globale di scambio termico K per i diversi tipi di pareti esterne del capannone industriale.

Pareti esterne in muratura

Strato di intonaco esterno: $s_1 = 2$ cm; $\lambda_1 = 0,87$ W/m °C

Strato di mattoni forati: $s_2 = 25$ cm; $\lambda_2 = 0,58$ W/m °C

Strato di intonaco interno: $s_3 = 2$ cm; $\lambda_3 = 0,87$ W/m °C

Coefficiente di convezione interno: $\alpha_i = 8,14$ W/m^2 °C

Coefficiente di convezione esterno: α_e (W/m^2 °C) dipendente dalla velocità del vento secondo la seguente tabella:

Velocità del vento (m/s)	1	1,5	2,5	4	5	6
α_e (W/m^2 °C)	19,77	23,26	25,58	27,91	34,88	38,37

Nel presente caso si assume una velocità del vento pari a 1,5 m/s e quindi $\alpha_e = 23,26$ W/m^2 °C. Risulta:

$$K = \frac{1}{\frac{1}{\alpha_i}+\frac{s_1}{\lambda_1}+\frac{s_2}{\lambda_2}+\frac{s_3}{\lambda_3}+\frac{1}{\alpha_e}} = \frac{1}{\frac{1}{8,14}+\frac{2\cdot 10^{-2}}{0,87}+\frac{25\cdot 10^{-2}}{0,58}+\frac{2\cdot 10^{-2}}{0,87}+\frac{1}{23,26}} = 1,56 \text{ W/m}^2\cdot °\text{C}$$

Copertura a shed

La copertura, trattandosi di una officina, è realizzata a *shed* (cfr. Fig. 8.3) ed costituita da due lamiere ondulate sovrapposte (ciascuna di spessore pari a 2 cm) tra le quali è interposto uno strato di materiale isolante (polistirolo espanso $\lambda = 0,032$ W/m °C) di spessore pari a 10 cm.

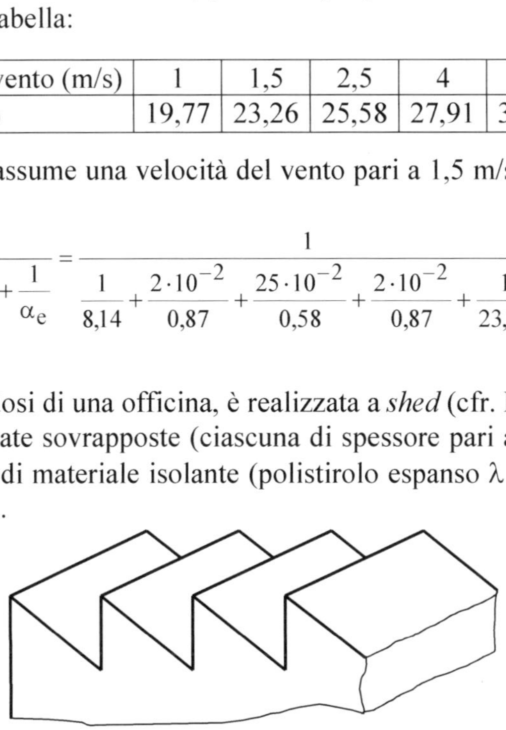

Fig. 8.3 Copertura a *shed* dell'officina meccanica

Si assume: $\lambda_{lamiera} = 58,14$ W/m °C

Si trascura la resistenza dell'aria che si trova nell'intercapedine tra il materiale isolante e le lamiere. Si ottiene:

$$K = \frac{1}{\frac{1}{\alpha_i}+\frac{s_1}{\lambda_1}+\frac{s_2}{\lambda_2}+\frac{s_3}{\lambda_3}+\frac{1}{\alpha_e}} = \frac{1}{\frac{1}{8,14}+\frac{2\cdot 10^{-2}}{58,14}+\frac{10\cdot 10^{-2}}{0,032}+\frac{2\cdot 10^{-2}}{58,14}+\frac{1}{23,26}} = 0,30 \text{W}/\text{m}^2\cdot °\text{C}$$

Localita'	UNI-CTI 5364/64	CTI 12/142 b
Torino	- 8	- 7
Alessandria	- 8	- 8
Asti	- 8	- 5
Cuneo	-10	- 7
Novara	- 5	- 3
Vercelli	- 7	- 7
Aosta	-10	- 8
Genova	0	- 1
Imperia	0	2
La Spezia	0	1
Savona	0	- 1
Milano	- 5	- 3
Bergamo	- 5	- 2
Brescia	- 7	- 4
Como	- 5	- 1
Cremona	- 5	- 4
Mantova	- 5	- 2
Pavia	- 5	- 5
Sondrio	-10	- 6
Varese	- 5	- 2
Venezia	- 5	- 2
Belluno	-10	- 7
Padova	- 5	- 2
Rovigo	- 5	- 3
Treviso	- 5	- 3
Verona	- 5	- 4
Vicenza	- 5	- 2
Trento	-12	- 6
Bolzano	-15	- 8
Trieste	- 5	- 2
Gorizia	- 5	- 3
Pordenone	- 5	- 3
Udine	- 5	- 3
Bologna	- 5	- 3
Ferrara	- 5	- 2
Forli'	- 5	- 1
Modena	- 5	- 2
Parma	- 5	- 1
Piacenza	- 5	- 4
Ravenna	- 5	- 3
Reggio Emilia	- 5	- 5
Firenze	0	0
Arezzo	0	- 2
Grosseto	0	0
Livorno	0	3
Lucca	0	0
Massa Carrara	0	2
Pisa	0	0

Tab. 8.2/a - Temperatura esterna minima di progetto t_e tratta dalla norma UNI 5364 (seconda colonna)

Localita'	UNI-CTI 5364/64	CTI 12/142 b
Siena	- 2	- 2
Perugia	- 2	- 1
Terni	- 2	1
Ancona	- 2	0
Ascoli Piceno	- 2	1
Macerata	- 2	0
Pesaro	- 2	- 1
Roma	0	3
Frosinone	0	0
Latina	2	4
Rieti	- 3	- 2
Viterbo	- 2	0
L'Aquila	- 5	- 4
Chieti	0	2
Pescara	2	3
Teramo	0	0
Campobasso	- 4	- 3
Isernia		- 1
Napoli	2	6
Avellino	- 2	- 1
Benevento	- 2	2
Caserta	0	6
Salerno	2	6
Bari	0	3
Brindisi	0	3
Foggia	0	1
Lecce	0	4
Taranto	0	3
Potenza	- 3	4
Matera	- 2	2
Reggio Calabria	3	7
Catanzaro	- 2	4
Cosenza	- 3	2
Palermo	5	8
Agrigento	3	7
Caltanissetta	0	4
Catania	5	9
Enna	- 3	1
Messina	5	8
Ragusa	0	5
Siracusa	5	8
Trapani	3	9
Cagliari	3	6
Oristano		6
Nuoro	0	2
Sassari	2	5

Tab. 8.2/b - Temperatura esterna minima di progetto t_e tratta dalla norma UNI 5364 (seconda colonna)

Superfici vetrate
Si adotta: $K_{vetro} = 3{,}22$ W/m^2 °C

Porte in ferro
Si adotta: $K_{porte\ in\ ferro} = 7{,}56$ W/m^2 °C

Pavimento
Il pavimento, trattandosi di capannone industriale, è realizzato in materiale continuo (quale cemento o asfalto su massetto in calcestruzzo). Si adotta convenzionalmente un valore del coefficiente globale di scambio termico del pavimento:

$K_{pavimento} \approx 2$ kcal/m^2 h °C = 2,325 W/m^2 °C,

cui corrisponde una resistenza termica del pavimento:

$R = 1/K_{pavimento} = 0{,}43$ m^2 °C/W.

Si prevede uno strato di materiale isolante ($\lambda_{is} \approx 0{,}05$ W/m °C) avente spessore s_{is} pari a 10 cm. La resistenza totale del pavimento diventa:

$R_{tot} = R + (s_{is}/\lambda_{is}) = 0{,}43 + (0{,}10/0{,}05) = 0{,}43 + 2 = 2{,}43$ m^2 °C/W.

Il coefficiente globale di scambio termico del pavimento scende a:

$K'_{pavimento} = 1/R_{tot} \approx 0{,}41$ W/m^2 °C

La dispersione termica attraverso tutte le superfici del capannone, meno il pavimento, avviene con un salto di temperatura:

$\Delta t = (t_i - t_e) = 18 - (-5) = 23$ °C.

Il pavimento è a contatto con la terra, la cui temperatura normalmente è più alta di quella dell'aria nella stagione fredda. Si assume quindi che la dispersione verso il pavimento avvenga con un salto di temperatura:

$\Delta t = (t_i - t_{pavim.}) = 18 - 5 = 13$ °C

nell'ipotesi che la temperatura minima media della terra (e quindi del pavimento) non scenda sotto i 5°C.

Esposizione delle pareti esterne
Bisogna ancora considerare che l'esposizione delle pareti, in rapporto ai venti, aumenta e influenza la dispersione termica: le pareti esposte a nord sono sempre più fredde di quelle esposte verso altre direzioni e presentano una dispersione termica maggiore a parità di altre condizioni.
Per tenere conto della esposizione e dei venti, si introducono i coefficienti maggiorativi della dispersione termica in funzione dell'orientamento della parete secondo la seguente tabella:

Esposizione	N	N-O	O	S-O	S	S-E	E	N-E
Pareti	20%	15%	10%	10%	5%	10%	20%	20%
Porte e finestre	60%	60%	60%	60%	60%	60%	60%	60%

Con riferimento alla planimetria dell'officina si può quindi realizzare la Tab. 8.3 riportante i singoli contributi al carico termico di ciascun elemento esterno dell'edificio (parete, porta, finestra, pavimento, copertura).

Tabella 8.3 – Singoli contributi al carico termico di dispersione e suo valore totale

Designazione	Esposizione	K (W/m^2°C)	Δt (°C)	Superficie (m^2)	Q (W)	ΔQ (%)	Q$_{tot}$ (W)
a-b parete	S-O	1,56	23	30	1.076	10	1.184
a-b porta	S-O	7,56	23	40	6.955	60	11.128
b-c parete	N-O	1,56	23	37	1.328	15	1.527
b-c finestra	N-O	3,22	23	13	963	60	1.540
c-d parete	S-O	1,56	23	100	3.588	10	3.947
e-f parete	S-O	1,56	23	42	1.507	10	1.658
e-f porta	S-O	7,56	23	27	4.695	60	7.512
g-h parete	S-O	1,56	23	105	3.767	10	4.144
h-i parete	S-E	1,56	23	218	7.822	10	8.604
i-l parete	N-E	1,56	23	424	15.213	20	18.256
i-l finestre	N-E	3,22	23	81	5.999	60	9.598
i-l porta	N-E	7,56	23	20	3.478	60	5.564
l-m parete	N-O	1,56	23	50	1.794	15	2.063
m-n parete	N-E	1,56	23	15	538	20	646
m-n porta	N-E	7,56	23	20	3.478	60	5.564
n-a parete	N-O	1,56	23	118	4.234	15	4.869
vetrata	N-E	3,22	23	1260	93.316	60	149.305
copertura		0,30	23	3740	25.806		25.806
pavimento		0,41	13	3800	20.254		20.254
			TOTALE	10140		TOTALE	283.169

E' possibile procedere alla verifica del coefficiente di dispersione C_d nel rispetto della Legge 373/1976. Deve risultare:

$$C_d = \Sigma_k Q_k/[V \cdot (t_i - t_e)] \leq C_{d,lim} \quad (8.3)$$

essendo:

- $\Sigma_k Q_k$ il carico termico globale di dispersione dato dalla (8.1);
- V il volume dell'ambiente (in m^3);
- $C_{d,lim}$ il coefficiente di dispersione limite fissato per legge in funzione del rapporto S/V (superficie totale disperdente/volume contenuto), i cui valori possono essere tratti dalla Fig. 8.11 di /1/.

Nel presente caso valgono i seguenti dati:

- $S \approx 10.140\ m^2$ (area della superficie totale disperdente);
- $V \approx 22.800\ m^3$ (supponendo un'altezza del capannone costituente l'officina pari circa a 6 m);
- S/V = 0,445
- $N_{Gg} = 2259$

Per i suddetti dati, interpolando sul sopracitato diagramma, si ottiene:

$$C_{d,lim} \approx 0,55\ (W/m^3 \cdot °K)$$

Entrando nella relazione (8.3), si può infine procedere alla verifica che risulta soddisfatta; infatti:

$$C_d = 283.169 /[22.800 \cdot 23)] = 0,54 \leq C_{d,lim}$$

Da osservare che togliendo lo spessore di isolante a pavimento la verifica non sarebbe più soddisfatta. Infatti risulterebbe:

$$K_{pavimento} \approx 2,33\ W/m^2\ °C$$

Il contributo del pavimento al carico termico di dispersione salirebbe da 20.254 W a ben 115.102 W portando il carico termico globale a 378.017 W e la (8.3) non potrebbe più essere soddisfatta.

Si conclude, a questo riguardo, che è necessario isolare non solo la copertura ma anche il pavimento per rientrare nei limiti di legge.

A questo punto si somma alle dispersioni $\Sigma_k Q_k$ il calore necessario Q_a per riscaldare il volume di aria di ricambio, ottenendo la potenza termica da produrre:

$$Q_p = \Sigma_k Q_k + Q_a.$$

Si considera che in un'ora il volume di ricambio di aria (per rientrate attraverso porte e finestre) sia pari al volume dell'ambiente. Si ha quindi:

$$V = 22.800\ m^3/h = 6,33\ m^3/s$$

$$Q_a = V\ \rho\ c_p\ (t_i - t_e) \approx 6,33 \cdot 1,29 \cdot 1 \cdot 23 = 187,811\ kW = 187.811\ W$$

$$Q_p = \Sigma_k Q_k + Q_a = 283.169 + 187.811 = 470.980\ W$$

In aggiunta si deve considerare un ulteriore aumento Q_i, valutato come percentuale di Q_p, per mettere in conto l'eventuale funzionamento intermittente, che nell'industria si verifica quasi sempre. Infatti al riavviamento dell'impianto di riscaldamento dopo il fine settimana o la sosta notturna, si richiede una maggiorazione della potenza termica a regime, fin qui calcolata, per poter portare rapidamente l'ambiente alla temperatura di regime pari a 18°C. La valutazione di tale percentuale non è semplice e dipende ovviamente dall'intervallo di tempo entro cui si vuole ottenere il raggiungimento delle condizioni di regime. Si assume in questo caso un valore pari al 40%, per cui risulta:

$$Q_i = 0{,}40\ Q_p = 188.392\ W$$

La potenzialità totale Q_t risulta quindi pari a:

$$Q_t = \Sigma_i Q_i + Q_a + Q_i = 283.169 + 187.811 + 188.392 = 659.372\ W \quad (8.4)$$

E' necessario infine tenere conto della perdita di calore attraverso le tubazioni, per quanto coibentate con uno spessore ottimale di isolante; si valuta tale perdita pari al 10% di Q_t ovvero pari a $0{,}1 \cdot 659.372 = 65.937$ W.
Si ottiene una potenza globale complessiva:

$$Q_t' = 1{,}1\ Q_t = 1{,}1 \cdot 659.372 = 725.309\ W$$

E' possibile determinare un coefficiente di ambiente ovvero un carico termico globale per unità di volume dell'ambiente dividendo Q_t' per il volume dell'ambiente stesso:

$$q = Q_t'/V = 725.309 / 22.800 = 31{,}81\ W/m^3.$$

Alla potenza termica per la sola officina va aggiunta quella da fornire per gli Uffici e per le aree dedicate ai Servizi; si possono assumere questi valori indicativi:

$$Q_{UFF.} = 220.000\ W$$

$$Q_{SERV.} = 140.000\ W.$$

$$Q_{UFF.} + Q_{SERV.} = 360.000\ W$$

La potenzialità termica complessiva dell'impianto risulta dunque pari a:

$$Q = Q_t' + Q_{UFF.} + Q_{SERV.} = 725.309 + 360.000 = 1.085.309\ W$$

Le due diverse utenze richiedono due diverse temperature dell'ambiente:

- una temperatura costante di 20°C per Uffici e Servizi, che quindi vengono riscaldati nella stagione invernale e anche nelle stagioni intermedie;
- una temperatura costante di 18°C per i locali dell'Officina, per i quali può quindi bastare il solo riscaldamento invernale.

Per evitare funzionamenti di una caldaia unica a carichi parziali e quindi a basso rendimento termico, conviene quindi prevedere una caldaia C_1 avente potenza termica pari a 1.100 kW termici per il funzionamento invernale a pieno carico ed una seconda caldaia C_2 avente potenza termica pari a 400 kW per il solo riscaldamento di Uffici e Servizi nelle stagioni intermedie.
Le due caldaie sono a tubi di fumo; la più grande utilizza olio combustibile, la più piccola gasolio.
Nella Fig. 8.4 è riportato lo schema della centrale termica a due caldaie dell'impianto di riscaldamento.

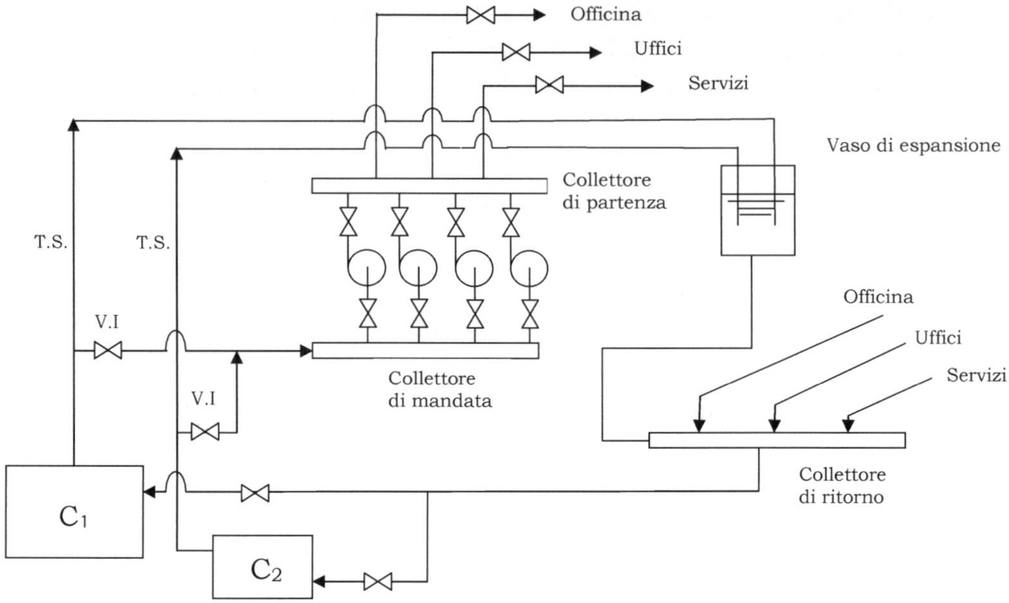

Fig. 8.4 - Schema della centrale termica a due caldaie dell'impianto di riscaldamento.

Fra il collettore di mandata e il collettore di partenza sono inserite due coppie di pompe: la prima coppia è costituita di due pompe uguali di maggior portata (di cui una di riserva) che funzionano quando è in attività la caldaia C_1 di maggiore potenzialità; la seconda è costituita di due pompe uguali di minor portata (di cui una di riserva) che lavorano quando è in funzione la caldaia C_2 di minore potenzialità. La scelta di tali pompe è eseguita sulla base delle portate necessarie e delle perdite di carico nel circuito di distribuzione dell'acqua calda.
Per la realizzazione del riscaldamento ambientale è possibile ricorrere a diversi corpi scaldanti:

- generatori di aria calda;
- aerotermi e termoventilatori;
- pannelli radianti.

Si trascurano i pannelli radianti perché presentano una inerzia termica ritenuta eccessiva rispetto alla esigenza di raggiungere rapidamente la temperatura di benessere ad ogni riavvio dell'impianto di riscaldamento.
Si decide di ricorrere principalmente agli aerotermi e secondariamente ai termoventilatori per il completamento del fabbisogno termico.
Gli aerotermi (si veda Fig. 8.5 da /2/) comprendono una bocca di presa dell'aria, un ventilatore, una batteria per lo scambio termico fra acqua calda e aria, alette distributrici che convogliano l'aria calda in una direzione preferenziale. Nel caso in esame gli aerotermi vengono applicati al soffitto e convogliano aria calda verso il

basso. Il flusso di aria calda si allarga secondo un tronco di cono che a livello pavimento (altezza del soffitto pari a 6 m) ha un diametro di circa 10 m.

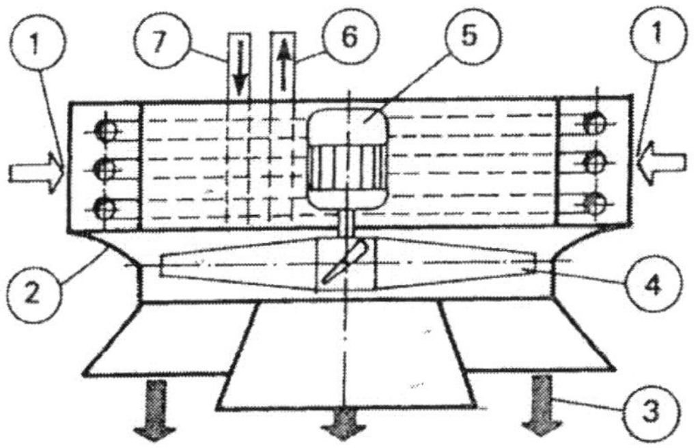

1. Ingresso aria ambiente da riscaldare - 2. Involucro - 3. Mandata aria riscaldata - 4. Ventilatore elicoidale - 5. Motore elettrico - 6. Uscita transfer liquido (orientata verso il basso se il transfer è vapore condensante) - 7. Ingresso transfer alla batteria in tubi alettati.

Fig. 8.5 Aerotermo a flusso verticale verso il basso (da /2/, fig.43.41)

Si dispongono pertanto gli aerotermi alla distanza di 10 m l'uno dall'altro. Tenuto conto delle dimensioni e della forma del capannone si dispongono gli aerotermi in tre file longitudinali di 8 aerotermi ciascuna per un totale di 24 aerotermi (si veda Fig. 8.6). Ogni aerotermo ha la potenzialità di 20.000 W termici per un totale di:

20.000 x 24 = 480.000 W

Il restante fabbisogno termico dell'Officina risulta pari a:

(725.309 – 480.000) = 245.309 W

e viene fornito da due termoventilatori aventi ciascuno la potenzialità di 125.000 W, che sono collocati verso il lato minore del capannone a nord-ovest, mentre le 3 file di aerotermi sono parallele al lato maggiore del capannone a nord-est (si veda ancora la Fig. 8.6). I termoventilatori sono analoghi agli aerotermi ma sono di dimensioni notevolmente superiori. Sono costituiti da grossi armadi di lamiera nei quali l'aria entra dal basso, si scalda passando attraverso una batteria di scambio ed esce dall'alto spinta da un ventilatore centrifugo: essi possono anche alimentare opportune canalizzazioni per il trasporto dell'aria trattata a distanza.
Nel caso in esame le condotte di mandata (e ritorno) dell'acqua calda agli aerotermi e ai 2 termoventilatori sono contenute in appositi canali fissati internamente alle pareti del capannone, all'altezza del soffitto. In tali canali sono allocate anche le tubazioni dell'acqua fredda per il servizio idrico e i cavi elettrici.

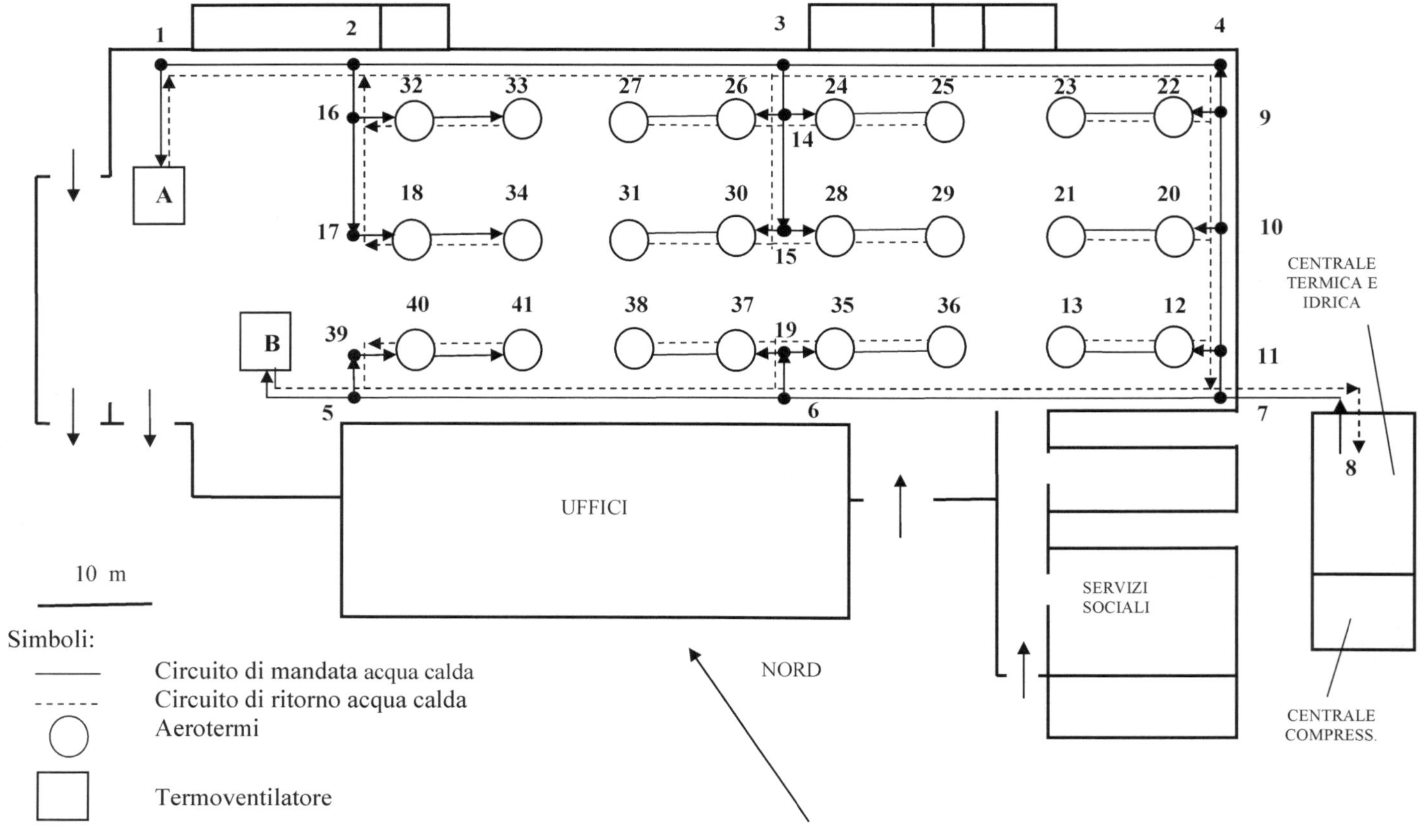

Fig. 8.6 - Schema dell'impianto di riscaldamento con 24 aerotermi e 2 termoventilatori (A e B)

In linea continua nella Fig. 8.6 è indicato il circuito di mandata dell'acqua calda (90°C) agli aerotermi e ai termoventilatori e in linea tratteggiata quello di ritorno dell'acqua a temperatura inferiore (80°C) uscente dai suddetti apparecchi, dove ha ceduto calore all'aria.
Si sono indicati con 1-2-3-4-5-6-7-8 i punti fissi della tubazione. Poiché la tubazione nel transitorio termico passa da 18°C a 80 °C, i diversi tronchi della stessa, soprattutto i più lunghi, subiscono dilatazioni termiche di notevole entità secondo la formula:

$$\Delta L = \alpha \cdot L \cdot \Delta T$$

essendo: $\alpha_{acciaio} = 12{,}4 \cdot 10^{-6}\,(°C^{-1})$ coefficiente di dilatazione dell'acciaio
$\Delta T = 80 - 18 = 62$ °C
L lunghezza del tronco di tubazione

Risultano i dati della sottostante tabella:

Ramo	1-2	2-3; 5-6	3-4; 6-7	4-7	7-8
L lunghezza (m)	18	40	40	30	15
ΔL (cm)	1,38	3,07	3,07	2,31	1,15

Si utilizzano compensatori di dilatazione del tipo assiale, ciascuno da montare fra due punti fissi consecutivi. Essi sono costituiti da un soffietto metallico con due guide per evitare l'inflessione della tubazione in direzione obliqua. Vengono scelti da cataloghi specializzati in base all'allungamento ΔL da compensare e al diametro nominale DN della condotta. Stabiliti i valori dei diametri nominali DN delle condotte interessate, sarà quindi possibile procedere alla scelta del tipo di compensatore commerciale più adatto.

8.4.1 Calcolo della potenza delle pompe

Si determinano le portate di acqua calda necessarie ai vari apparecchi scaldanti.

Aerotermo
Poiché valgono i seguenti dati:
$T_e = 90°C$, $T_u = 80°C$, temperature di entrata e uscita dell'acqua e quindi $\Delta T = 10°C$;
Q = 20 kW potenza termica dell'aerotermo;
G_a (kg/s) portata di acqua calda che attraversa l'aerotermo;
$c_a = 1$ kcal/kg·°C = 4,186 kJ/kg·°C calore specifico dell'acqua,
si ottiene:

$$G_a = \frac{Q}{c_a \cdot \Delta T} = \frac{20}{4{,}186 \cdot 10} = 0{,}478 \text{ kg/s}$$

Termoventilatore
Poiché valgono i seguenti dati:
$T_e = 90°C$, $T_u = 80°C$, temperature di entrata e uscita dell'acqua e quindi $\Delta T = 10°C$;

$Q = 125$ kW potenza termica del termoventilatore;
G_a (kg/s) portata di acqua calda che attraversa il termoventilatore;
$c_a = 1$ kcal/kg·°C = 4,186 kJ/kg·°C calore specifico dell'acqua,
si ottiene:

$$G_a = \frac{Q}{c_a \cdot \Delta T} = \frac{125}{4{,}186 \cdot 10} = 2{,}986 \text{ kg/s}$$

Con riferimento alla Fig. 8.6 e ai punti salienti della rete di tubazioni di distribuzione dell'acqua calda numerati da 1 a 41 (compresi i punti fissi 1-2-3-4-5-6-7-8 già introdotti in precedenza), si riportano nel seguito, per ogni tratto di tubazione e sulla base del diagramma delle perdite di carico per unità di percorso R (Pa/m) per tubazioni in acciaio lisce tratto da Fig. 12.16 di /1/, il diametro della tubazione e la perdita di carico avendo scelto una velocità media dell'acqua nelle tubazioni pari a 1,50 m/s. Nel caso in cui il diametro risultante non sia un diametro commerciale si è scelto il diametro immediatamente superiore con conseguente diminuzione della velocità media e della perdita per unità di percorso.

Tratto 8 (caldaia)-7
$G_a = (2{,}986 \cdot 2) + (0{,}478 \cdot 24) = 5{,}972 + 11{,}472 = 17{,}444$ kg/s
$D_{8\text{-}7} = 5$ pollici
$R = 245$ Pa/m
$L = 15$ m
$\Delta p_{8\text{-}7} = 245 \cdot 15 = 3.675$ pascal;

Tratto 7-11
$G_a = (2{,}986 \cdot 1) + (0{,}478 \cdot 18) = 2{,}986 + 8.604 = 11{,}590$ kg/s
$D_{7\text{-}11} = 4$ pollici
$R = 330$ Pa/m
$L = 5$ m
$\Delta p_{7\text{-}11} = 330 \cdot 5 = 1.650$ pascal;

Tratto 11-12
$G_a = (0{,}478 \cdot 2) = 0{,}956$ kg/s
$D_{11\text{-}12} = 1\ ¼$ pollici
$R = 730$ Pa/m
$L = 5$ m
$\Delta p_{11\text{-}12} = 730 \cdot 5 = 3.650$ pascal;

Tratto 12-13
$G_a = (0{,}478 \cdot 1) = 0{,}478$ kg/s
$D_{12\text{-}13} = 1$ pollice
$R = 600$ Pa/m
$L = 10$ m
$\Delta p_{12\text{-}13} = 600 \cdot 10 = 6.000$ pascal;

Tratto 11-10
$G_a = (2{,}986 \cdot 1) + (0{,}478 \cdot 16) = 2{,}986 + 7.648 = 10{,}634$ kg/s

$D_{11\text{-}10}$ = 4 pollici
R = 300 Pa/m
L = 10 m
$\Delta p_{11\text{-}10} = 300 \cdot 10 = 3.000$ pascal;

Tratto 10-9
$G_a = (2,986 \cdot 1) + (0,478 \cdot 14) = 2,986 + 6,692 = 9,678$ kg/s
$D_{10\text{-}9}$ = 4 pollici
R = 245 Pa/m
L = 10 m
$\Delta p_{10\text{-}9} = 245 \cdot 10 = 2.450$ pascal;

Tratto 9-3
$G_a = (2,986 \cdot 1) + (0,478 \cdot 12) = 2,986 + 5,736 = 8,722$ kg/s
$D_{9\text{-}3}$ = 3 ½ pollici
R = 400 Pa/m
L = 45 m
$\Delta p_{9\text{-}3} = 400 \cdot 45 = 18.000$ pascal;

Tratto 3-14
$G_a = (0,478 \cdot 8) = 3,824$ kg/s
$D_{3\text{-}14}$ = 2 ½ pollici
R = 400 Pa/m
L = 5 m
$\Delta p_{3\text{-}14} = 400 \cdot 5 = 2.000$ pascal;

Tratto 14-15
$G_a = (0,478 \cdot 4) = 1,912$ kg/s
$D_{14\text{-}15}$ = 2 pollici
R = 315 Pa/m
L = 10 m
$\Delta p_{3\text{-}14} = 315 \cdot 10 = 3.150$ pascal;

Tratto 3-2
$G_a = (2,986 \cdot 1) + (0,478 \cdot 4) = 2,986 + 1,912 = 4,898$ kg/s
$D_{3\text{-}2}$ = 3 pollici
R = 265 Pa/m
L = 40 m
$\Delta p_{3\text{-}2} = 265 \cdot 40 = 10.600$ pascal;

Tratto 2-A
$G_a = (2,986 \cdot 1) = 2,986$ kg/s
$D_{2\text{-}A}$ = 2 pollici
R = 715 Pa/m
$L = L_{2\text{-}1} + L_{1\text{-}A} + L_{eq.termovent.} = 18 + 10 + 8 = 36$ m
$\Delta p_{2\text{-}A} = 715 \cdot 36 = 25.740$ pascal

avendo considerato la perdita di carico nel termoventilatore pari ad una lunghezza equivalente di 8 m di condotta.

TOTALE perdite di carico distribuite lungo il percorso 8-A :
$\Delta p_{8\text{-}A} = \Delta p_{8\text{-}7} + \Delta p_{7\text{-}11} + \Delta p_{11\text{-}10} + \Delta p_{10\text{-}9} + \Delta p_{9\text{-}3} + \Delta p_{3\text{-}2} + \Delta p_{2\text{-}A} =$
$= 3.675 + 1.650 + 3.000 + 2.450 + 18.000 + 10.600 + 25.740 = 65.115$ pascal.

Procedendo nello stesso modo per il percorso 8-B si ottiene quanto riportato di seguito.

Tratto 7-6
$G_a = (2{,}986 \cdot 1) + (0{,}478 \cdot 6) = 2{,}986 + 2{,}868 = 5{,}854$ kg/s
$D_{7\text{-}6} = 3$ pollici
$R = 400$ Pa/m
$L = 40$ m
$\Delta p_{3\text{-}2} = 400 \cdot 40 = 16.000$ pascal;

Tratto 6-5
$G_a = (2{,}986 \cdot 1) + (0{,}478 \cdot 2) = 2{,}986 + 0{,}956 = 3{,}942$ kg/s
$D_{6\text{-}5} = 2\ ½$ pollici
$R = 420$ Pa/m
$L = 40$ m
$\Delta p_{6\text{-}5} = 420 \cdot 40 = 16.800$ pascal;

Tratto 5-B
$G_a = (2{,}986 \cdot 1) = 2{,}986$ kg/s
$D_{5\text{-}B} = 2$ pollici
$R = 715$ Pa/m
$L = L_{5\text{-}B} + L_{eq.termovent.} = 10 + 8 = 18$ m
$\Delta p_{5\text{-}B} = 715 \cdot 18 = 12.870$ pascal
avendo considerato la perdita di carico nel termoventilatore pari ad una lunghezza equivalente di 8 m di condotta.

TOTALE perdite di carico distribuite lungo il percorso 8-B:
$\Delta p_{8\text{-}B} = \Delta p_{8\text{-}7} + \Delta p_{7\text{-}6} + \Delta p_{6\text{-}5} + \Delta p_{5\text{-}B} =$
$= 3.675 + 16.000 + 16.800 + 12.870 = 49.345$ pascal.

Si osserva per completezza che i seguenti tratti di tubazione:
10-20; 9-22; 14-24; 14-26; 15-28; 15-30; 16-32; 17-18; 19-35; 19-37; 5-39; 39-40 sono caratterizzati dagli stessi dati relativi al tratto 11-12 ovvero:

$G_a = (0{,}478 \cdot 2) = 0{,}956$ kg/s
$D_{11\text{-}12} = 1\ ¼$ pollice
$R = 730$ Pa/m
$L = 5$ m
$\Delta p_{11\text{-}12} = 730 \cdot 5 = 3.650$ pascal.

Analogamente si rileva che i seguenti tratti di tubazione:

20-21; 22-23; 24-25; 26-27; 28-29; 30-31; 32-33; 18-34; 35-36; 37-38; 40-41 sono caratterizzati dagli stessi dati relativi al tratto 12-13 ovvero:

$G_a = (0{,}478 \cdot 1) = 0{,}478$ kg/s
$D_{12\text{-}13} = 1$ pollice
$R = 600$ Pa/m
$L = 10$ m
$\Delta p_{11\text{-}12} = 600 \cdot 10 = 6.000$ pascal.

I tratti di tubazione 2-16 e 6-19 (lunghi 5 m) sono percorsi da una portata G_a identica a quella che fluisce nel tratto 14-15 (lungo 10 m) pari a 1,912 kg/s e presentano lo stesso diametro pari a 2 pollici; per ciascuno dei due risulta:

Tratti 2-16 e 6-19
$G_a = (0{,}478 \cdot 4) = 1{,}912$ kg/s
$D_{14\text{-}15} = 2$ pollici
$R = 315$ Pa/m
$L = 5$ m
$\Delta p_{3\text{-}14} = 315 \cdot 5 = 1.575$ pascal.

Il tratto di tubazione 16-17 (lungo 10 m) è percorso da una portata G_a identica a quella che fluisce nel tratto 11-12 (lungo 5 m) pari a 0,956 kg/s e presenta lo stesso diametro pari a 1 ¼ pollice; per tale tratto risulta:

Tratto 16-17
$G_a = (0{,}478 \cdot 2) = 0{,}956$ kg/s
$D_{11\text{-}12} = 1\ ¼$ pollici
$R = 730$ Pa/m
$L = 10$ m
$\Delta p_{11\text{-}12} = 730 \cdot 10 = 7.300$ pascal;

Per confronto con il totale delle perdite di carico distribuite calcolate lungo i percorsi 8-A e 8-B, si calcola ora il totale delle perdite di carico distribuite lungo il percorso 8-2-34 che appare il più lungo fra gli altri percorsi esistenti:

TOTALE perdite di carico distribuite lungo il percorso 8-2-34 :
$\Delta p_{8\text{-}2\text{-}34} = \Delta p_{8\text{-}7} + \Delta p_{7\text{-}11} + \Delta p_{11\text{-}10} + \Delta p_{10\text{-}9} + \Delta p_{9\text{-}3} + \Delta p_{3\text{-}2} + \Delta p_{2\text{-}16} + \Delta p_{16\text{-}17} + \Delta p_{17\text{-}18} + \Delta p_{18\text{-}34} = 3.675 + 1.650 + 3.000 + 2.450 + 18.000 + 10.600 + 1.575 + 7.300 + 3.650 + + 6.000 = 57.900$ pascal.
Il ramo 8-2-34 presenta un totale di perdite di carico distribuite (pari a 57.900 pascal) superiore a quello del ramo 8-B (pari a 49.345 pascal) ma inferiore a quello del ramo 8-A (pari a 65.115 pascal) e quindi il dimensionamento della pompa viene eseguito con riferimento a tale ramo 8-A che risulta quello affetto dalle maggiori perdite di carico. La perdita di carico complessiva viene ottenuta duplicando il valore di 65.115 Pa per tenere conto del percorso di ritorno e maggiorando il tutto del 60% per tenere conto delle perdite concentrate e di quelle all'interno degli aerotermi e della caldaia:

$$\Delta p_{complessiva} = 65.115 \cdot 2 \cdot 1{,}60 = 208.368 \text{ Pa}$$

La potenza della pompa centrifuga necessaria risulta pertanto:

$$P_{kW} = \frac{\Delta p_{complessiva} \cdot G_a}{10^3 \cdot \rho \cdot \eta} = \frac{208.368 \times 17{,}444}{10^3 \cdot 10^3 \cdot 0{,}9} = 4{,}04 \text{ kW potenza pompa } C_1$$

avendo posto: $\rho = 10^3$ kg/m^3, η (rendimento totale della pompa) = 0,9. Tale pompa è affiancata da una identica pompa di riserva.

Ipotizzando per la rete idrica dedicata agli Uffici e Servizi, sulla quale opera la caldaia C_2 durante le stagioni intermedie, una scelta dei diametri delle tubazioni tale da provocare sul ramo affetto dalle maggiori perdite di carico la stessa caduta massima calcolata precedentemente per la rete di distribuzione dell'acqua calda nell'officina durante i mesi invernali (pari a 208.368 Pa), è possibile dedurre agevolmente la potenza della pompa C_2 , naturalmente dopo aver calcolato la portata G_a' che interessa la rete idrica dedicata a Uffici e Servizi:

$$G_a' = \frac{Q}{c_a \cdot \Delta T} = \frac{360(\text{kW})}{4{,}186(\text{kJ/kg} \cdot °\text{C}) \cdot 10(°\text{C})} = 8{,}6 \text{ kg/sec}$$

$$P_{kW} = \frac{\Delta p_{complessiva} \cdot G_a'}{10^3 \cdot \rho \cdot \eta} = \frac{208.368 \times 8{,}6}{10^3 \cdot 10^3 \cdot 0{,}9} = 1{,}99 \text{ kW} \approx 2\text{kW} \qquad \text{potenza pompa } C_2$$

Tale pompa C_2 è affiancata da una identica pompa di riserva.

BIBLIOGRAFIA

/1/ A. PARESCHI, "Impianti Meccanici per l'Industria", Collana Progetto Leonardo, Editrice Esculapio, Bologna, 2009

/2/ A. MONTE, Elementi di impianti industriali, Edizioni Libreria Cortina, Torino, Vol. I-II, 4° Edizione, 2009.

ESERCIZIO 9 (*)

IMPIANTO DI ESSICCAMENTO DI PASTA ALIMENTARE

9.1 Introduzione e dati del problema

Si considera un impianto di essiccamento di pasta alimentare costituito da un essiccatoio a tunnel (cfr. schema di Fig. 9.1) ad aria calda. Nel seguito si utilizzano i simboli riportati nel cap. 9 di /1/.

Sono noti o assegnati i seguenti dati:

$G = 4.000$ kg/h	portata di aria calda;
$G_s = 300$ kg/h	portata di sostanza secca (pasta alimentare);
$t_1 = 30°C$	temperatura dell'aria all'ingresso del tunnel;
$\varphi_1 = 70\%$	umidità dell'aria all'ingresso del tunnel;
$t_i = 40°C$	temperatura della pasta all'ingresso del tunnel;
$u_i = 32\%$	umidità iniziale della pasta all'ingresso del tunnel (in kg acqua per kg di sostanza secca);
$t_f = 65°C$	temperatura della pasta all'uscita del tunnel;
$u_f = 26\%$	umidità finale della pasta all'uscita del tunnel (in kg acqua per kg di sostanza secca).

Si assumono inoltre i seguenti valori medi:

$c_s = 1,3$ kcal/kg °C	calore specifico della sostanza secca (pasta alimentare);
$c_a = 1,0$ kcal/kg °C	calore specifico dell'acqua.

Ipotizzando che la potenza termica ceduta all'aria dal riscaldatore (R) risulti pari a $Q_R = 26$ kW, si chiede di determinare le condizioni dell'aria in uscita dall'essiccatoio (stato fisico 2) per verificarne la compatibilità con il prodotto (pasta alimentare) e con le esigenze ambientali tese a limitare l'inquinamento termico provocato dall'essiccatoio.

9.2 Sviluppo della verifica richiesta

Si premettono alcuni richiami.

La portata G_a di acqua da evaporare durante essiccamento, tenuto conto che i valori dell'umidità sono stati assegnati con riferimento alla sostanza secca), vale:

$$G_a = G_s\,(u_i - u_f) = G_s\,u_i - G_s\,u_f = G'_a - G''_a$$

$$G_a = 300 \cdot (0,32 - 0,26) = 300 \cdot 0,32 - 300 \cdot 0,26 = 96 - 78 = 18 \text{ kg/h}$$

La potenza termica sottratta all'essiccatoio dal materiale costituente il sistema di trasporto (carrelli) vale:

$$Q_m = G_m\,c_m\,(T_u - T_e)$$

(*) con il contributo del Prof. Emilio FERRARI – Dipartimento di Ingegneria Industriale DIN – Università di Bologna e del Prof. Alessandro PERSONA – Dipartimento di Tecnica e Gestione dei Sistemi Industriali – Università di Padova

essendo:

- G_m, c_m portata di materiale costituente il sistema di trasporto (carrelli), che entra nel tunnel insieme alla sostanza umida, e relativo calore specifico;
- T_e, T_u temperature di ingresso e uscita dal tunnel dei carrelli di trasporto.

Si procede ora scrivendo il bilancio termico dell'intero essiccatoio che risulta:

$$G\,h_1 + G_s\,c_s\,t_i + G'_a\,c_a\,t_i + G_m\,c_m\,T_e + Q_R + Q_v =$$

$$= G\,h_2 + G_s\,c_s\,t_f + G''_a\,c_a\,t_f + G_m\,c_m\,T_u + Q_d$$

avendo indicato con Q_v la potenza termica introdotta nel fluido dal ventilatore, con Q_d la potenza termica dissipata all'esterno attraverso le pareti dell'essiccatoio e avendo anche considerato la potenza termica in uscita dall'essiccatoio attribuibile alla portata d'acqua residua G''_a che rimane nella sostanza essiccata. Rielaborando la precedente formula si ottiene:

$$Q_R + Q_v = G\,(h_2 - h_1) + G_s\,c_s\,(t_f - t_i) + G_m\,c_m\,(T_u - T_e) + Q_d + G''_a\,c_a\,t_f - G'_a\,c_a\,t_i$$

Indicando con Q_m la quantità $[G_m\,c_m\,(T_u - T_e)]$ e introducendo la semplificazione di considerare $Q_v \approx (Q_m + Q_d)$, tanto più che i valori di Q_v, Q_m e Q_d sono comunque di norma trascurabili rispetto agli altri termini, si ottiene dalla precedente la seguente relazione approssimata:

$$Q_R \approx G\,(h_2 - h_1) + G_s\,c_s\,(t_f - t_i) + G''_a\,c_a\,t_f - G'_a\,c_a\,t_i$$

Sostituendo i dati del problema si ottiene (in termini di kcal/h):

$$26 \cdot 860 = 4000 \cdot (h_2 - h_1) + 300 \cdot 1{,}3 \cdot (65 - 40) + 78 \cdot 1 \cdot 65 - 96 \cdot 1 \cdot 40 \qquad (9.1)$$

Poiché lo stato fisico 1 dell'aria all'ingresso dell'essiccatoio è caratterizzato da temperatura $t_1 = 30°C$ e umidità relativa $\varphi_1 = 70\%$, dal diagramma psicrometrico dell'aria umida riportato in Fig. 9.2, è possibile dedurre i seguenti valori dell'entalpia h_1 e del titolo x_1:

$$h_1 \approx 18{,}6 \text{ kcal/kg}$$

$$x_1 \approx 0{,}019 \text{ kg vapore acqua/kg aria secca.}$$

Risolvendo la (1) per h_2 si ottiene:

$$h_2 = \frac{22.360 - 9.750 - 5070 + 3840}{4.000} + 18{,}6 = \frac{11.380}{4.000} + 18{,}6 = 2{,}84 + 18{,}6 \approx 21{,}44 \text{ kcal/kg}$$

Si determina ora il titolo x_2 ricordando che la portata di acqua G_a è anche esprimibile con la formula:

$$G_a = G\,(x_2 - x_1).$$

Risolvendo per x_2 si ottiene:

$$x_2 = (G_a/G) + x_1 = (18/4.000) + 0{,}019 = 0{,}0045 + 0{,}0190 =$$

$$= 0{,}0235 \text{ kg vapore acqua/kg aria secca.}$$

Dal diagramma di Mollier per l'aria umida (Fig. 9.2) è possibile dedurre i seguenti valori delle altre grandezze di stato che caratterizzano lo stato fisico 2:

$t_2 \approx 31{,}4°C$
$\varphi_2 \approx 80\%$.

E' ora possibile ottenere le condizioni dell'aria (stato fisico 1') all'uscita della batteria di riscaldamento (R) utilizzando il diagramma di Fig. 9.2. La retta obliqua ad h costante, passante per il punto 2, e la retta verticale ad x costante passante per il punto 1, si intersecano nel richiesto punto 1'.

Risulta:

$t_{1'} \approx 42{,}5°C$
$\varphi_{1'} \approx 34\%$.

Tali valori sono accettabili sia dal punto di vista della qualità del prodotto sia da quello delle esigenze ambientali.
Se ad esempio, per ragioni di risparmio dei costi di gestione dell'essiccatoio, si volesse dimezzare la portata di aria G portandola a 2.000 kg/h, si otterrebbe all'uscita dell'essiccatoio, al posto dello stato fisico 2, lo stato fisico 2* caratterizzato dai seguenti valori:

$$h_{2*} = \frac{22.360 - 9.750 - 5070 + 3840}{2.000} + 18{,}6 = \frac{11.380}{2.000} + 18{,}6 = 5{,}69 + 18{,}6 \approx 24{,}3 \text{ kcal/kg}$$

$x_{2*} = (18/2.000) + 0{,}019 = 0{,}009 + 0{,}019 = 0{,}028$ kg vapore acqua/kg aria secca,

cui corrispondono i seguenti valori della temperatura e dell'umidità relativa:

$t_{2*} \approx 32{,}2°C$
$\varphi_{2*} \approx 90\%$.

E' ora possibile ricavare (operando come in precedenza sempre sul diagramma di Fig. 9.2) le condizioni dell'aria (stato fisico 1*') che si otterrebbero all'uscita della batteria di riscaldamento (R) in questa ipotesi. Risulterebbero i seguenti valori:

$t_{1*'} \approx 54°C$
$\varphi_{1*'} \approx 18\%$.

Il valore di temperatura dell'aria è troppo alto perché in tale situazione si potrebbe avere la cristallizzazione dell'amido presente nella pasta, il ché impedirebbe il successivo processo di migrazione dell'umidità dall'interno della pasta verso l'esterno.

Anche dal punto di vista delle condizioni ambientali, si avrebbe un certo deterioramento perché ogni ora nell'ambiente circostante l'essiccatoio a tunnel verrebbero scaricati 2.000 kg di aria molto più umida ($\varphi_{2*} \approx 90\%$) di quella ivi normalmente presente in assenza di essiccatoio.

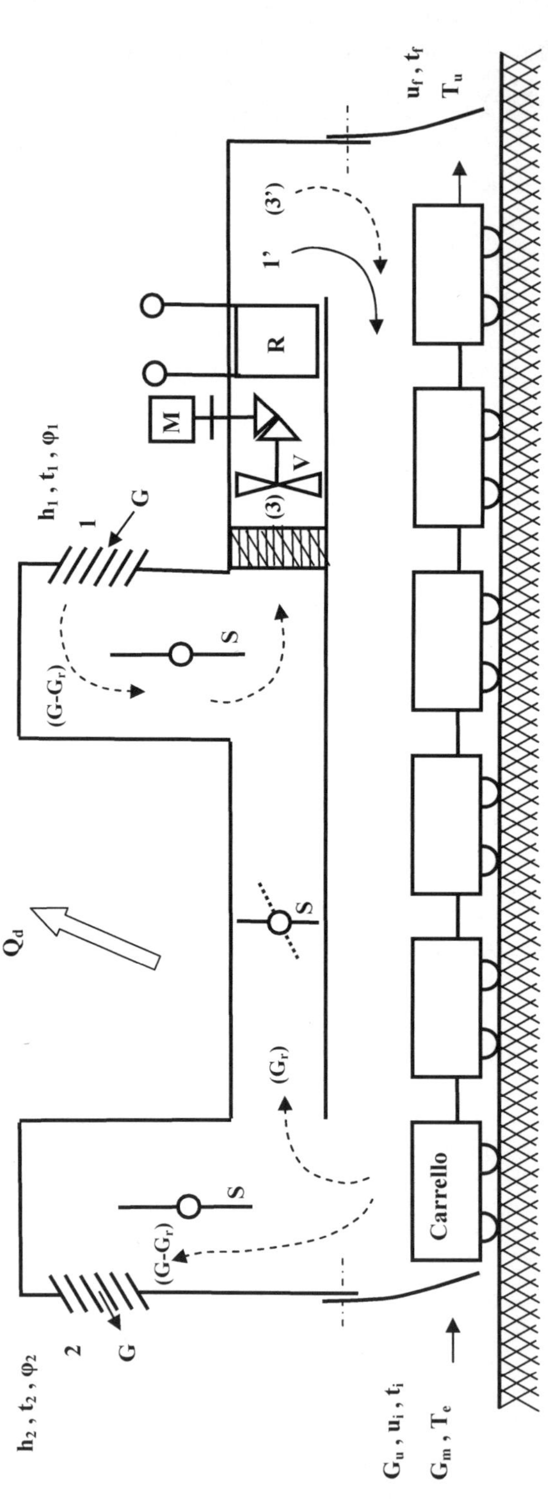

Fig. 9.1 – Essiccatoio a tunnel ad aria calda (senza o con portata di ricircolo)

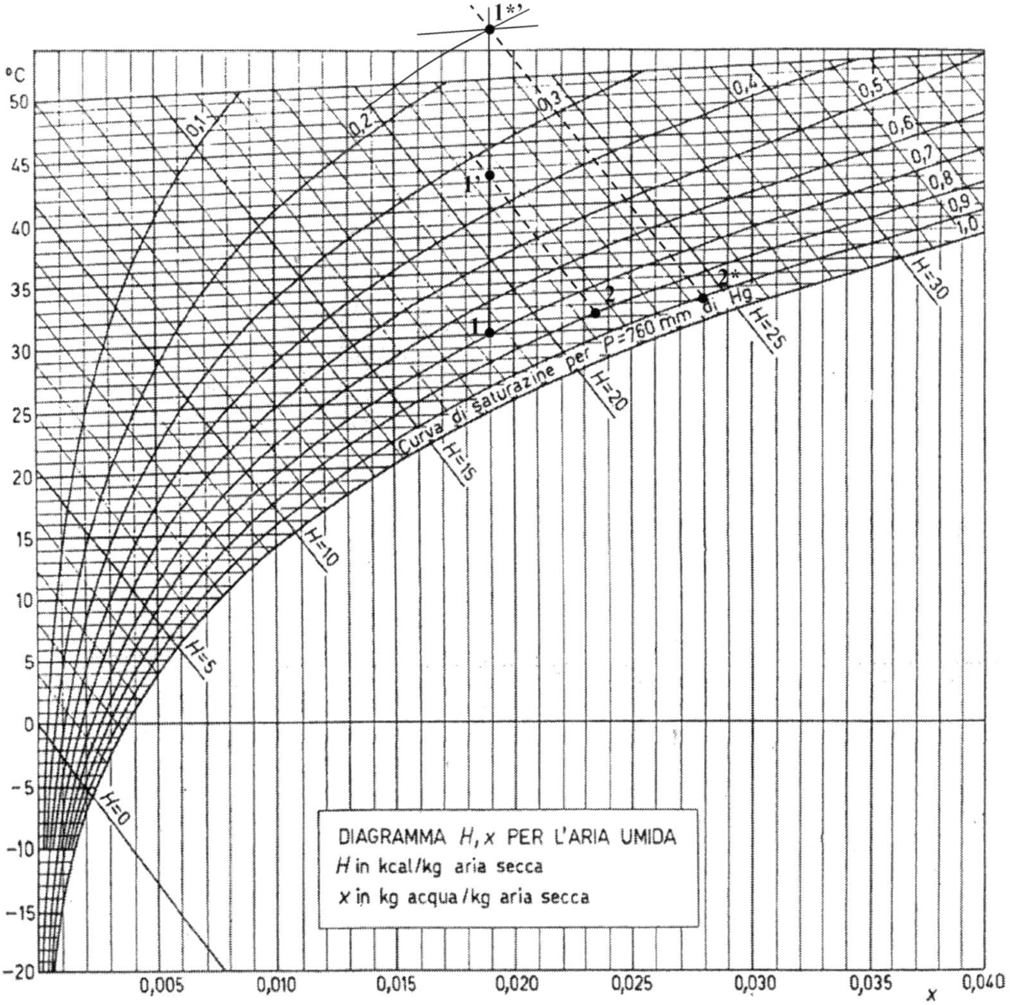

Fig. 9.2 – Diagramma psicrometrico di Mollier per l'aria umida

ESERCIZIO 10 (*)

PROGETTO DI UN IMPIANTO DI CONDIZIONAMENTO AMBIENTALE

10.1 Introduzione

Scopo di questa esercitazione è la progettazione e il dimensionamento di un impianto di condizionamento ambientale per una agenzia bancaria situata a 45° di latitudine Nord e avente la planimetria dei locali riportata in Fig. 10.1.

I dati del problema sono riportati di seguito:

- altezza locali: 3,75 m;
- massa superficiale del solaio in legno: 50 kg/m^2;
- massa superficiale del muro in mattoni: 100 kg/m^2; spessore del muro: 0,52 m;
- spessore del rivestimento in marmo: 0,01 m; spessore dell'intonaco: 0,01 m;
- numero impiegati: 15;
- calore sensibile emesso: 64 W/persona;
- calore latente emesso: 70 W/persona;
- numero clienti mediamente presenti: 35;
- calore sensibile emesso dai clienti: 64 W/persona;
- calore latente emesso dai clienti: 82 W/persona;
- potenza lampade fluorescenti: 5 kW;
- potenza macchine e terminali: 3 kW; fattore di utilizzo: 0,7.

Si considerano inoltre i seguenti valori:

- conducibilità λ(W/m·°C): 0,7 (intonaco); 1,9 (muro); 2,8 (marmo);
- coefficiente globale di scambio termico K(W/m^2·°C): 1 (vetro); 0,1 (legno)

10.2 Condizionamento estivo

Le condizioni di progetto sono le seguenti:

- interno: $t_i = 26°C$; $\varphi_i = 50\%$; $\alpha_i = 10$ W/m^2 ·°C
- esterno: $t_e = 32°C$; $\varphi_e = 60\%$; $\alpha_e = 30$ W/m^2 ·°C

Si trascurano le infiltrazioni di aria esterna.
Si considerano innanzitutto le rientrate termiche attraverso le diverse pareti e il solaio, e poi i carichi termici interni.

Parete Sud-Ovest

E' una parete con finestrature e parti in muratura.
Per quanto riguarda il coefficiente globale di scambio per le parti in muratura si ha:

$$\frac{1}{K} = \frac{1}{\alpha_i} + \frac{1}{\alpha_e} + \frac{s_{int\,onaco}}{\lambda_{int\,onaco}} + \frac{s_{marmo}}{\lambda_{marmo}} + \frac{s_{muro}}{\lambda_{muro}} = \frac{1}{10} + \frac{1}{30} + \frac{0,01}{0,7} + \frac{0,01}{2,8} + \frac{0,52}{1,9} = 0,4249 \text{ (m}^2\cdot°\text{C/W)}$$

E quindi risulta: K = 2,354 (W/m^2·°C).

(*) con il contributo dei Professori Emilio FERRARI e Alberto REGATTIERI Dipartimento di Ingegneria Industriale DIN – Università di Bologna

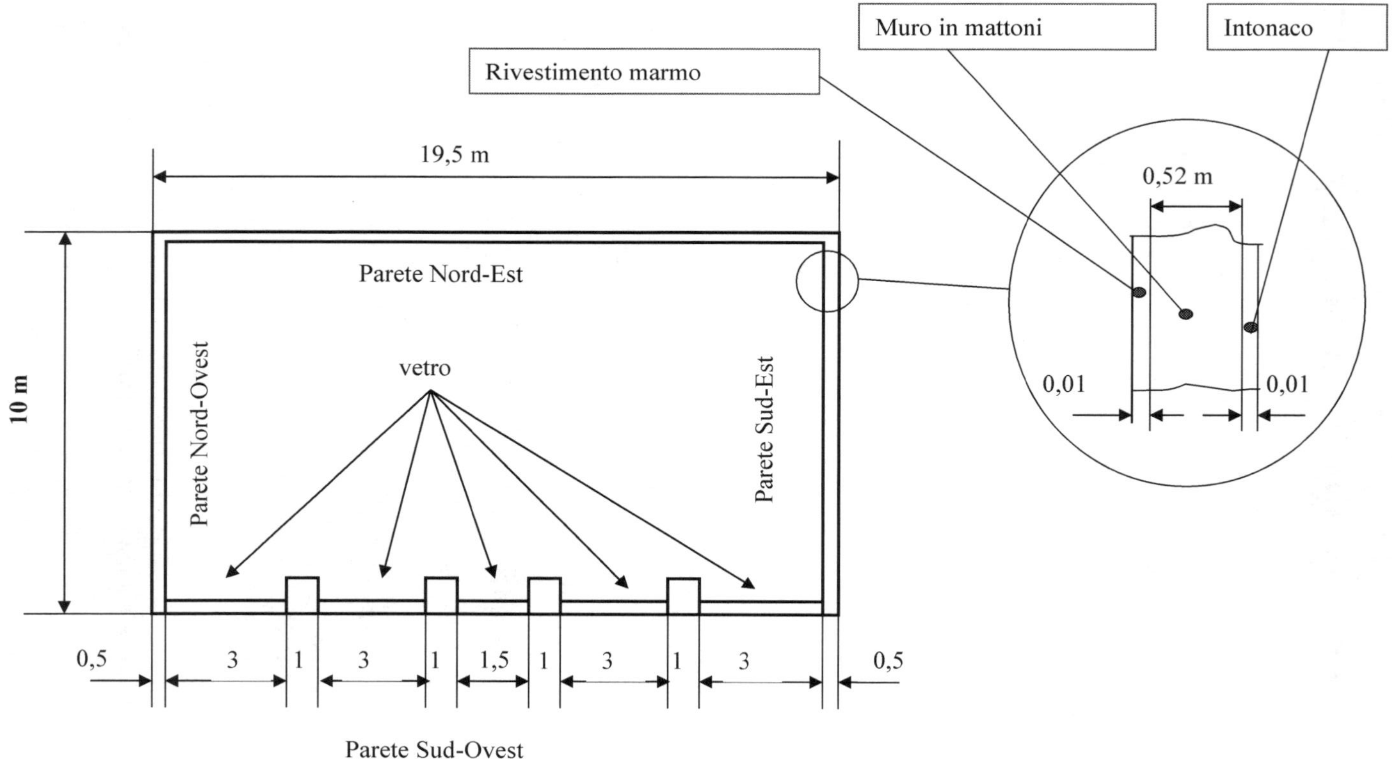

Fig. 10.1 – Planimetria dei locali della agenzia bancaria da servire con un impianto di condizionamento ambientale.

Per calcolare le rientrate termiche attraverso muri esposti al sole oppure in ombra si fa riferimento alla formula:

$$Q' = K \cdot S \cdot \Delta t_{eq}$$

in cui i valori di Δt_{eq} sono dati dalla Tab.3.8 di /1/ riportata in Appendice.
Da tale tabella, per muri esposti a Sud-Ovest e massa del muro pari a 100 kg/m^2, si assume il dato corrispondente alle ore 15 come il più rappresentativo delle ore diurne, per cui: $\Delta t_{eq} = 18{,}6$ °C.
La superficie totale della parte in muratura della parete Sud-Ovest vale:

$$S = (1 + 1 + 1 + 1) \cdot 3{,}75 = 15 \text{ m}^2$$

Il contributo delle parti in muratura risulta pertanto:

$$Q' = 2{,}354 \cdot 15 \cdot 18{,}6 = 656{,}7 \text{ W}$$

La superficie totale della parte vetrata della parete Sud-Ovest vale:

$$S = (3 + 3 + 3 + 3 + 1{,}5) \cdot 3{,}75 = 50{,}625 \text{ m}^2$$

Il coefficiente globale di trasmissione termica K per il vetro viene assunto pari a 1 W/m^2·°C. Il contributo delle parti in vetro della parete Sud-Ovest risulta pertanto:

$$Q'' = K \cdot S \cdot (t_e - t_i) = 1 \cdot 50{,}625 \cdot (32 - 26) = 303{,}75 \text{ W}$$

Bisogna ancora tenere conto del contributo per radiazione solare attraverso il vetro. Si osservi in proposito la Tab. 3.4 di /1/, relativa al vetro semplice, riportata in Appendice.
Con riferimento al periodo estivo per ubicazione a 45° di latitudine Nord, si osserva che il massimo irraggiamento si ha alle ore 15 del 24 agosto con 411 kcal/m^2 di vetrata. In realtà la Tab. 3.4 riporta un valore superiore pari a 439 kcal/m^2 relativo alle ore 15 del 22 settembre; ma a quella data l'estate è finita e le altre rientrate termiche sono diminuite con il diminuire della temperatura esterna e quindi il carico termico complessivo dell'edificio è nettamente inferiore e non significativo per il progetto dell'impianto di condizionamento. Il valore fornito dalla Tab. 3.4 deve essere corretto con un fattore ε dipendente dal tipo di vetro, dalla presenza o meno della schermatura e dal tipo di schermatura. Si assume un vetro triplo ordinario con schermatura costituita da veneziana interna chiara; dalla Tab. 3.5 di /1/, riportata in Appendice, si trae $\varepsilon = 0{,}48$. Il contributo per radiazione solare attraverso il vetro della parete Sud-Ovest può dunque essere valutato:

$$Q''' = 0{,}48 \cdot 411 \cdot 50{,}625 = 9.987{,}3 \text{ kcal/h} = 9.987{,}3 \cdot 4{,}186/3600 - 11.613 \text{ W}$$

Il carico termico globale dovuto alla parete Sud-Ovest risulta pertanto:

$$Q_{SUD\text{-}OVEST} = Q' + Q'' + Q''' = 656{,}7 + 303{,}75 + 11.613 = 12.573 \text{ W}$$

Parete Sud-Est

E' una parete interamente in muratura.
Valgono i seguenti dati:

$K = 2{,}354$ W/m^2·°C;

$S = (10 \cdot 3{,}75) = 37{,}5\ m^2$
$\Delta t_{eq} = 10{,}2°C$ (da Tab. 3.8 di /1/ riportata in Appendice per muro da 100 kg/m^2 rivolto a Sud-Est, ore 15)
Il contributo dell'intera parete in muratura risulta pertanto:

$$Q_{SUD\text{-}EST} = K \cdot S \cdot \Delta t_{eq} = 2{,}354 \cdot 37{,}5 \cdot 10{,}2 = 900\ W$$

Parete Nord-Ovest

E' una parete interamente in muratura, parallela alla parete Sud-Est e per la quale valgono gli stessi dati compreso il valore del Δt_{eq}:
$K = 2{,}354\ W/m^2 \cdot °C$;
$S = (10 \cdot 3{,}75) = 37{,}5\ m^2$
$\Delta t_{eq} = 10{,}2°C$ (da Tab. 3.8 di /1/ per muro da 100 kg/m^2 rivolto a Nord-Ovest, ore 15)

Il contributo dell'intera parete in muratura risulta pertanto:

$$Q_{NORD\text{-}OVEST} = K \cdot S \cdot \Delta t_{eq} = 2{,}354 \cdot 37{,}5 \cdot 10{,}2 = 900\ W$$

Parete Nord-Est

E' una parete interamente in muratura, per la quale valgono i seguenti dati:
$K = 2{,}354\ W/m^2 \cdot °C$;
$S = (19{,}5 \cdot 3{,}75) = 73{,}125\ m^2$
$\Delta t_{eq} = 6{,}9°C$ (da Tab. 3.8 di /1/ per muro da 100 kg/m^2 rivolto a Nord-Est, ore 15)

Il contributo dell'intera parete in muratura risulta pertanto:

$$Q_{NORD\text{-}EST} = K \cdot S \cdot \Delta t_{eq} = 2{,}354 \cdot 73{,}125 \cdot 6{,}9 = 1.188\ W$$

Solaio

E' una parete in legno, per la quale valgono i seguenti dati:
$K = 0{,}1\ W/m^2 \cdot °C$;
$S = (19{,}5 \cdot 10) = 195\ m^2$
$\Delta t_{eq} = 20{,}8°C$ (da Tab. 3.9 di /1/ riportata in Appendice per tetto in legno da 50 kg/m^2 esposto al sole, ore 15)

Il contributo dell'intero solaio in legno risulta pertanto:

$$Q_{SOLAIO} = K \cdot S \cdot \Delta t_{eq} = 0{,}1 \cdot 195 \cdot 20{,}8 = 406\ W$$

Carichi termici interni

Si elencano i seguenti contributi:

- calore sensibile impiegati e clienti: 64 · (15 + 35) = 3.200 W
- calore sensibile lampade fluorescenti: 5.000 · 1,25(*) = 6.250 W
  (*) coefficiente di maggiorazione per reattore fluorescenza
- calore sensibile macchine e terminali: 3.000 · 0,7 (**) = 2.100 W
  (**) fattore di utilizzo o di riduzione per contemporaneità

- calore latente impiegati: 70 · 15 = 1.050 W;
- calore latente clienti: 35 · 82 = 2.870 W

Il calore sensibile interno complessivo vale:

$$Q_{s.int.} = 3.200 + 6.250 + 2100 = 11.550 \text{ W}. \quad (10.1)$$

Il calore latente interno complessivo vale:

$$Q_l = 1.050 + 2.870 = 3.920 \text{ W}. \quad (10.2)$$

Retta di lavoro

La retta di lavoro è, nel diagramma dell'aria umida, il luogo dei punti rappresentativi di condizioni termo-igrometriche dell'aria, in uscita dall'unità di trattamento-aria UTA (o condizionatore) e quindi in ingresso all'ambiente da condizionare, in grado di soddisfare le condizioni di progetto. Nell'ambiente da condizionare la potenza termica totale Q_t introdotta può essere distinta in:

- Q_s potenza termica sensibile che modifica la temperatura dell'aria umida senza che sia in corso una transizione di fase;
- Q_l potenza termica latente messa in giuoco durante una trasformazione di fase (produzione di vapore di acqua).

Per definizione si ha: $Q_t = Q_s + Q_l$ (10.3)

$$R = \frac{Q_s}{Q_s + Q_l} = \frac{Q_s}{Q_t} \quad (10.4)$$

essendo R il cosiddetto "fattore termico" (cfr. /1/).

Si fa ora riferimento alla Fig. 10.2, in cui: A rappresenta lo stato fisico in uscita dall'ambiente condizionato ovvero le condizioni termo-igrometriche che si vogliono mantenere nell'ambiente da condizionare; B rappresenta lo stato fisico dell'aria esterna; C rappresenta lo stato fisico dell'aria in ingresso nell'unità di trattamento aria (UTA) derivante dalla miscela di aria esterna in condizioni B e di aria di ricircolo proveniente dall'ambiente e quindi in condizioni A; infine E rappresenta lo stato fisico dell'aria in uscita dall'unità di trattamento e quindi in ingresso nell'ambiente da condizionare.

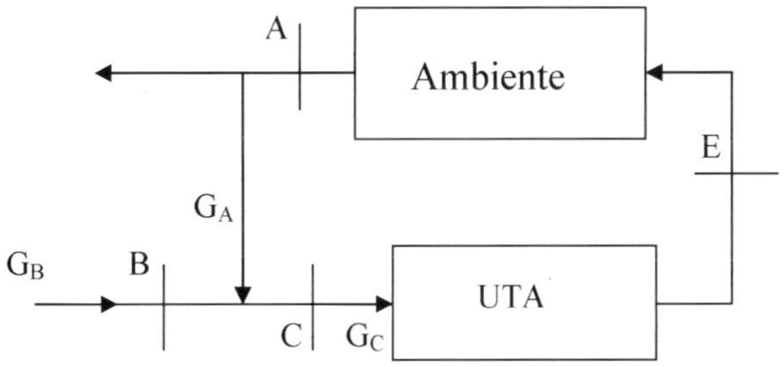

Fig. 10.2 – Schema dell'impianto di condizionamento

La potenza termica da sottrarre all'ambiente risulta: $Q_t = G_C \cdot (h_A - h_E)$
avendo indicato con Q_t la potenza termica totale che rientra dall'esterno o si genera nell'ambiente per la presenza di sorgenti di calore (persone, macchine, lampade, etc...). In numerose trattazioni (come in /2/) si definisce la pendenza della retta di lavoro con il seguente parametro M:

$$M = \frac{h_A - h_E}{x_A - x_E} = \frac{\Delta h}{\Delta x} \tag{10.5}$$

essendo (cfr. Fig. 10.3):

$$Q_t = G_C\,(h_A - h_E) \tag{10.6}$$

$$G_v = G_C\,(x_A - x_E) \tag{10.7}$$

con G_v portata di vapore acqueo generata nell'ambiente da refrigerare e G_C portata di aria che attraversa il condizionatore (UTA) e viene immessa nell'ambiente (A).
Il parametro M è riportato con i suo valori in un diagramma polare collocato all'interno del diagramma di Mollier per l'aria umida. In altri casi sul contorno del diagramma di Mollier per l'aria umida vengono riportati i valori di R, "fattore termico" precedentemente introdotto.
Con riferimento al diagramma di Fig. 10.3 e al punto A' intersezione della verticale per il punto E e della retta a temperatura costante uguale a t_A risulta:

$$Q_s = G_C\,(h_{A'} - h_E) \tag{10.8}$$

$$Q_l = G_C\,(h_A - h_{A'}) = G_C \cdot r \cdot (x_A - x_{A'}) = G_C \cdot r \cdot (x_A - x_E) \tag{10.9}$$

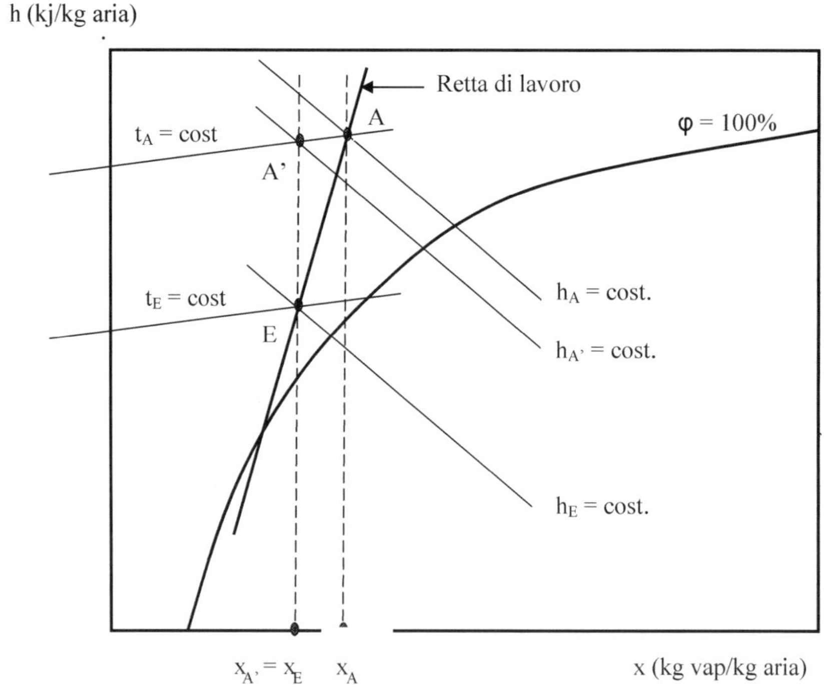

Fig. 10.3 – Retta di lavoro nel diagramma psicrometrico dell'aria umida nel condizionamento estivo

con $x_{A'} = x_E$ ed r calore di vaporizzazione dell'acqua, che, alla temperatura di 25°C, risulta pari a 582 Kcal/kg vap ovvero 2.436 kJ/kg vap ovvero a 2.436 J/g vap. Si fa rilevare che nell'intorno di 25°C la variazione (Δr/r) è pari appena allo 0,9% su un intervallo di 10°C e scende, come è ovvio, a 0,09% su un intervallo di 1°C. Questo giustifica l'utilizzo nel seguito del valore di r a 25°C fornito dai manuali, essendo i valori di temperatura scelti per l'ambiente da condizionare molto prossimi e pari a 26°C per l'estate e a 23 °C per l'inverno.
Tenendo conto delle precedenti relazioni da (10.1) a (10.7), si ottiene:

$$R = Q_s / Q_t = \frac{Q_t - Q_l}{Q_t} = 1 - \frac{Q_l}{Q_t} = 1 - \frac{G_C \cdot r \cdot (x_A - x_E)}{G_C \cdot (h_A - h_E)} = 1 - \frac{r}{M} \qquad (10.10)$$

Come si vede esiste un preciso legame fra M ed R; a valori costanti e crescenti di M, corrispondono valori costanti e crescenti di R, che può quindi essere utilizzato per tracciare la retta di lavoro sul diagramma di Mollier dell'aria umida.
Nel seguito si fa riferimento appunto al parametro R utilizzando il diagramma psicrometrico dell'aria umida di Fig. 10.4. Risulta:

$Q_l = 3.920$ W;
$Q_s = Q_{SUD\text{-}OVEST} + Q_{SUD\text{-}EST} + Q_{NORD\text{-}OVEST} + Q_{NORD\text{-}EST} + Q_{SOLAIO} + Q_{s.int.} =$
$= 12.573 + 900 + 900 + 1.188 + 406 + 11.550 = 27.517$ W;
$Q_t = Q_s + Q_l = 27.517 + 3.920 = 31.437$ W
$R = 27.517/31.437 = 0,875$

Per verifica si calcola il valore di M definito dalla (10.5) e il valore di R tramite la (10.10). Tenuto conto delle (10.6) e (10.7) si ha: $M = Q_t / G_v$
Il calore latente interno dovuto a impiegati e clienti vale secondo la (10.2): 3.920 W.
Questo dato può essere elaborato per dedurre la portata G_v di vapore acqueo introdotta nell'ambiente dalla presenza di impiegati e clienti; tenendo conto che il calore di vaporizzazione r dell'acqua alla temperatura di 25°C risulta pari a 582 Kcal/kg vap ovvero 2.436 kJ/kg vap ovvero a 2.436 J/g vap, si ha:

$$G_v = \frac{3.920(J/sec)}{2.436(J/g.vap)} = 1{,}61 \text{ g vap/sec.}$$

Si ottiene quindi:

$$M = \frac{31.437(J/sec)}{1{,}61(g.vap/sec)} = 19.526 \text{ (J/g vap)}$$

$R = 1 - (r/M) = 1 - (2.436/19.526) = 1 - 0,125 =$ **0.875**

Si ottiene lo stesso valore ottenuto mediante l'approccio che definisce R attraverso calore sensibile e calore latente: la verifica è positiva.

Si considera una quota di aria di ricambio o di rinnovo (condizione B) pari a 25 m^3/h per persona; si ottiene:

$V_B = 25 \cdot (15 + 35) = 1250\ m^3/h$ portata volumetrica di aria di rinnovo

Il volume dell'ambiente è dato da:

$V = 10 \cdot 19{,}5 \cdot 3{,}75 = 731{,}25\ m^3$ al lordo dello spessore delle pareti;

$V = 624\ m^3$ volume interno dell'ambiente al netto dello spessore delle pareti.

Ciò significa che: $V_B/V = 1.250/624 \approx 2$ ricambi/h.

La portata in massa di aria di rinnovo vale:

$G_B = 1{,}22 \cdot 1.250 = 1.525$ kg/h

avendo assunto la densità dell'aria pari a 1,22 kg/m^3.

La portata di aria di ricircolo (condizioni A in uscita dall'ambiente) risulta pertanto:

$$G_A = G_C - G_B$$

Tutti i punti E giacenti sulla retta di lavoro avente pendenza R (con $x_E < x_A$) soddisfano lo smaltimento di Q_t e il mantenimento delle condizioni termo igrometriche A nell'ambiente. Occorre però considerare che l'aria trattata immessa nell'ambiente deve consentire una buona distribuzione e il mantenimento di condizioni omogenee di benessere nell'ambiente stesso.

Si riportano di seguito le condizioni termo igrometriche dell'aria esterna (condizioni B) e dell'aria nell'ambiente (condizioni A) (cfr. Fig. 10.4):

- aria esterna (condizioni B):
  $t_B = 32°C$; $\varphi_B = 60\%$; $x_B = 18$ gr vap/kg aria secca; $h_B = 18{,}5$ kcal/kg aria secca
- aria nell'ambiente (condizioni A):
  $t_A = 26°C$; $\varphi_A = 50\%$; $x_A = 10{,}5$ gr vap/kg aria secca; $h_A = 12{,}5$ kcal/kg aria secca

Si esplorano le due ipotesi riportate nel seguito.

Prima ipotesi

Si sceglie sulla retta con pendenza R un punto E avente: $t_E = 15°C$; $\varphi_E = 90\%$.

Dal diagramma di Fig. 10.4 si ha:

$x_E = 9{,}6$ gr vap/kg aria secca; $h_E = 9{,}4$ kcal/kg aria secca.

Segue:

$$G_C = Q_t /(h_A - h_E) = 31.437 \cdot 0{,}860/(12{,}5 - 9{,}5) = 27.036/3 = 9.012 \text{ kg/h}$$

avendo tenuto conto che 1 W = 0.860 kcal/h.

Si determina di conseguenza il punto C (cfr. Fig. 10.4), essendo $G_C = G_A + G_B$.

Risulta:

$$G_A = G_C - G_B = 9.012 - 1.525 = 7.487 \text{ kg/h}$$

$$h_C = \frac{G_B \cdot h_B + G_A \cdot h_A}{G_B + G_A} = \frac{1.525 \cdot 18{,}5 + 7.487 \cdot 12{,}5}{1.525 + 7.487} = 13{,}515 \text{ kcal/kg aria secca}$$

$$x_C = \frac{G_B \cdot x_B + G_A \cdot x_A}{G_B + G_A} = \frac{1.525 \cdot 18 + 7.487 \cdot 10{,}5}{1.525 + 7.487} = 11{,}769 \text{ g vap/kg aria secca}$$

La potenza frigorifera da installare risulta:

$$Q_t = G_C \cdot (h_C - h_E) = 9.012 \cdot (13{,}515 - 9{,}5) = 36.183 \text{ kcal/h} = 42{,}073 \text{ kW}$$

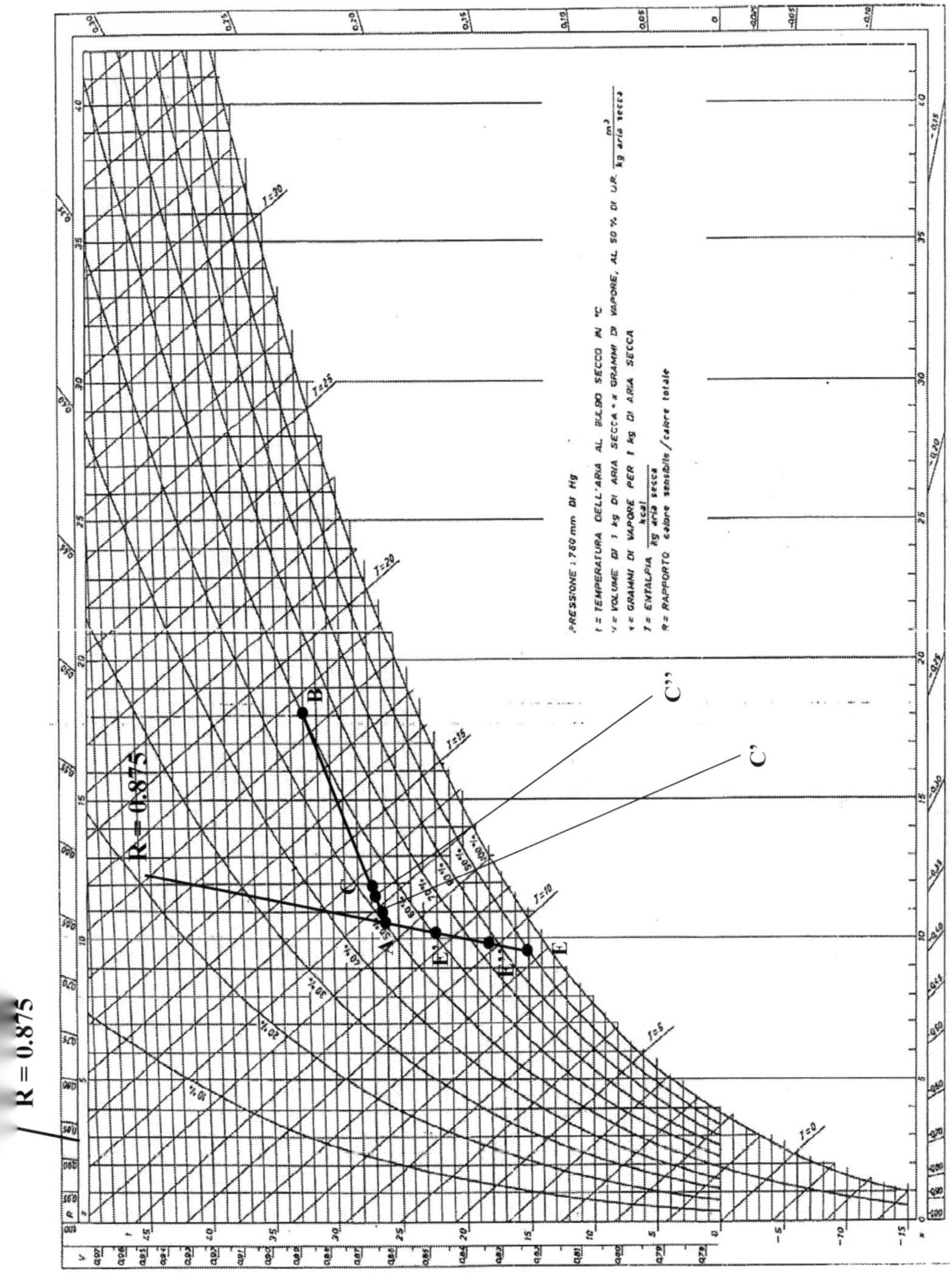

Fig. 10.4 – Diagramma di Mollier dell'aria umida: trattamento estivo

Seconda ipotesi

Si sceglie sulla retta con pendenza R un punto E' più vicino ad A avente: $t_{E'} = 22°C$; $\varphi_{E'} = 60\%$. Dal diagramma di Fig. 10.4 si ha:

$x_{E'} = 10,2$ gr vap/kg aria secca; $h_{E'} = 11,5$ kcal/kg aria secca.

Segue:

$$G_{C'} = Q_t /(h_A - h_{E'}) = 31.437 \cdot 0,860/(12,5 - 11,5) = 27.036/1 = 27.036 \text{ kg/h}$$

avendo tenuto conto che 1 W = 0.860 kcal/h.
Si determina di conseguenza il punto C' (cfr. Fig. 10.4), essendo $G_{C'} = G_A + G_B$.
Risulta:

$$G_A = G_{C'} - G_B = 27.036 - 1.525 = 25.511 \text{ kg/h}$$

$$h_{C'} = \frac{G_B \cdot h_B + G_A \cdot h_A}{G_B + G_A} = \frac{1.525 \cdot 18,5 + 25.511 \cdot 12,5}{1.525 + 25.511} = 12,838 \text{ kcal/kg aria secca}$$

$$x_{C'} = \frac{G_B \cdot x_B + G_A \cdot x_A}{G_B + G_A} = \frac{1.525 \cdot 18 + 25.511 \cdot 10,5}{1.525 + 25.511} = 10,923 \text{ g vap/kg aria secca}$$

La potenza frigorifera da installare nella seconda ipotesi risulta naturalmente identica a quella determinata nella prima ipotesi in quanto il fabbisogno frigorifero dell'ambiente da refrigerare è sempre il medesimo; si ottiene infatti:

$$Q_t = G_{C'} \cdot (h_C - h_{E'}) = 27.036 \cdot (12,838 - 11,5) = 36.174 \text{ kcal/h} = 42,063 \text{ kW}$$

Passando dalla prima alla seconda ipotesi la temperatura dell'aria, che entra nell'ambiente, sale da $t_E = 15°C$ a $t_{E'} = 22°C$, valore molto più vicino alla $t_A = 26°C$ che si vuole mantenere nell'ambiente, con conseguenti migliori condizioni di benessere nelle zone vicine alle bocche di immissione. Tuttavia passando dalla prima alla seconda ipotesi la portata di aria da condizionare in ingresso alla UTA sale da $G_C = 9.012$ kg/h a $G_{C'} = 27.036$ kg/h con costi di impianto e di esercizio molto maggiori per la movimentazione dell'aria.
A questo punto conviene orientarsi verso una soluzione intermedia che consenta di limitare gli inconvenienti riscontrati nelle due ipotesi precedenti.

Soluzione proposta

Si sceglie sulla retta con pendenza R un punto E", intermedio fra E ed E', corrispondente ad una temperatura non troppo bassa $t_{E''} = 18°C$ tale da non provocare disagio nelle zone vicine alle bocche di immissione ma anche non troppo alta così da limitare la portata d'aria da condizionare nella UTA.
Dal diagramma di Fig. 10.4 si ha: $\varphi_{E''} = 76\%$; $x_{E''} = 9,7$ gr vap/kg aria secca; $h_{E''} = 10,2$ kcal/kg aria secca.
Segue:

$$G_{C''} = Q_t /(h_A - h_{E''}) = 31.437 \cdot 0,860/(12,5 - 10,2) = 27.036/2,3 = 11.755 \text{ kg/h}$$

avendo tenuto conto che 1 W = 0.860 kcal/h.
Si determina di conseguenza il punto C'' (cfr. Fig. 10.4), essendo $G_{C''} = G_A + G_B$.

Risulta:

$$G_A = G_{C''} - G_B = 11.755 - 1.525 = 10.230 \text{ kg/h}$$

$$h_{C''} = \frac{G_B \cdot H_B + G_A \cdot H_A}{G_B + G_A} = \frac{1.525 \cdot 18,5 + 10.230 \cdot 12,5}{1.525 + 10.230} = 13,278 \text{ kcal/kg aria secca}$$

$$x_{C''} = \frac{G_B \cdot x_B + G_A \cdot x_A}{G_B + G_A} = \frac{1.525 \cdot 18 + 10.230 \cdot 10,5}{1.525 + 10.230} = 11,473 \text{ kg vap/kg aria secca}$$

La potenza frigorifera da installare risulta sostanzialmente identica a quella determinata nelle precedenti ipotesi in quanto il fabbisogno frigorifero dell'ambiente da refrigerare è sempre il medesimo; si ottiene infatti:

$$Q_t = G_{C''} \cdot (h_C - h_{E''}) = 11.755 \cdot (13,278 - 10,2) = 36.182 \text{ kcal/h} = 42,072 \text{ kW}$$

Con questa scelta la temperatura dell'aria, che entra nell'ambiente, assume il valore di 18°C intermedio fra i valori di 15°C e 22°C, esaminati nelle due ipotesi precedenti, e abbastanza vicino alla t_A = 26°C che si vuole mantenere nell'ambiente, con conseguenti migliori condizioni di benessere nelle zone vicine alle bocche di immissione. La portata di aria da condizionare in ingresso alla UTA si attesta al valore di 11.755 kg/h, intermedio fra i valori di 9.012 kg/h e 27.036 kg/h (ma più prossimo al minore dei due), risultanti dalle due ipotesi precedenti, con costi di impianto e di esercizio per la movimentazione dell'aria abbastanza contenuti.

10.3 Condizionamento invernale

Per completezza si utilizza in questo caso l'approccio riportato in /2/ (cfr. anche par. 10.2) con retta di lavoro ad M costante ed utilizzando un diagramma psicrometrico dell'aria umida (cfr. successiva Fig. 10.5), in cui è riportato appunto il diagramma polare di M.

Disperdimenti termici ($\Sigma_K Q_k$) *attraverso le diverse pareti e il solaio*

Si riportano di seguito, come condizioni di progetto, le condizioni termo igrometriche dell'aria esterna (condizioni B) e dell'aria nell'ambiente (condizioni A):

- aria esterna (condizioni B):
  t_B = -5°C; φ_B = 80%; x_B = 2 gr vap/kg aria secca; h_B = 0,6 kcal/kg aria secca
- aria nell'ambiente (condizioni A):
  t_A = 23°C; φ_A = 40%; x_A = 7,2 gr vap/kg aria secca; h_A = 9,9 kcal/kg aria secca

Parete Sud-Ovest

La superficie totale della parte in muratura della parete Sud-Ovest vale:

$$S = (1 + 1 + 1 + 1) \cdot 3,75 = 15 \text{ m}^2$$

La superficie totale della parte vetrata della parete Sud-Ovest vale:

$$S = (3 + 3 + 3 + 3 + 1,5) \cdot 3,75 = 50,625 \text{ m}^2$$

Utilizzando i dati esposti nel par. 10.2 si ha:

$Q_{MURO} = K_{MURO} \cdot S \cdot \Delta t = 2{,}354 \cdot 15 \cdot [23 - (- 5)] = 988{,}7$ W

$Q_{VETRO} = K_{VETRO} \cdot S \cdot \Delta t = 1 \cdot 50{,}625 \cdot [23 - (- 5)] = 1.417{,}5$ W

$Q_{TOT.SUD\text{-}OVEST} = Q_{MURO} + Q_{VETRO} = 988{,}7 + 1.417{,}5 = 2.406{,}2$ W

Parete Sud-Est

Utilizzando i dati esposti nel par. 10.2 si ha:

$Q_{MURO} = K_{MURO} \cdot S \cdot \Delta t = 2{,}354 \cdot 37{,}5 \cdot [23 - (- 5)] = 2.471{,}7$ W

Parete Nord-Ovest

Utilizzando i dati esposti nel par. 10.2 si ha:

$Q_{MURO} = K_{MURO} \cdot S \cdot \Delta t = 2{,}354 \cdot 37{,}5 \cdot [23 - (- 5)] = 2.471{,}7$ W

Parete Nord-Est

Utilizzando i dati esposti nel par. 10.2 si ha:

$Q_{MURO} = K_{MURO} \cdot S \cdot \Delta t = 2{,}354 \cdot 73{,}125 \cdot [23 - (- 5)] = 4.819{,}8$ W

Ai disperdimenti termici calcolati più sopra vanno applicati aumenti percentuali secondo la tabella riportata di seguito, tratta da /1/ (Tab. 3.28), per tenere conto dell'esposizione delle varie pareti:

Esposizione	S	SO	O	NO	N	NE	E	SE
Aumento (%)	-	2÷5	5÷10	10÷15	15÷20	15÷20	10÷15	5÷10

Operando le correzioni secondo i valori percentuali massimi riportati nella soprastante tabella per ogni tipo di esposizione si ha:

$Q_{SUD\text{-}OVEST} = 2.406{,}2 \cdot 1{,}05 = 2.526{,}5$ W

$Q_{SUD\text{-}EST} = 2.471{,}7 \cdot 1{,}10 = 2.719$ W

$Q_{NORD\text{-}OVEST} = 2.471{,}7 \cdot 1{,}15 = 2.842{,}5$ W

$Q_{NORD\text{-}EST} = 4.819{,}8 \cdot 1{,}20 = 5.784$ W

Solaio

E' una parete in legno, per la quale valgono i seguenti dati:

$K = 0{,}1$ W/m^2·°C;

$S = (19{,}5 \cdot 10) = 195$ m^2

$\Delta t = [23 - (- 5)] = 28$°C

Il contributo dell'intero solaio in legno risulta pertanto:

$Q_{SOLAIO} = K \cdot S \cdot \Delta t = 0{,}1 \cdot 195 \cdot 28 = 546$ W

La potenza termica complessiva dispersa attraverso le pareti e il solaio vale:

$\Sigma_K Q_k = 2.526{,}5 + 2.719 + 2.842{,}5 + 5.784 + 546 = 14.418$ W

Infiltrazioni di aria (Q_a)
Si considera che in un'ora le infiltrazioni di aria fredda esterna attraverso serramenti non ermetici e per apertura porte a seguito di traffico di persone e mezzi di lavoro, corrispondano mediamente ad un volume pari al 40% del volume dell'ambiente ovvero corrispondano ad una portata in volume (m^3/h) pari a $(0,4 \cdot V)$, essendo V il volume interno in m^3 dell'ambiente al netto dello spessore delle pareti, e quindi pari ad una portata in massa pari a:
$G = \rho \cdot (0,4 \cdot V)$ kg/h
La potenza termica perduta a causa infiltrazioni d'aria vale quindi:

$$Q_a = G \cdot c_p \cdot (t_A - t_B) = \rho \cdot (0,4 \cdot V) \cdot c_p \cdot (t_A - t_B) \qquad (10\ 11)$$

Si assumono i seguenti valori medi alla pressione atmosferica e alle temperature in giuoco (20÷30°C):
$\rho = 1,22$ kg/m^3 densità dell'aria;
$c_p = 0,24$ (kcal/kg · °C) ≈ 1 (kJ/kg · °C) calore specifico dell'aria.
Risulta inoltre: V = 624 m^3 (volume interno dell'ambiente al netto dello spessore delle pareti).

Segue dalla (10.11):

$$Q_a = 1,22 \cdot 0,24 \cdot (0,4 \cdot 624) \cdot [23 - (-5)] = 2.046 \text{ kcal/h} = 2.380 \text{ W}$$

Irraggiamento solare attraverso le pareti (Q_{irr}).
Si trascura l'eventuale potenza termica rientrante dovuta a irraggiamento solare:
$Q_{irr.} \approx 0$

Contributi interni (Q_i e G_v)
Il calore sensibile interno, dovuto a impiegati e clienti, a lampade fluorescenti e a macchine e terminali, è già stato calcolato e vale:
$Q_i = 3.200 + 6.250 + 2100 = 11.550$ W.

Il calore latente interno dovuto a impiegati e clienti vale (cfr. par. 10.2): 3.920 W.
Questo dato, come fatto precedentemente al par. 10.2, può essere elaborato per dedurre la portata G_v di vapore acqueo introdotta nell'ambiente dalla presenza di impiegati e clienti; tenendo conto ancora una volta che il calore di vaporizzazione r dell'acqua alla temperatura di 25°C risulta pari a 582 Kcal/kg vap ovvero 2.436 kJ/kg vap ovvero a 2.436 J/g vap, si ha:

$$G_v = \frac{3.920 (J/sec)}{2.436 (J/g.vap)} = 1,61 \text{ g vap/sec.}$$

La potenza termica complessiva Q (da non confondere con Q_t definita al par. 10.2) da fornire all'ambiente per compensare le fuoriuscite termiche vale:
$Q = \Sigma_K Q_k + Q_a - Q_{irr.} - Q_i = 14.418 + 2.380 - 0 - 11.550 = 5.248$ W = 5,248 kJ/sec
La portata di vapore acqueo da asportare dall'ambiente è pari a:
$G_v = 1,61$ g vap/sec

E' possibile determinare il coefficiente angolare $M = \Delta h/\Delta x$ della retta di lavoro avente segno negativo perché in questo caso le due variazioni Δh e Δx sono di segno opposto. Si ha infatti trattandosi di condizionamento invernale (cfr. Fig. 10.5):

$$Q = G_C\,(h_E - h_A) \tag{10.12}$$

$$G_v = G_C\,(x_A - x_E) \tag{10.13}$$

e quindi:

$$M = \frac{h_E - h_A}{x_E - x_A} = -\frac{G_C \cdot (h_E - h_A)}{G_C \cdot (x_A - x_E)} = = -\frac{Q}{G_v} = -\frac{5{,}248}{1{,}61} \cdot \frac{kJ/sec}{g.vap/sec} = -3{,}26\ kJ/g$$

Nel diagramma di Fig. 10.5 è riportata la retta passante per A avente pendenza pari a (-3,26 kJ/g).

Prima ipotesi

Si sceglie sulla retta di lavoro con pendenza M un punto E avente: $t_E = 31°C$; $\varphi_E = 21\%$. Dal diagramma di Fig. 10.5 si ha: $x_E = 5{,}91$ gr vap/kg aria secca; $h_E = 10{,}9$ kcal/kg aria secca = 45,59 kJ/kg aria secca. Si considera una quota di aria di ricambio o di rinnovo (condizione B) pari a 20 m^3/h per persona; si ottiene:

$V_B = 20 \cdot (15 + 35) = 1.000\ m^3/h$ portata volumetrica di aria di rinnovo

La portata in massa di aria di rinnovo vale:

$$G_B = \rho \cdot V_B = 1{,}22 \cdot 1.000 = 1.220\ kg/h$$

Segue:

$$G_C = Q/(h_E - h_A) = 5.248 \cdot 0{,}860/(10{,}9 - 9{,}9) = 4.513\ kg/h$$

avendo tenuto conto che 1 W = 0.860 kcal/h.

Vale anche la relazione:

$$G_C = G_v/(x_A - x_E) = [1{,}61/(7{,}20 - 5{,}91)] = 1{,}248\ kg/s = 4.493\ kg/h$$

I due valori di G_C differiscono appena dello 0,44% nonostante le inevitabili imprecisioni nella lettura dei valori dell'entalpia e del titolo dal grafico di Mollier riportato in Fig. 10.5. Si assume per semplicità $G_C = 4.500$ kg/h.

Si determina di conseguenza il punto C, essendo $G_C = G_A + G_B$. Risulta:

$$G_A = G_C - G_B = 4.500 - 1.220 = 3.280\ kg/h$$

$$h_C = \frac{G_B \cdot h_B + G_A \cdot h_A}{G_B + G_A} = \frac{1.220 \cdot 0{,}6 + 3.280 \cdot 9.9}{1.220 + 3.280} = 7{,}38\ kcal/kg\ a.\ s. =$$

$$= 30{,}89\ kJ/kg\ a.\ s.$$

$$\mathbf{x_C} = \frac{G_B \cdot x_B + G_A \cdot x_A}{G_B + G_A} = \frac{1.220 \cdot 2 + 3.280 \cdot 7{,}2}{1.220 + 3.280} = 5{,}80 \approx x_E = 5{,}91\ g\ vap/kg\ a.\ s.$$

Dalla Fig. 10.5 risulta: $t_C \approx 16{,}5°C$; $\varphi_C \approx 51\%$

La potenzialità termica della batteria di riscaldamento da installare risulta:

$$Q_R = G_C \cdot (h_E - h_C) = 4.500 \cdot (10{,}9 - 7{,}38) = 15.840\ kcal/h = 18{,}42\ kW$$

essendo la portata d'aria da trattare in ingresso al condizionatore pari a 4.500 kg/h.

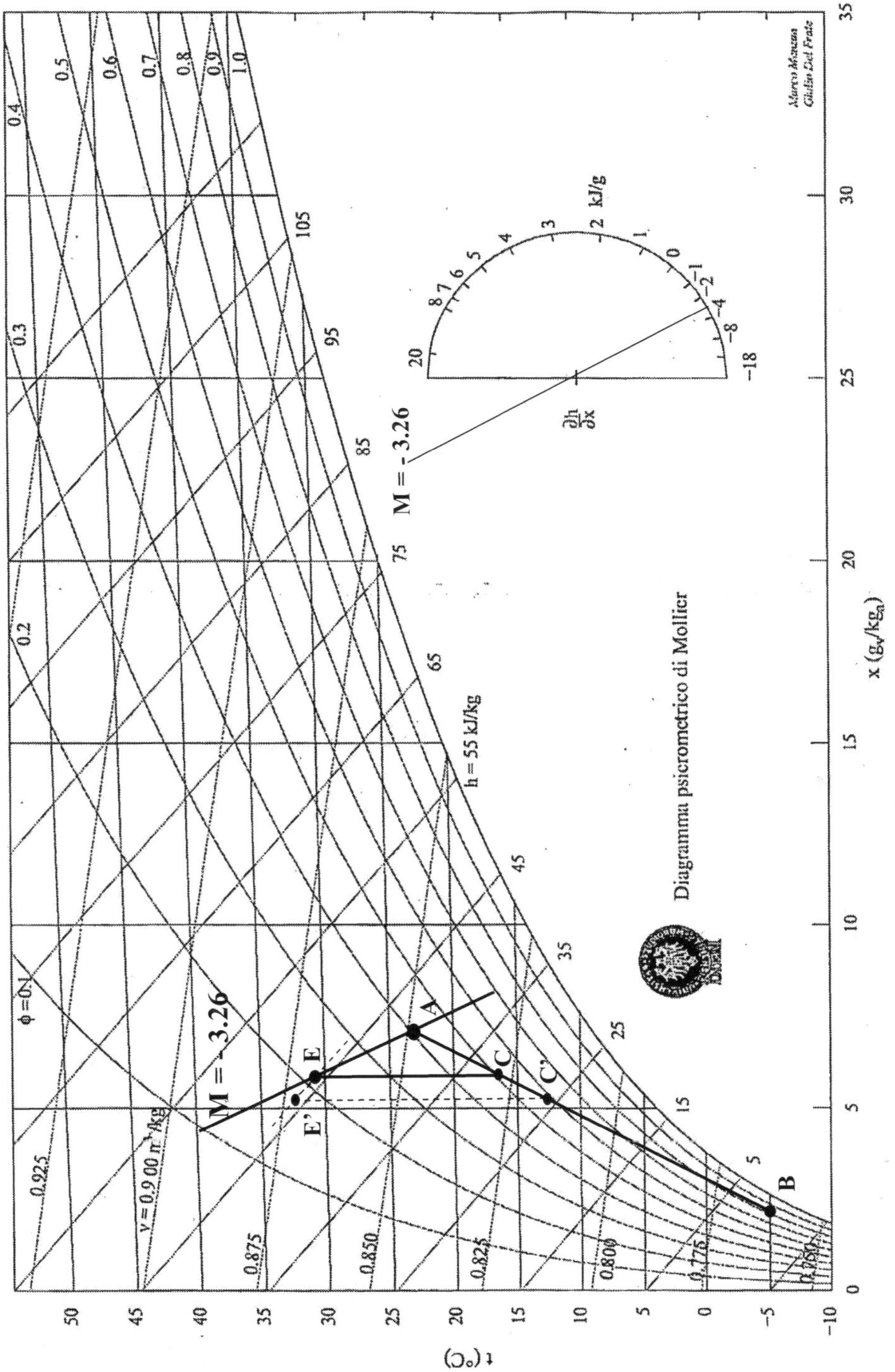

Fig. 10.5 – Diagramma di Mollier dell'aria umida: trattamento invernale

Seconda ipotesi

Si mantiene lo stesso punto E avente: t_E = 31°C; φ_E = 21%; x_E = 5,91 gr vap/kg aria secca; h_E = 10,9 kcal/kg aria secca. Si considera una quota di aria di ricambio o di rinnovo (condizione B) pari a 30 m^3/h. Si ottiene:

$V_B = 30 \cdot (15 + 35) = 1500$ m^3/h portata volumetrica di aria di rinnovo.

La portata in massa di aria di rinnovo vale: $G_B = 1{,}22 \cdot 1.500 = 1.830$ kg/h

Segue: $G_A = G_C - G_B = 4.500 - 1.830 = 2.670$ kg/h

$$h_{C'} = \frac{G_B \cdot h_B + G_A \cdot h_A}{G_B + G_A} = \frac{1.830 \cdot 0{,}6 + 2.670 \cdot 9.9}{1.830 + 2.670} = 6{,}12 \text{ kcal/kg a. s.} =$$

$$= 25{,}61 \text{ kJ/kg a. s.}$$

$$x_{C'} = \frac{G_B \cdot x_B + G_A \cdot x_A}{G_B + G_A} = \frac{1.830 \cdot 2 + 2.670 \cdot 7{,}2}{1.830 + 2.670} = 5{,}09 \text{ g vap/kg aria secca}$$

Dalla Fig. 10.5 risulta: $t_{C'} \approx 12{,}5$°C; $\varphi_{C'} \approx 60\%$

La potenzialità termica della batteria di riscaldamento da installare risulta:

$Q_R = G_C \cdot (h_E - h_{C'}) = 4.500 \cdot (10{,}9 - 6{,}12) = 21.510$ kcal/h = 25,01 kW

essendo la portata d'aria da trattare in ingresso al condizionatore sempre pari a 4.500 kg/h. A parità del punto E, aumentando la portata G_B di aria prelevata dall'esterno alla temperatura t_B = - 5°C, il punto C si allontana dal punto A e quindi aumenta la potenza Q_R necessaria per il riscaldamento fino ad E' (cfr. Fig. 10.5) e inoltre il condizionatore UTA deve fornire una lieve umidificazione dell'aria per passare da E' ad E, con una trasformazione sostanzialmente ad h costante.

BIBLIOGRAFIA

/1/ C. PIZZETTI, "Condizionamento dell'aria e refrigerazione", Tamburini Editore, Milano, 1967.

/2/ A. PARESCHI, "Impianti Meccanici per l'Industria", Ed. Esculapio, Bologna, 2009

APPENDICE

Tabella 3.4 Radiazione solare attraverso il vetro semplice

45° kcal/h(m² di superficie della finestra misurata all'esterno del telaio). (¹) **45°**

(tratta da /1/)

45° latitudine nord		Ora solare													45° latitudine sud	
Mese e giorno	Esposizione	6	7	8	9	10	11	12	13	14	15	16	17	18	Esposizione	Mese e giorno
	N	***84***	43	32	35	38	38	38	38	38	35	32	43	82	N	
	NE	331	***349***	279	166	61	38	38	38	38	35	32	27	18	NE	
	E	359	**440**	439	376	255	115	38	38	38	35	32	27	18	E	
	SE	155	257	318	**333**	302	228	128	50	38	35	32	27	18	SE	
21 Giugno	S	18	27	37	78	139	177	**199**	177	139	78	37	27	18	S	22 Dicembre
	SO	18	27	32	35	38	50	128	229	302	**333**	318	257	155	SO	
	O	18	27	32	35	38	38	38	115	256	376	439	**440**	359	O	
	NO	18	27	32	35	38	38	38	38	61	166	279	***349***	331	NO	
	Orizzont.	101	227	362	477	551	605	***620***	605	551	477	362	227	101	Orizzont.	
	N	**61**	33	32	35	38	38	38	38	38	35	32	33	**61**	N	
	NE	298	**330**	259	149	55	38	38	38	38	35	32	27	14	NE	
23 Luglio	E	337	436	***443***	386	262	116	38	38	38	35	32	27	14	E	21 Gennaio
	SE	161	275	342	**363**	333	258	151	55	38	35	32	27	14	SE	
e	S	14	27	46	102	168	218	**237**	218	168	102	46	27	14	S	e
	SO	14	27	32	35	38	55	151	258	333	**363**	344	275	161	SO	
21 Maggio	O	14	27	32	35	38	38	38	116	262	386	***443***	436	337	O	21 Novembre
	NO	14	27	32	35	38	38	38	38	55	149	260	**330**	298	NO	
	Orizzont.	77	200	331	447	530	582	**601**	582	530	447	331	200	77	Orizzont.	
	N	20	21	28	33	**36**	**38**	**38**	**38**	36	33	28	21	20	N	
	NE	195	**265**	205	104	39	38	38	38	36	33	28	21	9	NE	
24 Agosto	E	240	395	**433**	387	269	122	38	38	36	33	28	21	9	E	20 Febbraio
	SE	136	292	382	**411**	396	324	210	87	36	33	28	21	9	SE	
e	S	9	23	81	167	262	307	**325**	307	262	167	81	23	9	S	e
	SO	9	21	28	33	36	87	210	324	396	**411**	382	292	136	SO	
20 Aprile	O	9	21	28	33	36	38	38	122	269	387	**433**	395	240	O	23 Ottobre
	NO	9	21	28	33	36	38	38	38	39	104	205	**265**	195	NO	
	Orizzont.	29	125	256	381	**467**	520	**541**	520	467	381	256	125	29	Orizzont.	
	N	0	11	22	29	33	33	**35**	33	33	29	22	11	0	N	
	NE	0	**147**	140	56	33	33	35	33	33	29	22	11	0	NE	
22 Settembre	E	0	295	**389**	364	260	119	35	33	33	29	22	11	0	E	22 Marzo
	SE	0	245	383	***439***	433	376	264	131	42	29	22	11	0	SE	
e	S	0	30	128	235	326	368	**403**	368	326	235	128	30	0	S	e
	SO	0	11	22	29	42	131	264	376	433	***439***	383	245	0	SO	
22 Marzo	O	0	11	22	29	33	33	35	119	260	364	**389**	295	0	O	22 Settembre
	NO	0	11	22	29	33	33	35	33	33	56	140	**147**	0	NO	
	Orizzont.	0	48	156	287	367	428	**448**	428	367	287	156	48	0	Orizzont.	

(¹) Tabella ottenuta per interpolazione tra i valori relativi a 40° e a 50°.

Numeri in neretto tondo = Valori massimi mensili

Numeri in neretto corsivo incasellati = valori massimi annuali.

Tabella 3.5 Fattori di correzione della radiazione solare attraverso il vetro con o senza schermi (*)

(Fattori da applicarsi ai valori della Tabella 3.4) (tratta da /1/)

Tipo di vetro	Senza schermi	Veneziana interna (1) (con lamelle orizzontali a 45°) o avvolgibile interna		
		chiara	media	scura
Vetro ordinario semplice	1	**0,56**	0,65	0,75
Vetro da 6 mm	0,94	**0,56**	0,65	0,74
Vetro assorbente (5)				
assorbente 40–48%	0,8	**0,56**	0,62	0,72
assorbente 48–56%	0,73	**0,53**	0,59	0,62
assorbente 56–70%	0,62	**0,51**	0,54	0,56
Vetro doppio				
Ordinario	0,90	**0,54**	0,61	0,67
Esterno: assorb. 48–56% / Interno: vetro ordinario	0,52	**0,36**	0,39	0,43
Vetro triplo ordinario	0,83	**0,48**	0,56	0,64
Vetro verniciato				
colore chiaro	0,28			
colore medio	0,39			
colore scuro	0,50			
Vetro istoriato				
ambra	0,70			
rosso scuro	0,56			
blu scuro	0,60			
verde scuro	0,32			
grigio-verde	0,46			
opalescente chiaro	0,43			
opalescente scuro	0,37			

Equazioni:

Entrata per radiazione solare senza schermi = (Dato di tabella 3.4) × (Fattore «senza schermi» di tabella 3.5).
Entrata per radiazione solare con schermo completamente abbassato = (Dato di tabella 3.4) × (Fattore appropriato di tabella 3.5).
Entrata per radiazione solare con schermo parzialmente abbassato = (Dato di tabella 3.4) × (frazione abbassata × Fattore appropriato di tabella 3.5) + (Dato di tabella 3.4) × (1 — frazione abbassata) × (Fattore «senza schermi» di tabella 3.5).

Note:

(1) Tendaggi, tapparelle, etc. si intendono ricoprire completamente la finestra ad eccezione delle avvolgibili. Per avvolgibili completamente abbassate, moltiplicare nel caso di colori chiari per 0,73, nel caso di colori medi per 0,95 e nel caso di colori scuri per 1,08.
(2) Con tende esterne aderenti ai lati e superiormente, moltiplicare il fattore di tabella 3.5 per 1,4.
(3) Lamelle in alluminio — Larghezza della lamella: 1,5 mm, numero delle lamelle: 17,5 per pollice.
(4) Lamelle in bronzo — Larghezza della lamella: 1,2 mm, numero delle lamelle: 17 per pollice.
(5) La maggior parte del vetro assorbente impiegato nel condizionamento di tipo civile ha un potere assorbente della radiazione solare compreso tra il 40% e il 56%. Nel caso di impianti industriali, è compreso tra il 56% e il 70%.

Tabella 3.8 Differenze di temperatura equivalenti Δt_e (°C) per calcolare le entrate di calore attraverso muri esposti al sole e muri in ombra [1].

(tratta da /1/)

Parete rivolta a	Peso del muro (kg/m²) [3]	Ora solare									
		6	7	8	9	10	11	12	13	14	15
Nord-Est	100	2,5	8,1	11,9	12,5	13,1	10,2	7,4	6,9	6,4	6,9
	300	−0,8	−1,4	−1,4	2,5	13,1	11,9	10,8	8,1	5,3	5,8
	500	1,9	1,3	1,9	1,9	1,9	5,3	8,5	8,1	7,4	6,4
	700	2,5	2,5	3	3	3	3	3	5,3	7,4	8,5
Est	100	0,2	9,2	16,4	18,1	19,7	19,2	17,4	10,8	6,4	6,9
	300	−0,8	−0,8	−0,3	11,3	16,4	16,9	16,9	10,2	7,4	6,9
	500	2,5	2,5	3	4,2	7,4	10,8	13,1	13,6	13,1	10,8
	700	5,8	5,3	5,3	4,7	4,2	4,7	5,3	8,1	9,7	10,2
Sud-Est	100	5,3	3	6,9	10,2	14,1	14,7	15,2	14,1	13,1	10,2
	300	0,2	0,2	−0,3	6,9	10,8	13,1	15,2	14,1	13,6	11,3
	500	3,6	3,6	3	3	3	5,8	8,5	9,2	9,7	10,2
	700	4,7	4,2	4,2	4,2	4,2	3,6	3	5,8	7,4	8,1
Sud	100	−0,8	−1,4	−2,5	0,2	1,9	7,4	11,9	14,7	16,4	15,2
	300	−0,8	−1,9	−2,5	−1,9	−1,4	3,6	6,4	10,8	13,1	13,6
	500	1,9	1,9	0,8	0,8	0,8	1,3	1,9	4,1	6,4	8,1
	700	3,6	3	3	2,5	1,9	1,9	1,9	1,9	1,9	3,6
Sud-Ovest	100	−1,4	−2,5	−2,5	−1,4	−0,3	1,9	3	10,2	14,1	18,6
	300	0,8	0,2	−0,3	−0,3	−0,3	0,2	0,8	4,2	6,4	13,1
	500	3,6	2,5	3	2,5	1,9	2,5	3	3,6	4,2	6,4
	700	4,2	4,2	4,2	4,2	4,2	3,6	3	3	3	3,6
Ovest	100	−1,4	−1,9	−2,5	−1,4	−0,3	1,3	3	7,4	10,8	17,5
	300	0,8	0,2	−0,3	−0,3	−0,3	0,8	1,9	3,6	5,3	10,2
	500	3,6	3,6	3	3	3	3	3	3,6	4,2	5,3
	700	6,4	5,8	5,3	4,7	4,2	4,2	4,2	4,7	5,3	5,3
Nord-Ovest	100	−1,9	−2,5	−2,5	−1,4	−0,3	1,3	3	5,3	6,4	10,2
	300	−1,4	−1,9	−2,5	−1,9	−1,4	−0,3	0,8	3	4,2	5,3
	500	2,5	1,9	1,9	1,9	1,9	1,9	1,9	1,9	1,9	2,5
	700	4,2	3,6	3	3	3	3	3	3	3	3
Nord (ombr.)	100	−1,9	−1,9	−2,5	−1,9	−1,4	0,2	1,9	4,2	5,3	6,4
	300	−1,9	−1,9	−2,5	1,9	1,4	0,8	−0,3	1,3	3	4,2
	500	0,2	0,2	−0,3	−0,3	−0,3	−0,3	−0,3	0,2	0,8	1,3
	700	0,2	0,2	−0,3	−0,3	−0,3	−0,3	−0,3	−0,3	−0,3	0,2

Equazione: Entrata di calore attraverso i muri: $q = kS\Delta t_e$ (cfr. (3.1)).

Per i valori di k, vedere il paragrafo 3.9 e la Tavola A-4 dell'Appendice.

[1] Tutti i valori sono validi sia per muri isolati che per muri non isolati.

Tabella 3.9 Differenze di temperatura equivalenti Δt_e (°C) per calcolare le entrate di calore attraverso tetti soleggiati e tetti in ombra (1)**, colore scuro.**

(tratta da /1/)

Tetto	Peso del tetto (kg/m²) (3)	Ora solare									
		6	7	8	9	10	11	12	13	14	15
Esposto al sole	50	-2,5	-3,6	-4,1	-3,1	-0,8	3,6	8,1	13,1	17,5	20,8
	100	-0,3	-0,8	-1,4	-0,8	0,8	4,7	8,5	12,5	16,4	19,7
	200	1,9	1,3	0,8	1,3	3	5,3	8,5	12,5	15,2	18,1
	300	4,7	4,2	3	3,6	4,2	5,8	8,5	11,9	14,7	16,9
	400	6,9	6,4	5,8	5,8	6,4	6,9	8,5	11,9	14,1	15,2
Ricoperto di acqua	100	-3,1	-1,4	-0,3	0,8	1,9	5,3	8,5	10,2	11,9	10,8
	200	-1,9	-1,4	-0,8	-0,8	-0,3	2,5	5,3	6,9	8,1	8,1
	300	-0,8	-1,4	-1,4	-1,4	-1,4	0,8	2,5	3,6	5,3	6,4
Irrorato di acqua	100	-2,5	-1,4	-0,3	0,8	1,9	4,2	6,4	8,1	9,7	9,2
	200	-1,4	-1,4	-0,8	-0,8	-0,3	0,8	2,5	4,7	6,9	7,4
	300	-0,8	-1,4	-1,4	-1,4	-1,4	-0,3	0,8	2,5	4,2	5,3
In ombra	100	-3,1	-3,1	-2,5	-1,4	-0,3	0,8	3	4,7	6,4	6,9
	200	-3,1	-3,1	-2,5	-1,9	-1,4	-0,3	0,8	2,5	4,2	5,3
	300	-1,9	-1,9	-1,4	-1,4	-1,4	-0,8	-0,3	0,8	1,9	3

Equazione: Entrata di calore attraverso il tetto: $q = kS\Delta t_e$ (cfr. (3.1)).

Per i valori di k, vedere il paragrafo 3.9 e la Tavola A-4 dell'Appendice.

(1) Nel caso in cui il sottotetto sia ventilato e il soffitto isolato, ridurre la differenza di temperatura equivalente del 25%. Per tetti inclinati, si usi l'area del tetto proiettata su un piano orizzontale.

(2) Per altre condizioni, riferirsi alle correzioni di cui a pagina 110, 111, 112 e 113.

(3) I pesi dei vari tipi di tetto sono riportati al paragrafo 3.9 e in Appendice (Tavola A.4).

Correzioni alle differenze di temperatura equivalenti delle tabelle 3.8 e 3.9 per condizioni diverse da quelle di riferimento.

1) Se la differenza tra la temperatura esterna di progettazione e la temperatura ambiente è maggiore o minore di 8 °C ovvero se l'escursione termica giornaliera è maggiore o minore di 11 °C, è necessario sommare le correzioni riportate nella tabellina a pagina 112 e 113.

ESERCIZIO 11

PROGETTO DI UN MAGAZZINO FRIGORIFERO PER LA CONSERVAZIONE DI DERRATE ALIMENTARI

11.1 Introduzione

Per la conservazione delle derrate alimentari in oggetto è sufficiente mantenere nell'ambiente di conservazione una temperatura pari a $t_i = 0°C$.
La quantità di prodotto da conservare è pari a M = 2.700 t. Si prevede l'uso di celle frigorifere di forma parallelepipeda aventi le seguenti dimensioni scelte in funzione della densità di stivaggio che si vuole realizzare:

- larghezza 10 m;
- lunghezza 15 m;
- altezza 6 m;
- volume cella $V_c = 10 \cdot 15 \cdot 6 = 900\ m^3$.

Si adotta una densità di stivaggio pari a d = 250 kg prodotto/m^3 cella.
Si ottiene un numero "n" di celle pari a 12 attraverso la relazione:

$$n = \frac{M}{d \cdot V_c} = \frac{2.700.000}{250 \cdot 900} = 12$$

La temperatura dell'ambiente esterno al magazzino, calcolata come media delle massime temperature stagionali negli ultimi 50 anni, sia pari a $T_e = 35°C$; per ragioni di maggiore sicurezza si assume una temperatura media nei corridoi esistenti fra le file di celle pari a $T_E = 30°C$. La planimetria del magazzino è riportata in Fig. 11.1. Da notare che le celle sono collocate verso nord e la sala delle lavorazioni, dove le derrate alimentari (frutta) vengono introdotte e classificate, è sul lato sud.

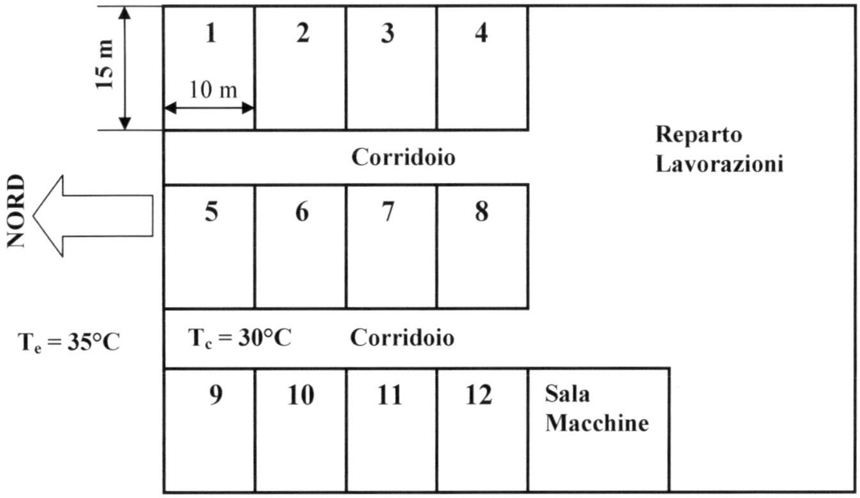

Fig. 11.1 – Planimetria del magazzino frigorifero

11.2 Determinazione del carico frigorifero della singola cella

Per il dimensionamento dell'evaporatore da collocare in ogni singola cella e da calcolare al carico massimo, è necessario innanzitutto procedere alla determinazione del carico frigorifero massimo della cella.
Pertanto nel calcolo delle rientrate termiche nella singola cella si suppone di porsi nelle condizioni peggiori e cioè che le celle adiacenti siano vuote e quindi in esse vi sia una temperatura di 25°C anziché di 0°C.
Nel seguito si calcolano in successione i singoli contributi di rientrate termiche nella generica cella, che contribuiscono al carico frigorifero globale della cella stessa.

11.2.1 Rientrate termiche attraverso pareti, copertura e pavimento della cella

Le rientrate termiche attraverso le pareti, la copertura (o soffitto) e il pavimento della cella sono calcolabili secondo la formula:

$$Q = K \cdot S \cdot \Delta t = K \cdot S \cdot (t_{est.} - t_i) \qquad (11.1)$$

nella quale:

- K (W/m^2 °C) è il coefficiente globale di scambio termico della generica parete piana delimitante la cella;
- S è la superficie della suddetta generica parete;
- t_i è la temperatura interna alla cella assunta pari a 0°C;
- $t_{est.}$ è la temperatura esterna alla parete della cella, che viene assunta pari a T_e = 35°C se la parete è adiacente all'ambiente esterno, a T_E = 30°C se la parete è adiacente ai corridoi o alla sala delle lavorazioni, a $T_{cella\ vuota}$ = 25°C se la parete è adiacente ad un'altra cella supposta vuota e non refrigerata.

Il coefficiente globale di scambio termico K è dato dalla relazione:

$$\frac{1}{K} = \frac{1}{\alpha_e} + \Sigma_j \frac{s_j}{\lambda_j} + \frac{1}{\alpha_i} \qquad (11.2)$$

nella quale α_i ed α_e sono i coefficienti di convezione all'interno e all'esterno della generica parete della cella e (j) è l'indice di numerosità degli strati di materiali costituenti la parete della cella. Nel caso in esame gli strati sono 4: muratura, barriera impermeabilizzata al vapore, strato isolante e supporto isolante (Fig. 11.1):

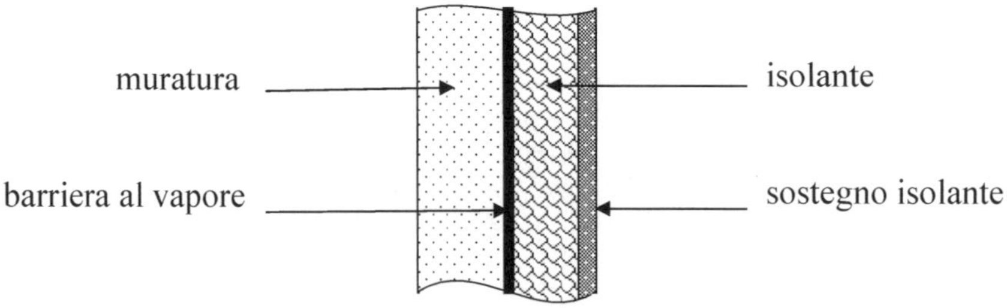

Fig. 11.2 – Sezione della parete isolata della cella

Si indica con s (mm) lo spessore dell'isolante costituito da poliuretano espanso avente conducibilità $\lambda_{is.} = 0{,}022$ kcal/m·h·°C = 0,0256 W/ m·°C.

Si trascura la resistenza termica di muratura, barriera al vapore e sostegno isolante, supponendo che la resistenza alle rientrate termiche sia offerta solo dall'isolante, il cui spessore risulterà così leggermente maggiorato e questo a favore della sicurezza.
In queste ipotesi la (11.2) si riduce a:

$$K = \lambda_{is}/s$$

Per fissato valore di s è quindi possibile ricavare K e attraverso la (11.1) determinare la potenza termica che rientra nella cella attraverso la generica parete.
E' tuttavia possibile operare in maniera inversa, come si fa nella pratica, fissando il flusso termico q in entrata, che si è disposti a tollerare, e determinando di conseguenza il valore di s:

$$q = Q/S = K \cdot \Delta T$$

$$s = \lambda_{is}/K = \lambda_{is} \cdot \Delta T/q$$

Fissando un valore massimo di q = 10 kcal/h·m^2 per pareti e soffitto, si ottiene la seguente espressione di s in funzione di ΔT:

$$s = 0{,}022 \cdot \Delta T/10 = 2{,}2 \cdot 10^{-3} \cdot \Delta T \qquad .(11\ 3)$$

Per quanto riguarda le pareti della cella a contatto con l'ambiente esterno è necessario prevedere delle maggiorazioni del ΔT per tenere conto della diversa esposizione come da successiva tabella:

Tab. 11.1 – Maggiorazioni di ΔT per esposizione

Esposizione	EST	SUD	OVEST	NORD	Copertura o soffitto
Maggiorazione (°C)	3	2	3	0	8
ΔT (°C)	38	37	38	35	43

Per quanto riguarda le pareti interne della cella confinanti con corridoi o reparto lavorazioni risulta: $\Delta T = (T_{corridoi} - t_i) - 30 - 0 = 30$ °C.

Per quanto riguarda le pareti interne della cella divisorie ovvero confinanti con altra cella vuota non refrigerata risulta: $\Delta T = (T_{cella\ vuota} - t_i) = 25 - 0 = 25$ °C.

Con le ipotesi fatte è possibile ora ricavare, tramite la relazione (11.3), gli spessori di isolante e scegliere i valori commerciali maggiorati come esposto nella successiva Tabella 11.2

Tab. 11.2 – Valori calcolati e commerciali degli spessori di isolante per le varie pareti della cella

Esposizione parete	ΔT (°C)	s (mm) valore calcolato	s (mm) valore commerciale
NORD	35	77,00	80
EST	38	83,6	100
SUD	37	81,4	100
OVEST	38	83,6	100
Pareti interne	30	66	65
Pareti divisorie	25	55	65
Soffitto o copertura	43	94,6	100

Per quanto riguarda l'isolamento termico del pavimento si preferisce usare, al posto del poliuretano, il polistirolo espanso (λ_{is} = 0.030 kcal/m·h·°C = 0,0349 W/ m·°C) per la sua migliore resistenza a compressione.
Per il pavimento si fissa un valore massimo del flusso termico pari a q = 6 kcal/h·m^2; si ottiene la seguente espressione di s in funzione di ΔT analoga alla (11.3):

$$s = 0{,}030 \cdot \Delta T/6 = 5 \cdot 10^{-3} \cdot \Delta T \quad (11.4)$$

Supponendo la temperatura media del terreno pari a 12°C (per cui ΔT = 12°C) si ottiene:

$$s = 0{,}030 \cdot \Delta T/6 = 5 \cdot 10^{-3} \cdot 12 = 60 \text{ mm.}$$

L'isolamento del pavimento viene eseguito con due strati di polistirolo dello spessore ciascuno di 30 mm costituiti da elementi sfalsati (cfr. figura sottostante) per non avere sovrapposizione delle giunzioni degli elementi stessi:

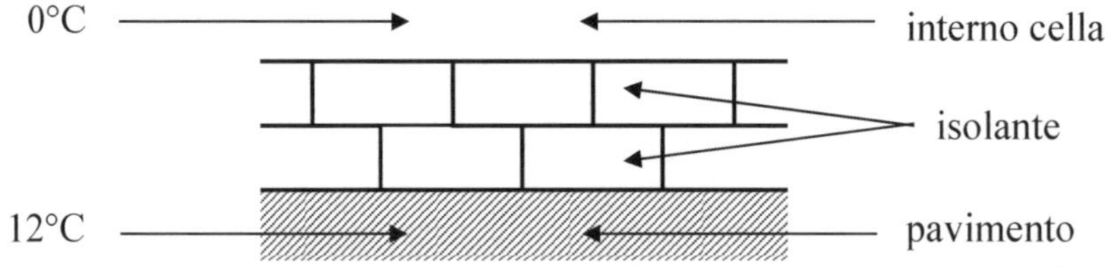

Gli spessori determinati permettono di contenere i flussi termici nei valori fissati. E' quindi agevole determinare la potenza termica Q_1 entrante nella cella moltiplicando l'area di ogni parete della cella per il relativo flusso termico prestabilito e sommando i 3 contributi dovuti rispettivamente alle pareti verticali, al pavimento e al soffitto secondo la formula seguente:

$Q_1 = q_{pareti} \cdot S_{pareti} + q_{soffitto} \cdot S_{soffitto} + q_{pavimento} \cdot S_{pavimento} =$
$= 10 \cdot (10 \cdot 6 + 15 \cdot 6) \cdot 2 + 10 \cdot (10 \cdot 15) + 6 \cdot (10 \cdot 15) = 5.400$ kcal/h = 6,279 kW.

Nelle 24 ore la potenza termica entrante nella cella e quindi da sottrarre vale:

$Q_1 = 5.400 \cdot 24 = 129.600$ kcal/giorno = 150,7 kWh/giorno.

11.2.2 Rientrate termiche nella cella per aria di ricambio.

Vale la seguente espressione per la potenza termica Q_2 che rientra nella cella a seguito dei ricambi d'aria al giorno :

$$Q_2 = N \cdot V_c \cdot \rho_{aria} \cdot \Delta h_{aria} \qquad (11.5)$$

in cui:

- N numero dei ricambi al giorno;
- V_c volume della cella e quindi di un ricambio;
- ρ_{aria} densità dell'aria pari circa a 1,2 kg/m^3 in condizioni normali;
- Δh_{aria} variazione di entalpia di un kg di aria nel passaggio dalle condizioni ambientali esterne a quelle interne alla cella supposta a regime.

Si individuano i due stati fisici all'esterno e all'interno della cella:

- (esterno) $T_E = 30°C$ e $\varphi_E = 65\%$;
- (interno) $t_i = 0°C$ e $\varphi_i = 85\%$.

Dal diagramma (h,x) dell'aria umida (Fig. 11.3) si ricava:

- $h_E = 18$ kcal/kg;
- $h_i = 2$ kcal/kg.
- Segue: $\Delta h_{aria} = h_E - h_i = (18 - 2)$ kcal/kg = 16 kcal/kg.

Supponendo che vi sia un solo ricambio al giorno si ottiene dalla (11.5):

$Q_2 = 1 \cdot 900 \cdot 1,2 \cdot 16 = 17.280$ kcal/giorno

ovvero: $Q_2 = (17.280/24)$ kcal/h = 720 kcal /h = 0,837 kW.

11.2.3 Raffreddamento del prodotto

Per valutare la potenza termica $Q_{Raff.}$ da sottrarre alla cella per il raffreddamento del prodotto vale la seguente espressione:

$$Q_{Raff.} = G \cdot c_p \cdot (T_E - t_i) \qquad (11.6)$$

in cui:

- G è la portata giornaliera di prodotto (in t/giorno) introdotta nella cella alla temperatura $T_E = 30$ °C;
- c_p è il calore specifico del prodotto da conservare pari a 0,9 kcal/kg · °C;
- $t_i = 0$ °C è la temperatura da conservare all'interno della cella.

La capacità massima di stivaggio di una cella vale:

M' = M/12 = 2.700/12 = 225 t.

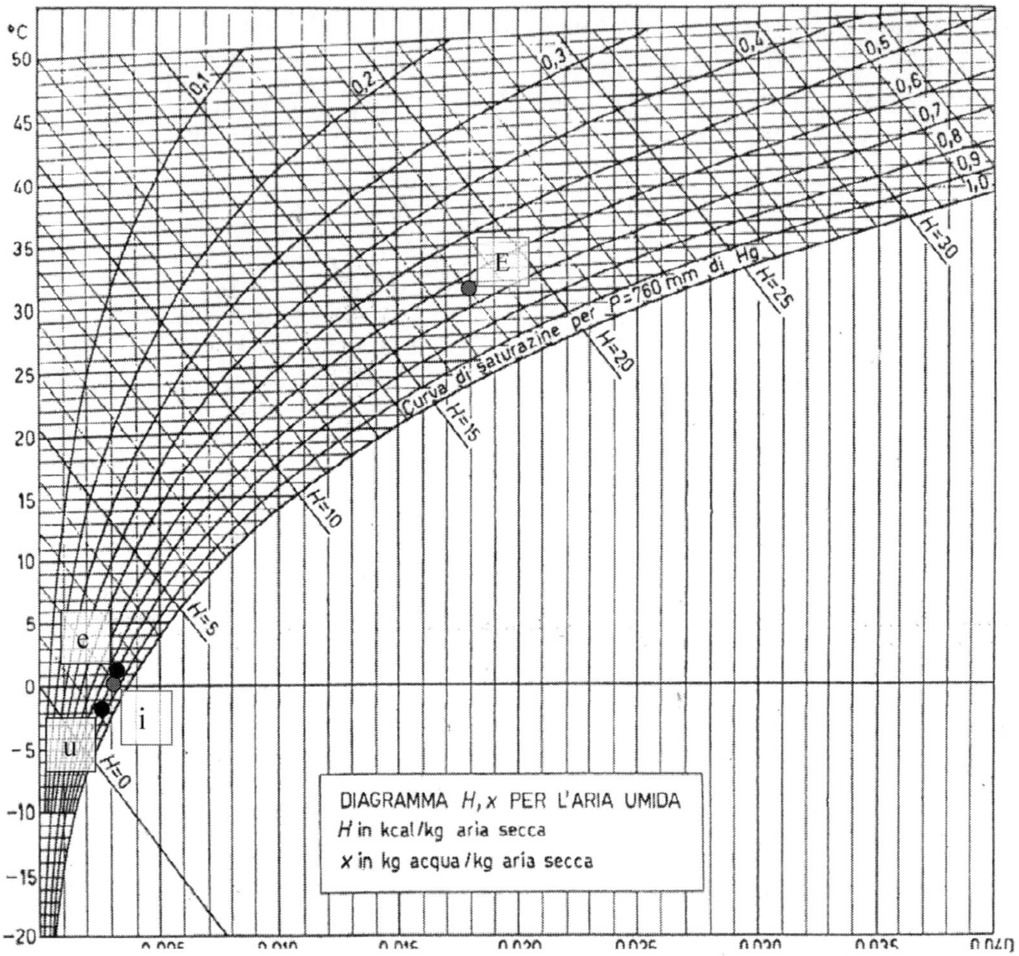

Fig. 11.3 – Diagramma psicrometrico di Mollier per l'aria umida con evidenziati i punti (E), (i), (e), (u)

Supponendo che ogni giorno vi sia un ricambio di prodotto (ortofrutticoli) pari al 12% della capacità massima di stivaggio, si ottiene:

$$G = 225 \cdot 0{,}12 = 27 \text{ t/giorno}$$

Si ottiene quindi secondo la (11.6):

$$Q_{Raff.} = 27.000 \cdot 0{,}9 \cdot (30 - 0) = 729.000 \text{ kcal/giorno} = 847{,}67 \text{ kWh/giorno}$$

ovvero: $Q_{Raff.} = (729.000/24)\ \text{kcal/h} = 30.375\ \text{kcal/h} = 35{,}32\ \text{kW}$

11.2.4 Calore di respirazione del prodotto.

Per valutare la potenza termica $Q_{Resp.}$ da sottrarre alla cella per compensare il calore di respirazione del prodotto vale la seguente espressione:

$$Q_{Resp.} = q_{resp.} \cdot M' \qquad (11.7)$$

in cui:

- M' è la massima capacità di stivaggio della cella in tonnellate di prodotto;
- $q_{resp.}$ è il calore di respirazione al giorno per tonnellata di prodotto da assumere pari a 250 kcal/t · giorno, secondo le indicazioni dei manuali tecnici di settore.

Si ottiene quindi secondo la (11.7):

$$Q_{Resp.} = q_{resp.} \cdot M' = 250 \cdot 225 = 56.250 \text{ kcal/giorno} = 65{,}41 \text{ kWh/giorno}$$

ovvero: $Q_{Resp.} = (56.250/24)$ kcal/h = 2.344 kcal/h = 2,72 kW

11.2.5 Calore introdotto dalle luci

Per valutare la potenza termica Q_{Luci} da sottrarre alla cella per compensare il calore introdotto dalle luci vale la seguente espressione:

$$Q_{Luci} = W_m \cdot H \cdot S \qquad (11.8)$$

in cui:

- W_m (W/m^2) è la potenza media installata per m^2 di pavimento;
- H (h/giorno) è il numero medio di ore di funzionamento al giorno;
- S (m^2) è la superficie del pavimento della cella pari a 150 m^2.

Il valore W_m della emissione media delle lampade a soffitto nella cella dipende dalla potenza elettrica delle lampade stesse. Con riferimento alle situazioni più comuni si può assumere $W_m \approx 10$ W/m^2. Si assume inoltre H = 8 h/giorno. Si ottiene quindi secondo la (11.8):

$$Q_{Luci} = 10 \cdot 8 \cdot 150 = 12.000 \text{ W·h/giorno} = 12 \text{ kWh/giorno} = 10.320 \text{ kcal/g}$$

ovvero: $Q_{Luci} = (10.320/24)$ kcal/h = 430 kcal/h = 0,5 kW.

11.2.6 Calore introdotto dal personale

Per valutare la potenza termica $Q_{Pers.}$ da sottrarre alla cella per compensare il calore introdotto dal personale che opera nella cella vale la seguente espressione:

$$Q_{Pers.} = q_{Pers.} \cdot H \cdot n \qquad (11.9)$$

in cui:

- $q_{Pers.}$ è la potenza termica media introdotta da una persona pari a circa 240 (kcal/h·persona);
- H (h/g) è il numero medio di ore di funzionamento al giorno posto pari a 8;
- n è il numero medio di persone impegnate al giorno nella cella assunto pari a 3.

Si ottiene quindi secondo la (11.9):

$$Q_{Pers.} = q_{Pers.} \cdot H \cdot n = 240 \cdot 8 \cdot 3 = 5.760 \text{ kcal/giorno} = 6{,}70 \text{ kWh/giorno}$$

ovvero: $Q_{Pers.} = (5.760/24)$ kcal/h = 240 kcal/h = 0,279 kW.

11.2.7 Calore introdotto dall'elettroventilatore

Per valutare la potenza termica $Q_{Vent.}$ da sottrarre alla cella per compensare il calore introdotto dall'elettroventilatore è necessario conoscere la potenza elettrica del ventilatore in quanto si pone per semplicità e per sicurezza che tutta la potenza elettrica di trasformi in potenza termica scaricata nella cella.

Ma la potenza elettrica dell'elettroventilatore dipende dalla portata di aria V_a da far circolare sul fascio dei tubi evaporatori, che a sua volta è funzione del carico termico globale, cui peraltro contribuisce l'elettroventilatore stesso.

Si procede quindi fissando di tentativo una quota di carico termico imputabile all'elettroventilatore pari al 10% del carico termico globale Q^*_{tot}, somma delle voci fin qui calcolate, secondo la seguente espressione:

$$Q_{Vent.} = 0{,}10 \cdot Q^*_{tot} = 0{,}10 \cdot (Q_1 + Q_2 + Q_{Raff.} + Q_{Resp.} + Q_{Luci} + Q_{Pers.}) =$$

$$= 0{,}10 \cdot (129.600 + 17.280 + 729.000 + 56.250 + 10.320 + 5.760) =$$

$$= 0{,}10 \cdot 948.210 = 94.821 \text{ kcal/giorno} = 110{,}26 \text{ kWh/giorno} \qquad (11.10)$$

ovvero: $$Q_{Vent.} = (94.821/24) \text{ kcal/h} = 3.950{,}9 \text{ kcal/h} = 4{,}594 \text{ kW}. \qquad (11.10 \text{ bis})$$

Il carico termico globale Q_{tot} (in kcal/giorno) risulta uguale a:

$Q_{tot} = Q^*_{tot} + Q_{Vent.} = 948.210 + 94.821 = 1.043.031$ kcal/g = 1.212,83 kWh/g

Il carico termico globale Q_{tot} (in kcal/h) risulta quindi uguale a:

$Q_{tot} = (1.043.031/24)$ kcal/h = 43.459,6 kcal/h = 50,53 kW

In realtà l'elettroventilatore nell'arco delle 24 ore rimane fermo per 2 ore per consentire lo sbrinamento delle serpentine di scambio: tale provvedimento è necessario altrimenti le serpentine di coprono di ghiaccio per la presenza di inevitabile umidità all'interno della cella e lo scambio termico viene in parte compromesso.

Le ore di funzionamento sono quindi 22.

Conseguentemente il carico termico globale di riferimento $Q_{tot,\ rif.}$ (in kcal/h) vale:

$Q_{tot,\ rif.} = (Q_{tot}/\ 22)$ kcal/h = (1.043.031/22) kcal/g = 47.410,5 kcal/h = 55,13 kW.

Si procede ora al calcolo della portata di aria necessaria per asportare tramite le serpentine fredde dell'aero-refrigerante la potenza termica $Q_{tot,\ rif.}$ dalla cella.

Lo scambio termico avviene tra il fluido frigorifero (ammoniaca NH_3) e l'aria della cella.

Si suppone che il fluido frigorifero sia alla temperatura di evaporazione di -8°C e che il termostato ambiente sia impostato per regolare la temperatura dell'aria nella cella fra -2°C e +1°C.

Nella Fig. 11.4 si riporta il diagramma di scambio:

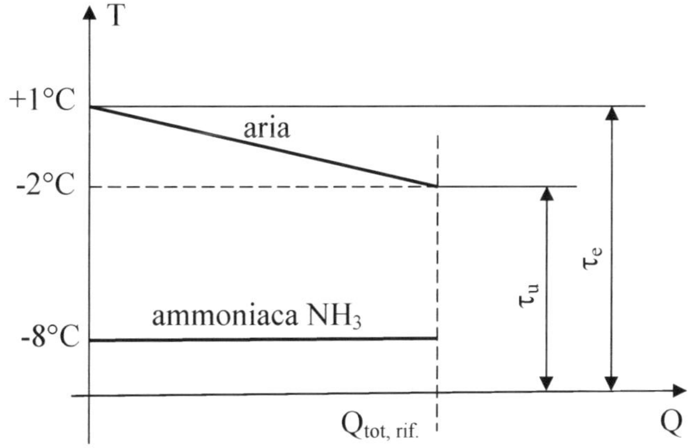

Fig. 11.4 – Diagramma di scambio dell'aero-refrigerante della cella

La potenza termica $Q_{tot,\ rif.}$ da sottrarre alla cella è legata alla portata di aria V_a dal seguente bilancio termico:

$$Q_{tot,\ rif.} = V_a \cdot \rho_a \cdot (h_1 - h_2) \qquad (11.11)$$

in cui:

- V_a è la portata di aria che attraversa la batteria di scambio spinta dall'elettroventilatore;
- ρ_a è la densità dell'aria pari a 1,29 kg/m^3 alle temperature in gioco;
- h_e ed h_u sono le entalpie dell'aria all'entrata (stato fisico **e**) e all'uscita (stato fisico **u**) della batteria di scambio.

Gli stati fisici (e) ed (u) hanno i seguenti valori di temperatura e umidità relativa:

- $t_e = +1°C$ e $\varphi_e = 80\%$;
- $t_u = -2°C$ e $\varphi_u = 85\%$.

Dal diagramma (h,x) dell'aria umida (Fig. 11.3) si ricava:

- $h_e = 2{,}2$ kcal/kg;
- $h_u = 1{,}1$ kcal/kg.
- Segue: $h_e - h_u = (2{,}1 - 1{,}1)$ kcal/kg = 1 kcal/kg.

Applicando la (11.11) si ricava:

$$V_a = \frac{Q_{tot,rif.}}{\rho_a \cdot (h_e - h_u)} = \frac{47.410{,}5}{1{,}29 \cdot 1} = 36.752 \text{ m}^3\text{/h} = 10{,}21 \text{ m}^3\text{/s}.$$

·E' possibile determinare la potenza dell'elettroventilatore tramite la formula:

$$P_{kW} = \frac{V_a \cdot \Delta p}{\eta_v} = \frac{10{,}21 \cdot 196{,}2}{10^3 \cdot 0{,}5} = 4{,}01 \text{ kW}$$

in cui:

- V_a è la portata di aria in (m^3/s);
- Δp, sovrapressione conferita dal ventilatore all'aria per la sua circolazione nella cella e attraverso la batteria di scambio, assunta uguale a 20 mm H_2O equivalenti a 20 kp/m^2 ovvero a 196,2 N/m^2 (o Pa);
- η_v, rendimento totale dell'elettroventilatore, posto uguale a 0,5.

La potenza determinata di 4,01 kW è inferiore del 12,8% a quella di tentativo pari 4,59 kW ipotizzata con la relazione (11.10 bis). A questo punto si può proseguire accettando l'approssimazione o ripetere i calcoli con il nuovo valore di P_{kW}.

Si ripete il calcolo utilizzando per $Q_{Vent.}$ non più il valore 4,594 kW dato dalla (11.10 bis) ma il nuovo valore 4,01 kW.
Il carico termico globale Q_{tot} (in kcal/h) risulta quindi uguale a:

$$Q_{tot} = [(948.210/24) + 4{,}01 \cdot 860] \text{ kcal/h} = \\ = (39.508{,}75 + 3.448{,}6) \text{ kcal/h} = 42.957 \text{ kcal/h} = 49{,}95 \text{ kW}$$

Conseguentemente il carico termico globale di riferimento $Q_{tot,\ rif.}$ (in kcal/h) vale:

$$Q_{tot,\ rif.} = [42.957 \cdot (24/22)] \text{ kcal/g} = 46.862 \text{ kcal/h} = 54{,}49 \text{ kW}.$$

La portata di aria V_a vale:

$$V_a = \frac{Q_{tot,rif.}}{\rho_a \cdot (he - hu)} = \frac{46.862}{1{,}29 \cdot 1} = 36.327 \text{ m}^3\text{/h} = 10{,}09 \text{ m}^3\text{/s}.$$

La potenza dell'elettroventilatore vale:

$$P_{kW} = \frac{V_a \cdot \Delta p}{\eta_v} = \frac{10{,}09 \cdot 196{,}2}{10^3 \cdot 0{,}5} = 3{,}96 \text{ kW}$$

La potenza determinata di 3,96 kW è inferiore dell'1,25% rispetto a quella calcolata precedentemente pari 4,01 kW.

Iterando il calcolo una terza volta si ottiene:

$$Q_{tot} = [(948.210/24) + 3{,}96 \cdot 860] \text{ kcal/h} = \\ = (39.508{,}75 + 3.405{,}6) \text{ kcal/h} = 42.914 \text{ kcal/h} = 49{,}90 \text{ kW}$$

$$Q_{tot,\ rif.} = [42.914 \cdot (24/22)] \text{ kcal/g} = 46.816 \text{ kcal/h} = 54{,}44 \text{ kW}.$$

$$V_a = \frac{Q_{tot,rif.}}{\rho_a \cdot (h_e - h_u)} = \frac{46.816}{1{,}29 \cdot 1} = 36.291 \text{ m}^3\text{/h} = 10{,}08 \text{ m}^3\text{/s}.$$

$$P_{kW} = \frac{V_a \cdot \Delta p}{\eta_v} = \frac{10{,}08 \cdot 196{,}2}{10^3 \cdot 0{,}5} = 3{,}956 \text{ kW}$$

La potenza determinata di 3,956 kW è inferiore dello 0,1% rispetto a quella del calcolo precedente pari a 3,96 kW. A questo punto si può proseguire il progetto accettando P_{kW} =3,956 kW stante l'ottima approssimazione ottenuta.

11.2.8 Calcolo della superficie di scambio dell'aerorefrigerante

Vale la seguente relazione:

$$Q_{tot,\ rif.} = K \cdot S \cdot \tau_m \tag{11.12}$$

in cui:

- S è la superficie di scambio incognita dell'aerorefrigerante;
- K è il coefficiente globale di scambio termico posto uguale a 22 $kcal/m^2 \cdot h \cdot °C$;
- τ_m è il salto medio logaritmico fra le temperature del diagramma di Fig. 11.4.

Si ha: $\tau_m = (\tau_e - \tau_u)/\ln(\tau_e/\tau_u) = (9-6)/\ln(9/6) = 3/\ln(1,5) = 7,4$ °C.

Si ottiene: $S = Q_{tot,\ rif.} /K \cdot \tau_m = 46.816/22 \cdot 7,4 = 288\ m^2$.

11.3 Calcolo della potenza frigorifera complessiva dell'impianto da installare in sala macchine

Dalla planimetria complessiva (Fig. 11.1) si osserva che le 12 celle sono suddivise in 3 gruppi, ciascuno costituito di 4 celle. In precedenza, nel calcolo iniziale, si era considerata ogni cella singolarmente distinta dalle celle adiacenti, supposte a loro volta scariche di prodotto e quindi alla temperatura media $T_{cella\ vuota}$ = 25°C. Questo approccio è stato necessario per poter calcolare la potenzialità dell'aero-refrigerante, il valore della superficie di scambio e la portata di aria nelle condizioni più gravose di massimo carico frigorifero della singola cella. Ma ora nel calcolo del massimo carico frigorifero dell'intero impianto si terrà conto delle condizioni medie di effettivo funzionamento del magazzino, in quanto in una giornata soltanto il 50÷60% delle celle sarà interessato da operazioni di caricamento prodotto.

Si elencano i seguenti dati noti o deducibili da dati noti o già calcolati:

- Superficie delle pareti dei 3 gruppi di 4 celle frigorifere:
  $(40 \cdot 6 + 15 \cdot 6) \cdot 2 \cdot 3 = 1.980\ m^2$;
  flusso termico massimo pareti: 10 $kcal/m^2 \cdot h$;
- Superficie soffitto: $3 \cdot 15 \cdot 40 = 1.800\ m^2$;
  flusso termico massimo soffitto: 10 $kcal/m^2 \cdot h$;
- Superficie pavimento: $3 \cdot 15 \cdot 40 = 1.800\ m^2$;
  flusso termico massimo pavimento: 6 $kcal/m^2 \cdot h$.

E' possibile calcolare le rientrate termiche attraverso le pareti:

$$Q_1 = 1.980 \cdot 10 + 1800 \cdot 10 + 1800 \cdot 6 = 48.600 \text{ kcal/h}.$$

Per quanto riguarda le rientrate termiche per i ricambi d'aria, il valore calcolato per la singola cella va moltiplicato per il numero delle celle:

$$Q_2 = 720 \cdot 12 = 8.640 \text{ kcal/h}.$$

Per quanto riguarda l'apporto dei prodotti stivati si ha che la potenzialità massima di stivaggio della singola cella è pari a G = 27 t/g. Però non tutte le celle sono sottoposte ad un simile caricamento; si può affermare che solo il 50÷60 % delle celle viene caricato in tale misura in un giorno. Pertanto la quantità massima di prodotto, che viene stivata nel magazzino al giorno, è data da:

$$G_{tot} = 27 \cdot 0{,}55 \cdot 12 \approx 180 \text{ t/g} = 7{,}5 \text{ t/h}$$

Essendo la temperatura di entrata del prodotto pari a T_E = 30°C e il suo calore specifico pari a 0,9 kcal/kg·°C, si ha che la potenza termica introdotta dal prodotto vale:

$$Q_3 = G_{tot} \cdot c_p \cdot (T_E - t_i) = 7{,}5 \cdot 0{,}9 \cdot (30 - 0) \cdot 10^3 = 202.500 \text{ kcal/h}$$

Anche per quanto riguarda la potenza termica introdotta dalla respirazione del prodotto, si moltiplica il valore calcolato per una singola cella per il numero di celle:

$$Q_4 = 2.344 \cdot 12 = 28.128 \text{ kcal/h}$$

Per quanto riguarda la potenza termica introdotta dalle luci, è necessario moltiplicare il valore determinato per una singola cella pari a 430 kcal/h per il numero di celle effettivamente interessate al carico, che è pari mediamente al 55% delle 12 celle:

$$Q_5 = 430 \cdot 0{,}55 \cdot 12 = 2.838 \text{ kcal/h}$$

Anche per quanto riguarda la potenza termica introdotta dal personale che opera nelle celle, è necessario moltiplicare il valore determinato per una singola cella pari a 240 kcal/h per il numero di celle effettivamente interessate al carico, che è pari mediamente al 55% delle 12 celle: $Q_6 = 240 \cdot 0{,}55 \cdot 12 = 1.584$ kcal/h

La somma dei 6 contributi alla potenza termica introdotta vale:

$$Q^*_{tot} = \sum_{i=1}^{6} Q_i = 48.600 + 8.640 + 202.500 + 28.128 + 2.838 + 1.584 = 292.290 \text{ kcal/h}$$

Si assume come fatto in precedenza: $Q_{Vent.} = 0{,}10 \cdot Q^*_{tot} = 29.229$ kcal/h

Si ottiene infine la potenza termica globale introdotta nel magazzino che deve essere sottratta dall'impianto frigorifero:

$$Q_{tot.} = Q^*_{tot} + Q_{Vent.} = 292.290 + 29.229 = 321.519 \text{ kcal/h} \approx 322.000 \text{ kcal/h}$$

Arrotondando si assume una potenza frigorifera totale dell'impianto frigorifero pari a **322.000 kcal/h = 374,4 kW**

11.4 Scelta del ciclo frigorifero e dimensionamento dei compressori

Si utilizza come fluido frigorifero l'ammoniaca (NH_3), il cui impiego è molto frequente negli impianti frigoriferi. Si scelgono le seguenti temperature:

- $T_{vap.}$ = - 10°C temperatura di evaporazione; tale valore, piuttosto basso rispetto alla temperatura della cella t_i = 0°C, consente un efficace scambio termico con il serpentino dell'aero-refrigerante; infatti in precedenza la superficie di tale serpentino è stata calcolata con temperatura del fluido frigorifero pari a -8°C (cfr. Fig. 11.4), supponendo di avere un incremento di temperatura di 2°C nei condotti dal separatore di vapore all'ingresso nell'aero-refrigerante;
- $T_{cond.}$ = + 30°C temperatura di condensazione; tale valore consente di avere un salto di temperatura di almeno 5°C con l'acqua in uscita dal condensatore, che ha come massimo valore ammissibile 25°C.

In Fig. 11.5 è riportato, sul diagramma (ln p, h), il ciclo frigorifero ad uno stadio di compressione. Le unità di misura sono quelle del Sistema Internazionale.

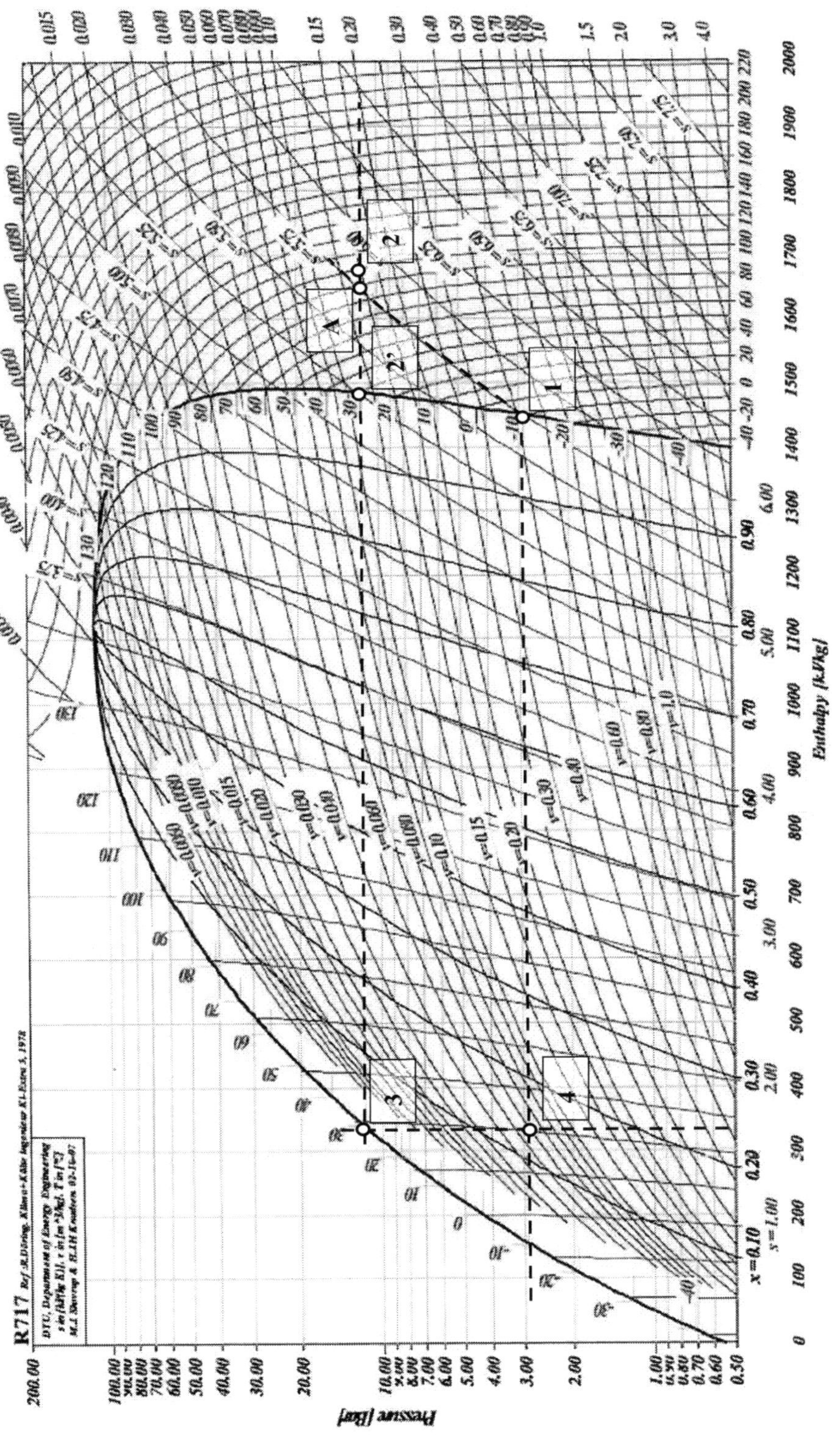

Fig. 11.5 - Diagramma di stato (ln p, h) dell'ammoniaca NH_3 con rappresentazione del ciclo frigorifero ad uno stadio di compressione (unità di misura del Sistema Internazionale).

I valori delle pressioni $p_{vap.}$ e $p_{cond.}$ corrispondenti a $T_{vap.}$ = - 10°C e $T_{cond.}$ = + 30°C sono rispettivamente 2,9 bar e 12 bar.

I valori dell'entalpia degli stati fisici caratteristici del ciclo frigorifero sono:

- h_1 = 1448 kJ/kg (stato fisico 1 di inizio compressione);
- h_A = 1648 kJ/kg (stato fisico A di fine compressione isentropica);
- h_3 = 335 kJ/kg (stato fisico 3 di fine condensazione);
- $h_4 = h_3$ = 335 kJ/kg (stato fisico 4 dopo laminazione isoentalpica).

Lo stato fisico 2 di fine compressione reale è deducibile dalla definizione di η_{is} rendimento rispetto all'isentropica assunto uguale a 0,86:

$$\eta_{is} = \frac{h_A - h_1}{h_2 - h_1} = 0,86$$

$$h_2 = h_1 + \frac{h_A - h_1}{\eta_{is}} = 1448 + \frac{1648 - 1448}{0,86} = 1.681 \text{ kJ/h.}$$

Dal bilancio degli aero-refrigeranti è possibile dedurre la portata di ammoniaca G_{NH3}:

$Q_{tot.} = G_{NH3} \cdot (h_1 - h_4)$

$G_{NH3} = Q_{tot.}/(h_1 - h_4) = 374,4/(1448 – 335) = 0,3364$ kg/s = 1.211 kg/h.

E'possibile dedurre la potenza assorbita dal compressore tramite la seguente relazione in cui il rendimento meccanico del compressore η_m è assunto per prudenza pari a 0,75:

$P_{comp.} = G_{NH3} \cdot (h_2 – h_1)/\eta_m = 0,3364 \cdot (1681 – 1448)/0,75 = 104,5$ kW = 89.874 kcal/h .

Si procede alla scelta di due compressori centrifughi da 53 kW ciascuno.

11.5 Dimensionamento del condensatore

La potenza termica da sottrarre nel condensatore per il de-surriscaldamento e la condensazione dell'ammoniaca vale:

$Q_{cond.} = G_{NH3} \cdot (h_2 – h_3) = 0,3364 \cdot (1681 – 335) = 452,8$ kW = 389.403 kcal/h

La portata d'acqua necessaria al condensatore è deducibile dal seguente bilancio:

$Q_{cond.} = G_{acqua} \cdot c_a \cdot \Delta t$

in cui $\Delta t = (t_u – t_e) = (25 – 15)$ °C= 10°C è il salto di temperatura applicato all'acqua fra entrata e uscita dal condensatore.

Si ottiene: $G_{acqua} = Q_{cond.} / c_a \cdot \Delta t = 389.403 / 1 \cdot 10 = 38.940$ kg/h.

E' possibile semplificare il diagramma di scambio termico acqua-ammoniaca del condensatore trascurando il tratto 2-2' di de-surriscaldamento, in quanto la potenza termica scambiata in questa parte del fascio tubiero è trascurabile rispetto all'intera $Q_{cond.}$. Infatti il coefficiente di convezione del vapore surriscaldato di ammoniaca è di due ordini di grandezza inferiore al coefficiente di convezione del vapore saturo di ammoniaca. Con questa ipotesi, che provoca un lieve sovradimensionamento del condensatore, si ottiene un diagramma di scambio semplificato (Fig. 11.6) in cui la temperatura dell'acqua sale da +15°C a +25°C e la temperatura dell'ammoniaca condensante si mantiene a +30°C.

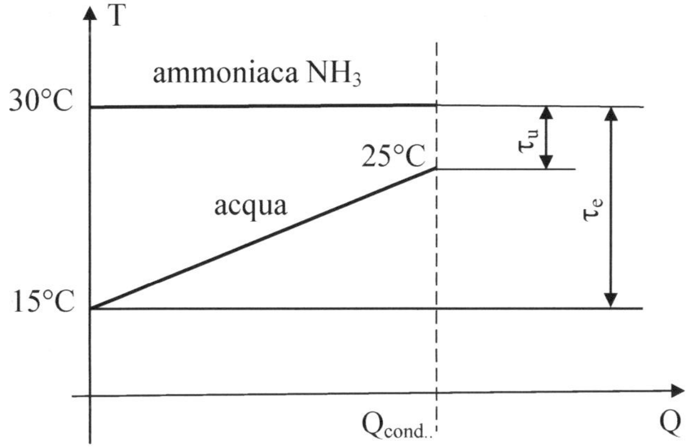

Fig. 11.6 – Diagramma di scambio del condensatore

Vale la seguente relazione:

$$Q_{cond.} = K \cdot S \cdot \tau_m \qquad (11.13)$$

in cui:

- S è la superficie di scambio incognita del condensatore;
- K è il coefficiente globale di scambio termico posto pari a 845 kcal/m^2·h·°C nell'ipotesi che la velocità media dell'acqua nei tubi sia pari a 2 m/s;
- τ_m è il salto medio logaritmico fra le temperature del diagramma di Fig. 11.6.

Si ha: $\tau_m = (\tau_e - \tau_u)/\ln(\tau_e/\tau_u) = (15 - 5)/\ln(15/5) = 10/\ln(3) = 9{,}1$ °C.

Si ottiene: $S = Q_{cond.} / K \cdot \tau_m = 389.403 / 845 \cdot 9{,}1 = 50{,}64 \text{ m}^2 \approx 51 \text{ m}^2$

Il coefficiente di effetto utile dell'impianto frigorifero dimensionato vale:

$\eta_u = Q_{tot}/P_{comp.} = 374{,}4 \text{ kW}/104{,}5 \text{ kW} = 3{,}58$.

ESERCIZIO 12

PROTEZIONE DI UNA CONDOTTA DALLO STILLICIDIO

12.1 Introduzione

Una condotta da 3" (pollici), con diametro interno pari a 80 mm e diametro esterno pari a 88 mm, percorsa internamente da un fluido freddo in fase evaporativa a 0°C, si trova in un ambiente chiuso a temperatura t_a = 25°C ed umidità relativa φ = 70%.
Si chiede quale risulti lo spessore di isolante necessario per evitare lo stillicidio.
Si prevede l'utilizzo di un isolante avente conducibilità λ = 0,05 W/m·°K; si suppone inoltre che il coefficiente di convezione termica alla pellicola esterna dell'isolante, comprensivo del contributo dell'irraggiamento, risulti pari ad α = 5 W/m^2·°K.

12.2 Determinazione dello spessore di isolante che impedisce lo stillicidio

Si riporta nella seguente Fig. 12.1 la sezione della tubazione isolata con le principali dimensioni e temperature (t_a temperatura ambiente, t_e temperatura alla pellicola esterna dell'isolante, t_i temperatura del fluido all'interno della tubazione):

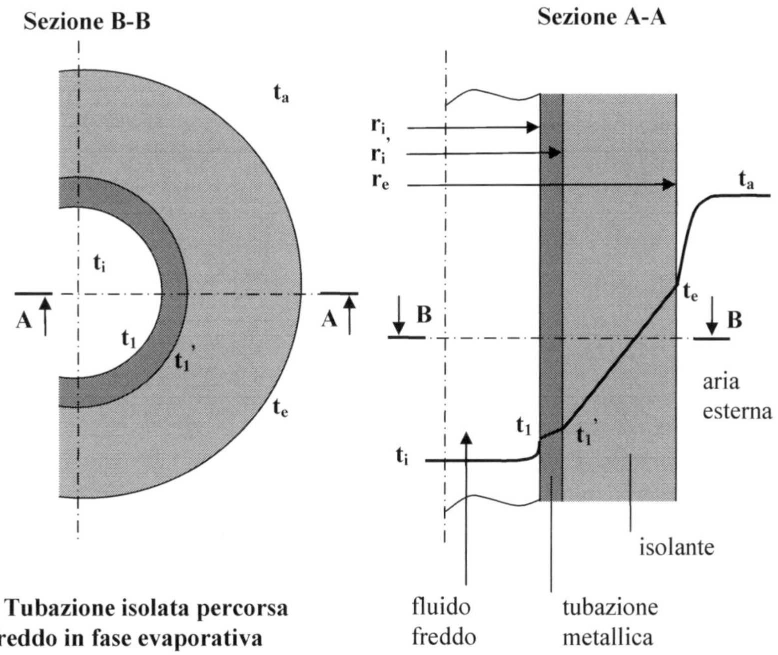

Fig. 12.1 - Tubazione isolata percorsa da fluido freddo in fase evaporativa

Nella successiva Fig. 12.2 si riporta la situazione qualitativa delle temperature sul diagramma di Mollier dell'aria umida. Essendo t_r la temperatura di rugiada (pari nel caso in esame a circa 18,8°C, cfr. Fig. 12.3, Punto R), si vede che se l'aria a contatto con la tubazione è a temperatura $t_e > t_r$ non si ha separazione di gocce di liquido, mentre al contrario se l'aria a contatto con la tubazione è a temperatura $t_{e'} < t_r$ si ha separazione di liquido nella misura Δx con danneggiamento dell'isolante.

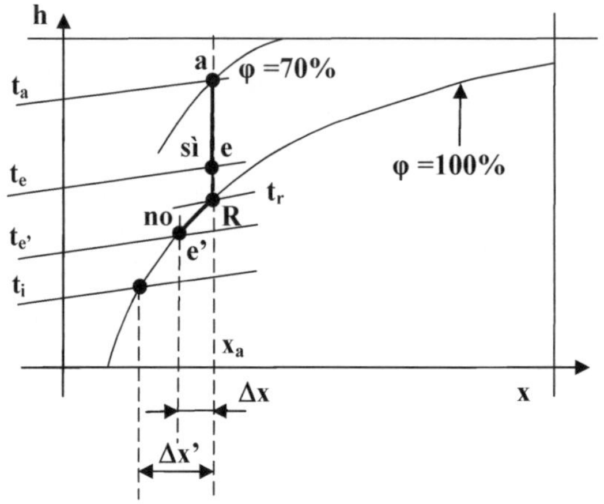

Deve risultare **$t_e > t_r$ temperatura di rugiada** per non avere separazione di condensa (cfr. **Δx**) con degrado delle proprietà dell'isolante.

Fig. 12.2 – Pericolo di separazione di condensa alla pellicola esterna dell'isolante o del tubo non isolato

Nel caso limite, in cui non ci sia spessore di isolante, la temperatura t_e è di poco superiore alla t_i perché le cadute di temperatura nel metallo e nello strato limite convettivo interno lato vapore sono assai piccole, perché assai piccole sono le corrispondenti resistenze termiche (il metallo ha elevata conducibilità e il coefficiente di convezione lato vapore è estremamente alto). Ponendo in questo caso per semplicità $t_e \approx t_i$ ed essendo $t_i = 0°C < t_r = 18,8°C$, sulla superficie metallica del tubo si forma liquido in quantità $\Delta x'$(kg acqua/kg aria secca), che può danneggiare e corrodere la superficie del tubo stesso.

Conviene quindi isolare adeguatamente la tubazione non solo per non consentire rientrate termiche sul fluido freddo, ma anche per evitare lo stillicidio sulla pellicola esterna dell'isolante o del tubo non isolato.

Poiché nelle condizioni assegnate la temperatura di rugiada è pari a circa 18,8°C, è prudente assumere sulla pellicola esterna dell'isolante una temperatura t_e superiore di un paio di gradi e quindi:

$$t_e = t_r + 2 = 18,8 + 2 = 20,8°C. \quad (12.1)$$

Come si vede qualitativamente nella Sez. A-A della Fig. 12.1, la caduta di temperatura nello spessore di metallo del tubo è trascurabile rispetto a quella nello spessore di isolante; infatti la conducibilità termica del metallo è superiore di tre ordini di grandezza a quella dell'isolante:

$$\lambda_{metallo} >> \lambda_{is} \ (\lambda_{ferro} \approx 46 \text{ W/m °K}, \ \lambda_{is} = 0,02 \div 0,05 \text{ W/m °K}).$$

Analogamente, sempre osservando la Sez. A-A della Fig. 12.1, si vede sul piano qualitativo che la caduta di temperatura nello strato limite interno di vapore è trascurabile rispetto a quella che si ha nello strato limite esterno di aria; infatti il coefficiente di convezione interna α_i del fluido bifase evaporante è di 2÷3 ordini di grandezza superiore a quello di convezione esterna α_e proprio dello strato limite di aria:

$$\alpha_i >> \alpha_e \ (\alpha_i \approx 1.000 \div 5.000 \ W/m^2 \ °K, \ \alpha_e \approx 5 \div 50 \ W/m^2 \ °K)$$

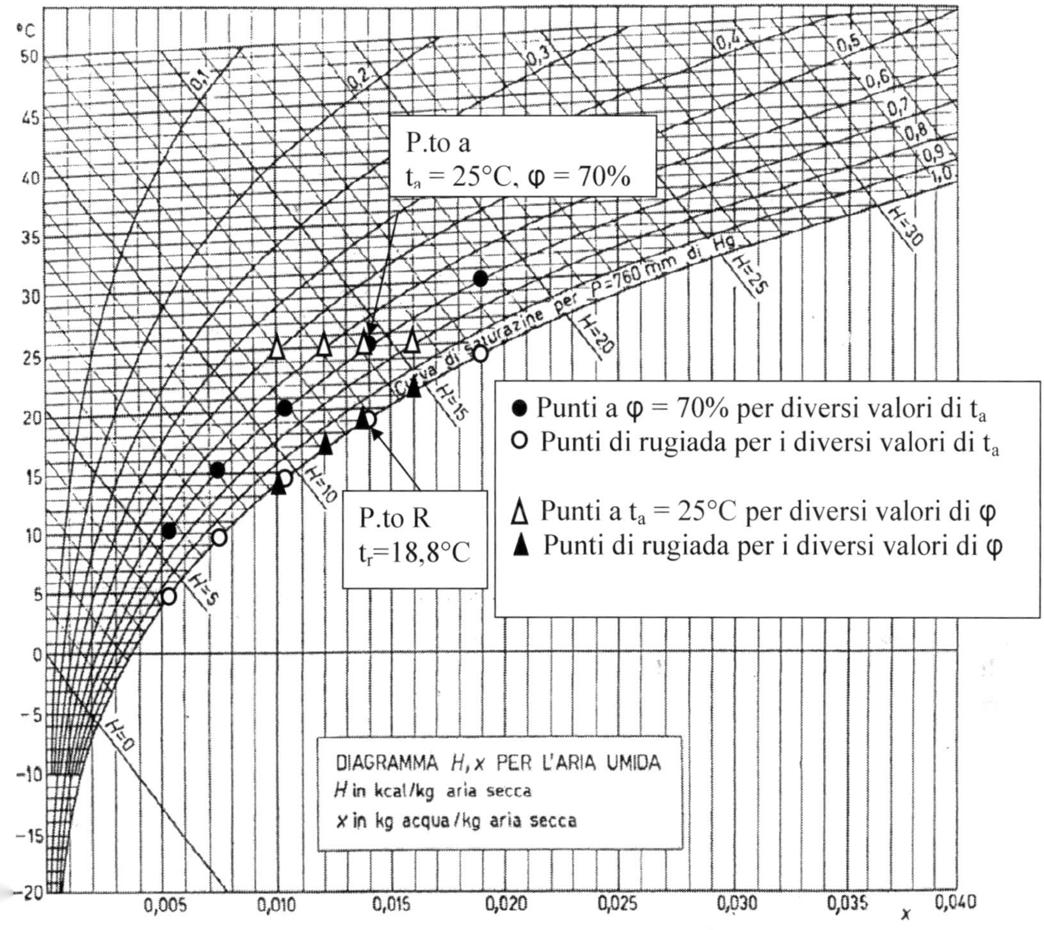

Fig. 12.3 – Diagramma di Mollier per l'aria umida con i punti significativi

Pertanto è lecito assumere le seguenti approssimazioni:

$t_i \approx t_1 \approx t_1' = 0°C$ essendo t_1 e t_1' le temperature alla pellicola interna ed esterna del tubo metallico;

$r_i \approx r_i' = 44$ mm ovvero spessore del metallo nullo e raggio del tubo uguale a quello esterno.

Con queste ipotesi è possibile ora esprimere la potenza termica Q, che rientra nella tubazione a bassa temperatura, come trasmessa dall'ambiente esterno alla pellicola dell'isolante e così pure come trasmessa al fluido interno attraverso l'isolante; considerando 1 metro lineare di tubazione si ha:

$$Q = 2\,\pi\, r_e \cdot 1 \cdot \alpha_e (t_a - t_e)$$

$$Q = 2\,\pi\, \lambda_{is} (t_e - t_i)/\ln(r_e/r_i')$$

Uguagliando le due soprastanti espressioni si ottiene:

$$\lambda_{is} (t_e - t_i)/\ \alpha_e (t_a - t_e) = r_e \cdot \ln(r_e/r_i') = a \qquad (12.2)$$

ovvero: $a/r_e = \ln(r_e/r_i')$ (12.3)

essendo: $a = 0.05\,(20{,}8 - 0)/5 \cdot (25 - 20.8) = 0{,}0495$ m = 49,5 mm.

Si può ora procedere per tentativi imponendo diversi valori di s fino a realizzare la condizione (12.3) e ricordando che $r_e = r_i' + s = 0{,}044 + s$ (m).
Si ottengono i dati di Tab. 12.1.

Tab. 12.1

s (m)	$r_e = r_i' +$ s (m)	a (m)	a/r_e	r_e/r_i'	$\ln(r_e/r_i')$
0,020	0,064	0,0495	0,774	1,455	0,375
0,025	0,069	0,0495	0,718	1,568	0,450
0,030	0,074	0,0495	0,669	1,682	0,520
0,031	0,075	0,0495	0,660	1,705	0,533
0,032	0,076	0,0495	0,652	1,727	0,547
0,033	0,077	0,0495	0,643	1,750	0,560
0,034	0,078	0,0495	0,635	1,773	0,573
0,035	0,079	0,0495	0,627	1,795	0,585
0,036	0,080	0,0495	0,619	1,818	0,598
0,037	0,081	0,0495	**0,611**	1,841	**0,610**
0,038	0,082	0,0495	0,604	1,864	0,623
0,039	0,083	0,0495	0,597	1,886	0,635
0,040	0,084	0,0495	0,590	1,909	0,647

Dalla Tab. 12.1 si vede che per s = 0,037 m = 37 mm, il valore di $(a/r_e) = 0{,}611$ (riportato in terz'ultima colonna) coincide praticamente con quello di $\ln(r_e/r_i') = 0{,}610$ (riportato in ultima colonna) e si realizza così la condizione voluta (12.3).
Pertanto lo spessore s = 37 mm risolve il problema assegnato.

12.3 Determinazione dello spessore di isolante più conveniente da adottare contro lo stillicidio al variare delle grandezze in gioco (t_a , t_e , t_i , φ).

Si vogliono ora determinare le relazioni grafiche che permettono di stabilire lo spessore più conveniente di isolante da adottare contro lo stillicidio al variare delle grandezze in gioco (t_a , t_e , t_i , φ).

E' utile considerare $a = r_e \cdot \ln(r_e/r_i')$ come variabile ausiliaria e stabilire s(a) ovvero come lo spessore s varia in funzione di a.

A questo fine è possibile ricavare la tabella Tab. 12.2 e il grafico di Fig. 12.4.

Tab. 12.2

s (m)	$r_e = r_i' +$ s (m)	r_e/r_i'	ln (r_e/r_i')	a=r_e ln (r_e/r_i') (m)
0,010	0,054	1,227	0,205	0,011
0,020	0,064	1,455	0,375	0,024
0,030	0,074	1,682	0,520	0,038
0,040	0,084	1,909	0,647	0,054
0,050	0,094	2,136	0,759	0,071
0,060	0,104	2,364	0,860	0,089
0,070	0,114	2,591	0,952	0,109
0,080	0,124	2,818	1,036	0,128
0,090	0,134	3,045	1,114	0,149

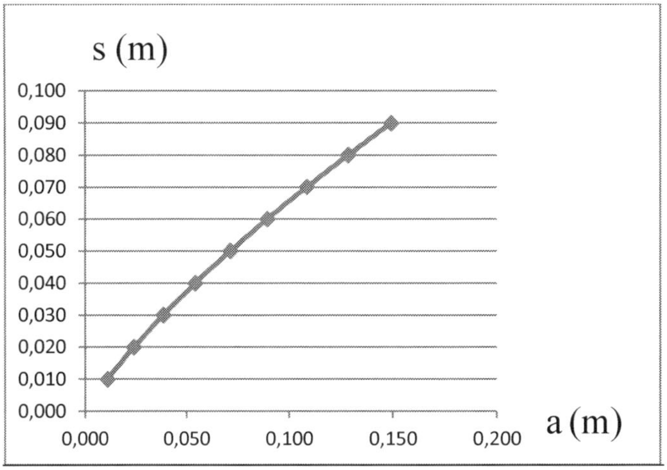

Fig. 12.4 – Andamento dello spessore di isolante s al variare del parametro a.

12.3.1 Spessore dell'isolante al variare della temperatura ambiente t_a

Si mantengono costanti i valori: t_i = 0°C; φ = 70%; $\lambda = 0{,}05$ W/m·°K; $\alpha = 5$ W/m^2·°K. Al variare di t_a, a parità di umidità relativa φ = 70%, cambia la temperatura di rugiada come si può vedere sul diagramma di Mollier dell'aria umida (Fig. 12.3). Conseguentemente varia la temperatura t_e secondo la (12.1):

$$t_e = t_r + 2$$

La variabile ausiliaria a può essere espressa secondo la (12.2) come:

$$a = \lambda_{is} (t_e - t_i) / \alpha_e (t_a - t_e) = b \cdot c$$

essendo:

- $b = \lambda_{is} / \alpha_e = 0{,}05/5 = 0{,}01$ m;
- $c = (t_e - t_i) / (t_a - t_e)$

Si sviluppa quindi la seguente tabella di dati al variare della temperatura t_a.

Tab.12.3

t_a (°C)	t_e (°C)	t_e-t_i (°C)	t_a-t_e (°C)	c	a = b·c (m)	s (m)
30	25,7	25,7	4,3	5,9767	0,060	0,043
25	20,8	20,8	4,2	4,9524	0,050	0,037
20	16,2	16,2	3,8	4,2632	0,043	0,033
15	11,5	11,5	3,5	3,2857	0,033	0,026
10	6,8	6,8	3,2	2,1250	0,021	0,018

Dai valori di t_a (prima colonna) sono stati ottenuti dal diagramma dell'aria umida (cfr. Fig. 12.3) i valori di t_r corrispondenti, incrementando i quali di 2°C, secondo la relazione (12.1), sono stati ricavati i valori di t_e riportati in seconda colonna. Ottenuti i valori di a (penultima colonna), sono stati ricavati i corrispondenti valori di s (ultima colonna) tramite il diagramma di Fig. 12.4. In alternativa una determinazione precisa di s, anche se meno rapida, si può ottenere risolvendo per tentativi la (12.3) come fatto in precedenza. In Fig. 12.5 si riporta l'andamento di s in funzione di t_a rimanendo fissi i valori delle altre grandezze in giuoco.

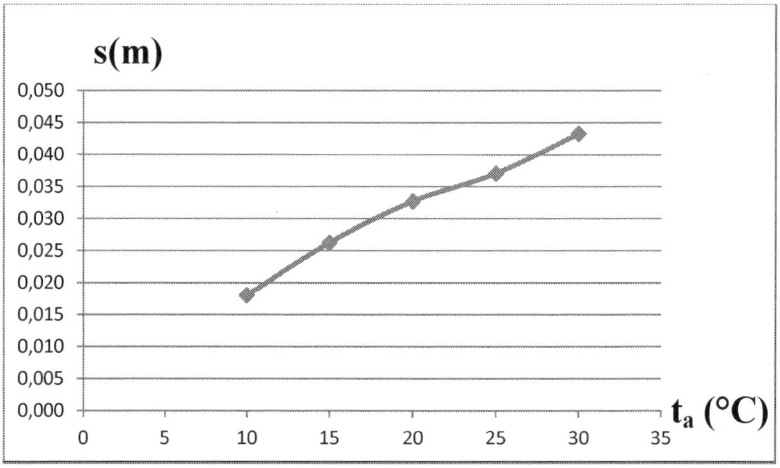

Fig. 12.5 – Andamento dello spessore di isolante s al variare della temperatura ambiente t_a.

12.3.2 Spessore dell'isolante al variare della umidità relativa φ

Si mantengono costanti i valori: t_a = 25°C; t_i = 0°C; $\lambda = 0{,}05$ W/m·°K; $\alpha = 5$ W/m^2·°K. Al variare di φ, a parità di t_a, cambia la temperatura di rugiada come si può vedere ancora sul diagramma di Mollier dell'aria umida (Fig. 12.3). Conseguentemente varia la temperatura t_e secondo la (12.1):

$$t_e = t_r + 2$$

La variabile ausiliaria a può essere espressa secondo la (12.2) come:

$$a = \lambda_{is} (t_e - t_i)/ \alpha_e (t_a - t_e) = b \cdot c$$

essendo:

- $b = \lambda_{is} / \alpha_e = 0{,}05/5 = 0{,}01$ m;
- $c = (t_e - t_i)/ (t_a - t_e)$

Si sviluppa quindi la seguente tabella di dati al variare della umidità relativa φ.

Tab.12.4

φ	t_e (°C)	t_e-t_i (°C)	t_a-t_e (°C)	c	a = b·c (m)	s (m)
80	23,1	23,1	1,9	12,1579	0,122	0,077
70	20,8	20,8	4,2	4,9524	0,050	0,037
60	18,6	18,6	6,4	2,9063	0,029	0,024
50	15,7	15,7	9,3	1,6882	0,017	0,015

Dai valori di φ (prima colonna) sono stati ottenuti dal diagramma dell'aria umida (cfr. Fig. 12.3) i valori di t_r corrispondenti, aggiungendo ai quali 2°C, secondo la relazione (12.1), sono stati ricavati i valori di t_e riportati in seconda colonna. Ottenuti i valori di a (penultima colonna), sono stati ricavati i corrispondenti valori di s (ultima colonna) tramite il diagramma di Fig. 12.4. In alternativa, una determinazione precisa di s, anche se meno rapida, si può ottenere risolvendo per tentativi la (12.3) come fatto in precedenza. In Fig. 12.6 si riporta l'andamento di s in funzione di φ rimanendo fissi i valori delle altre grandezze in giuoco.

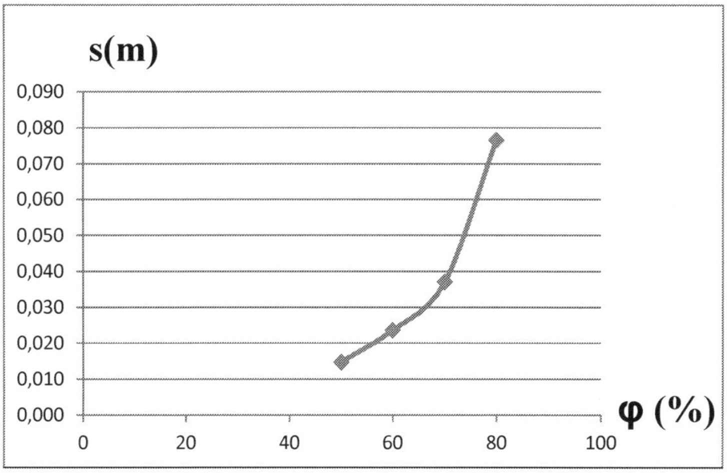

Fig. 12.6 – Andamento dello spessore di isolante s al variare della umidità relativa φ.

12.3.3 Spessore dell'isolante al variare della temperatura interna t_i

Si mantengono costanti i valori: t_a = 25°C; umidità relativa φ = 70% e quindi t_e = 20,8°C; $\lambda = 0{,}05$ W/m·°C; $\alpha = 5$ W/m^2·°C. Al variare di t_i, a parità di t_a e φ, non cambia la temperatura di rugiada come si può vedere sul diagramma di Mollier dell'aria umida (Fig. 12.3). Conseguentemente non varia la temperatura t_e che, secondo la (12.1), vale:

$t_e = t_r + 2 = 18{,}8 + 2 = 20{,}8$ °C

Come già ricordato, la variabile ausiliaria a può essere espressa secondo la (12.2) come: $a = \lambda_{is}\,(t_e - t_i)/\,\alpha_e\,(t_a - t_e) = b \cdot c$

essendo:

- $b = \lambda_{is} / \alpha_e = 0{,}05/5 = 0{,}01$ m;
- $c = (t_e - t_i)/\,(t_a - t_e)$

Al variare di t_i, varia la differenza $(t_e - t_i)$ e quindi varia il fattore c (il fattore b rimane invece costante) e da ultimo varia la variabile ausiliaria a.

Si sviluppa quindi la seguente tabella di dati al variare della temperatura interna t_i.

Tab.12.5

t_i (°C)	t_e-t_i (°C)	t_a-t_e (°C)	c	a = b·c (m)	s (m)
-10	30,8	4,2	7,3333	0,073	0,051
-5	25,8	4,2	6,1429	0,061	0,044
0	20,8	4,2	4,9524	0,050	0,037
5	15,8	4,2	3,7619	0,038	0,029
10	10,8	4,2	2,5714	0,026	0,021
15	5,8	4,2	1,3810	0,014	0,012

Dai valori di t_i (prima colonna), noto $t_e = 20{,}8$°C, sono stati ricavati i valori di (t_e-t_i) riportati in seconda colonna. Ottenuti i valori di a (penultima colonna), sono stati ricavati i corrispondenti valori di s (ultima colonna) tramite il diagramma di Fig. 12.4. In alternativa una determinazione precisa di s, anche se meno rapida, si può ottenere risolvendo per tentativi la (12.3) come fatto in precedenza. In Fig. 12.7 si riporta l'andamento di s in funzione di t_i rimanendo fissi i valori delle altre grandezze in giuoco.

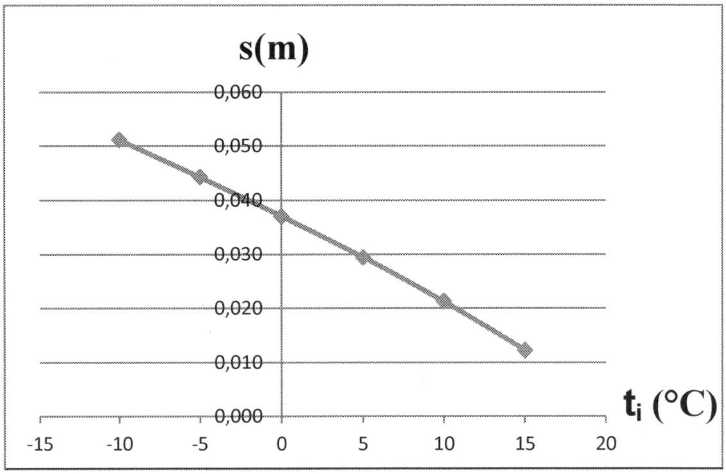

Fig. 12.7 – Andamento dello spessore di isolante s al variare della temperatura interna t_i.

12.4 Conclusioni

Con i diagrammi di Figg. 12.5-6-7 è possibile dedurre rapidamente, in fase di progetto, lo spessore di isolante più conveniente da adottare contro lo stillicidio al variare della temperatura ambiente t_a, della temperatura t_e alla pellicola esterna dell'isolante, della temperatura t_i del fluido all'interno della tubazione e della umidità relativa φ dell'ambiente in cui la tubazione è collocata.

Le suddette 3 figure mostrano che lo spessore s di isolante, da adottare per evitare lo stillicidio, cresce quasi linearmente al crescere di t_a e decresce quasi linearmente al crescere di t_i, mentre cresce quasi esponenzialmente al crescere di φ.

ESERCIZIO 13

DIMENSIONAMENTO ECONOMICO DELL'ISOLANTE TERMICO DI UNA TUBAZIONE

13.1 Introduzione

Una condotta da 8" (pollici), con diametro interno pari a 204 mm e diametro esterno pari a 216 mm, è percorsa internamente da vapore saturo a 180°C (pressione circa 10 bar). Si chiede quale risulti lo spessore economico dell'isolante da utilizzare partendo dai seguenti dati di progetto:

- isolamento con lana di vetro avente conducibilità $\lambda_{is} = 0{,}05$ kcal/m·h·°C = 0,0581 W/m·°K; costo per unità di volume dell'isolante posto in opera b ≈ 500 €/m^3, valore medio per i dati geometrici in giuoco (spessore dell'isolante e diametro esterno della tubazione) desunto incrociando i dati riportati dal Prezziario DEI del Genio Civile /1/ e dal Catalogo Isolanti di Assotherm /2/;
- potere calorifico inferiore del combustibile (olio combustibile denso BTZ) k_i = 41.860 kJ/kg e costo unitario c_c = 0,421 €/kg come da rilevazione del Ministero dello Sviluppo Economico effettuata il giorno 11/05/2015;
- rendimento del generatore di vapore $\eta_g = 0{,}8$;
- temperatura dell'ambiente esterno t_e = 20°C;
- numero di ore di esercizio all'anno z = 3.200 h/anno;
- ammortamento in 10 anni al tasso di interesse i = 7%.

13.2 Determinazione del costo annuale e dello spessore economico dell'isolante

Si fa riferimento alla trattazione riportata ai par. 11.7.1-2 di /3/ e alla figura seguente:

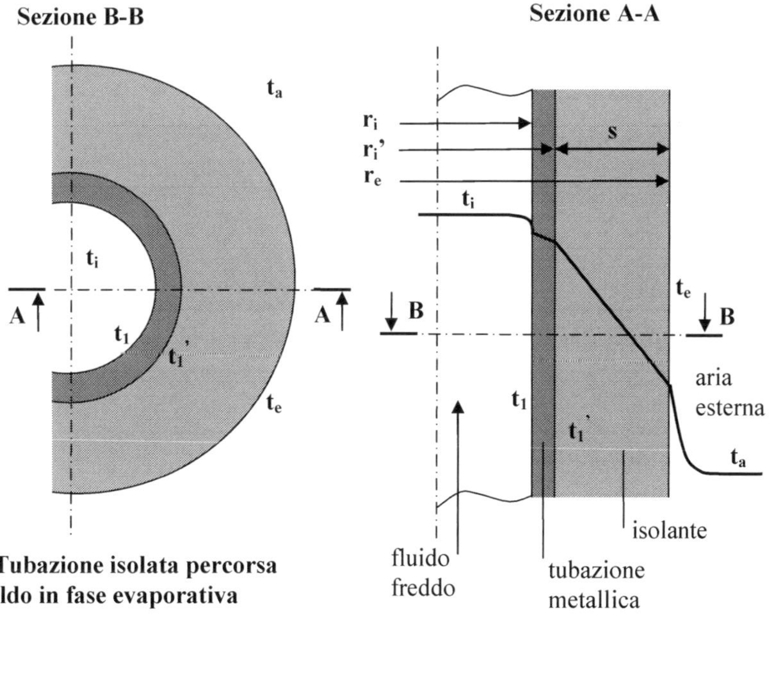

Fig. 13.1 - Tubazione isolata percorsa da fluido caldo in fase evaporativa

Il costo annuale è dato dal costo del combustibile corrispondente all'energia termica dispersa dalla tubazione verso l'esterno e dalla rata di ammortamento dell'isolante installato. Ci si riferisce per semplicità ad un metro lineare di tubazione. Ovviamente al crescere dello spessore s di isolante e quindi di $r_e = r_i' + s$, cala l'energia termica dispersa e quindi il costo del combustibile ma aumenta la rata di ammortamento dell'isolante. Si tratta di determinare il valore di r_e e quindi di s che rende minimo il costo annuale totale.

Sia Q la potenza termica dispersa all'ambiente esterno a temperatura t_a da un metro lineare di tubazione percorsa da fluido caldo alla temperatura $t_i > t_a$. Si ha:

$$Q = (t_i - t_e)/ R_{tot} = (t_i - t_e)/ (R_e + R_{is} + R + R_i)$$

essendo R_{tot} la resistenza termica totale pari alla somma della resistenza esterna R_e in corrispondenza allo strato limite di aria, della resistenza R_{is} dell'isolante, della resistenza R della parete metallica della tubazione e infine della resistenza termica interna R_i in corrispondenza allo strato limite di vapore. Come già dimostrato nel precedente Esercizio 12 e in /1/, le resistenze termiche R ed R_i sono trascurabili rispetto alle resistenze termiche R_{is} ed R_e.

Si esegue ora una ulteriore legittima semplificazione trascurando R_e rispetto ad R_{is} ottenendo:

$$Q \approx (t_i - t_e)/R_{is} = \Delta t /R_{is}$$

Infatti se, ad esempio, si adottano i seguenti valori della pratica industriale:
$r_i' = 150$ mm, $s = 100$ mm, $r_e = 250$ mm, $\lambda_{is} = 0{,}02$ W/m °K, $\alpha_e \approx 10$ W/m^2 °K
si ottiene:

$$R_{is} = \ln(r_e/r_i') / 2 \pi \lambda_{is} = 4{,}065 \text{ m °K/W}$$
$$R_e = 1/ 2 \pi r_e \alpha_e = 0{,}064 \text{ m °K/W}$$

con una differenza fra i due valori di quasi due ordini di grandezza.

È quindi possibile ricavare la portata g_c (kg/s) di combustibile corrispondente alla potenza termica Q dispersa verso l'esterno con la relazione:

$$Q = g_c k_i \eta_g$$

essendo k_i il potere calorifico inferiore del combustibile ed η_g il rendimento della caldaia, che produce il fluido caldo.

Se si indica con z il numero di ore/anno di funzionamento, con M_c la massa di combustibile consumata in un anno e con c_c (€/kg) il costo unitario del combustibile, il costo annuale del combustibile C_c vale:

$$C_c = c_c \cdot M_c = c_c \cdot (3600\, g_c\, z) = c_c \cdot 3600\, z\, Q / k_i \eta_g \approx c_c \cdot 3600\, z\, \Delta t / R_{is} k_i \eta_g$$

Inserendo l'espressione di $R_{is} = [\ln(r_e/r_i') / 2 \pi \lambda_{is}]$ e introducendo per comodità una costante $B' = [2 \pi \lambda_{is} c_c 3600\, z\, \Delta t / k_i \eta_g]$, si ottiene:

$$C_c = B' / \ln(r_e/r_i') \tag{13.6}$$

Il valore della costante B' è il seguente:

$$B' = 2 \cdot 3{,}14 \cdot 0{,}058 \cdot 0{,}421 \cdot 3600 \cdot 3200 \cdot 160/1000 \cdot 41860 \cdot 0{,}8 = 8{,}444 \text{ €/anno·m} \tag{13.7}$$

Si calcola ora il costo dell'isolante C_{is} per metro lineare di tubazione; indicando con b (€/m^3) il costo unitario dell'isolante per unità di volume si ottiene:

$$C_{is} = \pi\,[(r_e)^2 - (r_i')^2] \cdot 1 \cdot b$$

La rata di ammortamento annuale S_{is} corrispondente al costo di investimento dell'isolante, in uno schema di ammortamento a rata annuale costante, vale:

$$S_{is} = a \cdot C_{is} = a \cdot \pi\,[(r_e)^2 - (r_i')^2] \cdot 1 \cdot b \qquad (13.8)$$

essendo a il coefficiente di ammortamento pari a:

$a = r^n \cdot i / (r^n - 1) = 0{,}14238$ con interesse $i = 0{,}07$ ed $r = 1 + i = 1{,}07$.

Sommando la (13.6) e la (13.8) si ottiene il costo annuale totale C_{tot} funzione di r_e:

$$C_{tot}(r_e) = C_c(r_e) + S_{is}(r_e) = B' / \ln(r_e/r_i') + a \cdot \pi\,[(r_e)^2 - (r_i')^2] \cdot 1 \cdot b \qquad (13.9)$$

A questo punto si può procedere per tentativi con diversi valori di s e quindi di r_e fino a determinare il valore minimo di $C_{tot}(r_e)$ e quindi il valore ottimo di s.

Nella Tab. 13.1 si ricava il valore di $C_c(r_e)$ secondo le relazioni (13.6) e (13.7) e il valore di $S_{is}(r_e)$ secondo la relazione (13.8) e nell'ultima colonna della stessa tabella si ricava il costo totale $C_{tot}(r_e)$ secondo la (13.9).

Tab. 13.1

s (m)	$r_e =$ $= r_i' + s$ (m)	r_e/r_i'	$\ln(r_e/r_i')$	$C_c(r_e)$ (€/m·anno)	r_e^2 (m^2)	$r_e^2 - r_i'^2$ (m^2)	$S_{is}(r_e)$ (€/m·anno)	$C_{tot} = C_c(r_e) + S_{is}(r_e)$ (€/m·anno)
0,010	0,118	1,0926	0,0886	95,35	0,0139	0,0023	0,51	95,86
0,020	0,128	1,1852	0,1699	49,70	0,0164	0,0047	1,06	50,76
0,030	0,138	1,2778	0,2451	34,45	0,0190	0,0074	1,65	36,10
0,040	0,148	1,3704	0,3151	26,80	0,0219	0,0102	2,29	29,09
0,050	0,158	1,4630	0,3805	22,19	0,0250	0,0133	2,97	25,17
0,060	0,168	1,5556	0,4418	19,11	0,0282	0,0166	3,70	22,81
0,070	0,178	1,6481	0,4997	16,90	0,0317	0,0200	4,48	21,38
0,080	0,188	1,7407	0,5543	15,23	0,0353	0,0237	5,30	20,53
0,090	0,198	1,8333	0,6061	13,93	0,0392	0,0275	6,16	20,09
0,100	0,208	1,9259	0,6554	12,88	0,0433	0,0316	7,07	**19,95**
0,110	0,218	2,0185	0,7024	12,02	0,0475	0,0359	8,02	20,04
0,120	0,228	2,1111	0,7472	11,30	0,0520	0,0403	9,02	20,32
0,130	0,238	2,2037	0,7901	10,69	0,0566	0,0450	10,06	20,75
0,140	0,248	2,2963	0,8313	10,16	0,0615	0,0498	11,15	21,30
0,150	0,258	2,3889	0,8708	9,70	0,0666	0,0549	12,28	21,97

Si osserva che il costo totale minimo, pari a **19,95 €/m·anno**, si ha per uno spessore s = 0,100 m = 100 mm, che risulta quindi spessore ottimale.
Si riporta nel diagramma di Fig. 13.2 l'andamento, in funzione dello spessore s (mm) dell'isolante, del costo annuale del combustibile C_c, del costo annuale di ammortamento dell'isolante S_{is} e della loro somma pari al costo totale $C_{tot} = C_c + S_{is}$ per metro lineare della condotta.

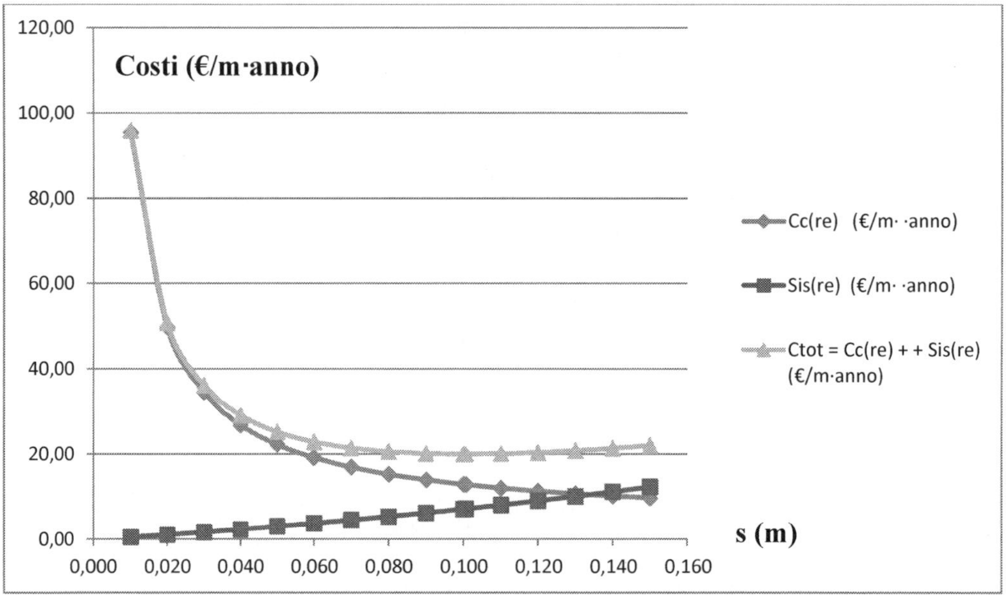

Fig. 13.2 - Andamento, in funzione dello spessore s (mm) dell'isolante, del costo annuale del combustibile C_c, del costo annuale di ammortamento dell'isolante S_{is} e della loro somma pari al costo totale $C_{tot} = C_c + S_{is}$ per metro lineare della condotta (si osserva $C_{tot,min}$ per s ≈ 0,100 m)

Si può arrivare alla determinazione del valore ottimo di r_e e quindi dello spessore economico dell'isolante $s = (r_e - r_i')$ anche per via analitica uguagliando a zero la derivata prima della (13.9). Si ottiene infatti:

$$- B' \, r_i'/ r_e \, r_i' \, [\ln(r_e/ r_i')]^2 + a \, 2 \, \pi \, r_e \, b = 0$$

da cui semplificando: $(r_e)^2 \, [\ln(r_e/ r_i')]^2 = B'/ 2\pi \, a \, b$

Dividendo entrambi i membri per la quantità nota $(r_i')^2$, si ottiene:

$$(r_e/ r_i')^2 \cdot [\ln(r_e/ r_i')]^2 = B'/ 2\pi \, a \, b \, (r_i')^2 = A \text{ costante} \qquad (13.10)$$

e infine, ponendo $x = (r_e/ r_i')$, si ottiene: $(x \cdot \ln x)^2 = A$ (13.11)

Nota la costante A, si risolve per x la (13.11), eventualmente anche per via grafica, e si ricava il valore ottimo x_{opt} e quindi $r_{e,opt}$ tramite la relazione:

$$r_{e,opt} = x_{opt} \cdot r_i'$$

e a seguire lo spessore economico dell'isolante tramite la ulteriore relazione:

$$s_{econ} = r_{e,opt} - r_i' = (x_{opt} - 1)\, r_i' \qquad (13.12)$$

Procedendo in questo modo si determina innanzitutto il valore di A costante adimensionale data dalla (13.10):

$$A = B'/\, 2\pi\, a\, b\, (r_i')^2 = 8{,}444/\, 2 \cdot 3{,}14 \cdot 0{,}1424 \cdot 500 \cdot 0{,}108^2 = 1{,}618$$

Nella Tab. 13.2 si riportano i valori della funzione $(x \cdot \ln x)^2$ in funzione di x e in Fig. 13.3 il relativo andamento.

Tab. 13.2

$x = r_e/r_i'$	$\ln(x) = \ln(r_e/r_i')$	$(x \cdot \ln x)$	$(x \cdot \ln x)^2$
1,0926	0,0886	0,0968	0,009
1,1852	0,1699	0,2014	0,041
1,2778	0,2451	0,3132	0,098
1,3704	0,3151	0,4318	0,186
1,4630	0,3805	0,5566	0,310
1,5556	0,4418	0,6873	0,472
1,6481	0,4997	0,8235	0,678
1,7407	0,5543	0,9649	0,931
1,8333	0,6061	1,1112	1,235
1,9259	0,6554	1,2623	1,593
1,9319	0,6585	1,2721	**1,618**
2,0185	0,7024	1,4177	2,010
2,1111	0,7472	1,5775	2,488
2,2037	0,7901	1,7412	3,032
2,2963	0,8313	1,9089	3,644
2,3889	0,8708	2,0803	4,328

Osservando la Fig. 13.3 si rileva che al valore A = 1,618 corrisponde un valore $x_{opt} \approx$ 1,93. Nella Tab. 13.2 è riportato anche *(a posteriori)* il valore di x, determinato analiticamente risolvendo la (13.11), che più esattamente corrisponde al valore di A = 1,618. Tale valore è 1,9319.

In ogni caso lo spessore economico dell'isolante risulta a questo punto secondo la (13.12):

$s_{econ} = (x_{opt} - 1)\, r_i' = (1{,}93 - 1) \cdot 108 = 100{,}44$ mm per via analitico-grafica

$s_{econ} = (x_{opt} - 1)\, r_i' = (1{,}9319 - 1) \cdot 108 = 100{,}64$ mm per via solo analitica

I due risultati sono praticamente coincidenti e approssimano fortemente il risultato trovato inizialmente per via numerica pari al valore $s_{econ} \approx 100$ mm.

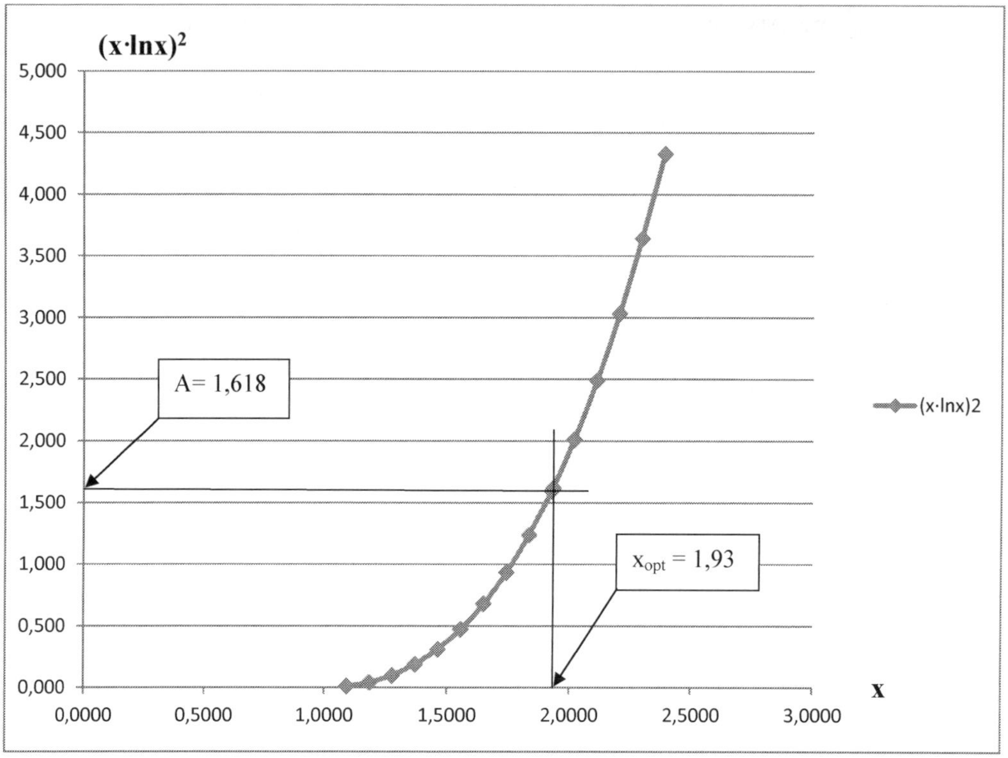

Fig. 13.3 - Andamento della funzione $(x \cdot \ln x)^2$ in funzione di x e determinazione di $x_{opt} \approx 1{,}93$ in corrispondenza del valore A = 1,618

I corrispondenti valori di $r_{e,\,opt}$ sono praticamente coincidenti e sono dati da:
$r_e = r_i' + s = 108 + 100{,}44 = 208{,}44$ mm
$r_e = r_i' + s = 108 + 100{,}64 = 208{,}64$ mm
$r_e = r_i' + s \approx 108 + 100 = 208$ mm

Il valore del costo totale minimo $C_{tot,\ min}$ (r_e) secondo la (13.9), approssimato ai centesimi di euro, si mantiene, per tutti e tre i suddetti valori di r_e, pari a 19,95 €/m·anno. Da un punto di vista pratico e commerciale l'isolante prescelto sarà dato da coppelle semicilindriche di lana di vetro di spessore **s = 100 mm**.

BIBLIOGRAFIA

/1/ "Prezzi informativi dell'Edilizia: Impianti tecnologici", DEI Tipografia del Genio Civile, Roma, Edizione 2012.

/2/ ASSOTHERM Servizi Associati per la Termoidraulica http://www.assotherm.com/listini/CATALOGO%20ASSOTHERM%202012%20ISOLANTI.pdf

/3/ A. PARESCHI, "Impianti Meccanici per l'Industria", Collana Progetto Leonardo, Editrice Esculapio, Bologna, 2009

ESERCIZIO 14 (*)

DIMENSIONAMENTO DI UN IMPIANTO IDRICO CON SERBATOIO DI COMPENSO

14.1 Introduzione

In uno stabilimento industriale la richiesta giornaliera di acqua, in termini di portata $G(\tau)$, è data dalla tabella seguente:

Tab. 14.1

ore	G (m^3/h)	ore	G (m^3/h)
0 ÷ 7	5	16 ÷ 17	18 ÷ 24
7 ÷ 8	5 ÷ 12	17 ÷ 18	24
8 ÷ 10	12	18 ÷ 20	24 ÷ 8
10 ÷ 11	12 ÷ 18	20 ÷ 21	8
11 ÷ 12	18	21 ÷ 22	8 ÷ 5
12 ÷ 14	12	22 ÷ 24	5
14 ÷ 16	12 ÷ 18		

Come si vede dai dati di tabella, la richiesta è fortemente variabile lungo l'arco della giornata passando da un valore minimo di 5 m^3/h ad un valore massimo, quasi cinque volte più elevato, di 24 m^3/h: è quindi necessario dotare l'impianto idrico di un serbatoio di compenso.

14.2 Dimensionamento del volume minimo del serbatoio di compenso

Si fa quindi riferimento in generale allo schema dell'impianto riportato nella Fig. 14.1. Nella successiva Fig. 14.2 si riporta il diagramma della richiesta giornaliera di acqua. Nelle ordinate (asse y) si riporta l'andamento della portata espressa in (m^3/h): ad una unità di rappresentazione corrispondono 2 m^3/h ovvero 1 $u_y = 2$ m^3/h. Nelle ascisse (asse x) è riportato il tempo τ in (h): ad una unità di rappresentazione corrisponde 1 h ovvero 1 $u_x = 1$ h.

Si procede quindi allo sviluppo della curva integrale dei consumi di acqua avendo scelto una distanza polare $a = 10\ u_x = 10$ h. Ne consegue che l'unità di rappresentazione dei volumi di acqua sull'asse verticale ausiliario (y') è data da:

$$1 \text{ unità di volume} = u_y \cdot u_x \cdot a = 2 \cdot 1 \cdot 10 = 20 \text{ m}^3.$$

Pertanto l'asse verticale ausiliario (y') è già stato graduato direttamente in (m^3). Dalla curva integrale si deduce che il consumo giornaliero di acqua è pari a $V_g = 260$ m^3.

La pompa che alimenta il serbatoio di compenso con acqua, prelevata da un pozzo di estrazione, è chiamata quindi a funzionare ad una portata media pari a:

$$G_{media} = 260/24 = 10{,}83 \text{ m}^3/\text{h}. \qquad (14.1)$$

(*) con il contributo del Prof. Mauro GAMBERI – Dipartimento di Ingegneria Industriale DIN Università di Bologna

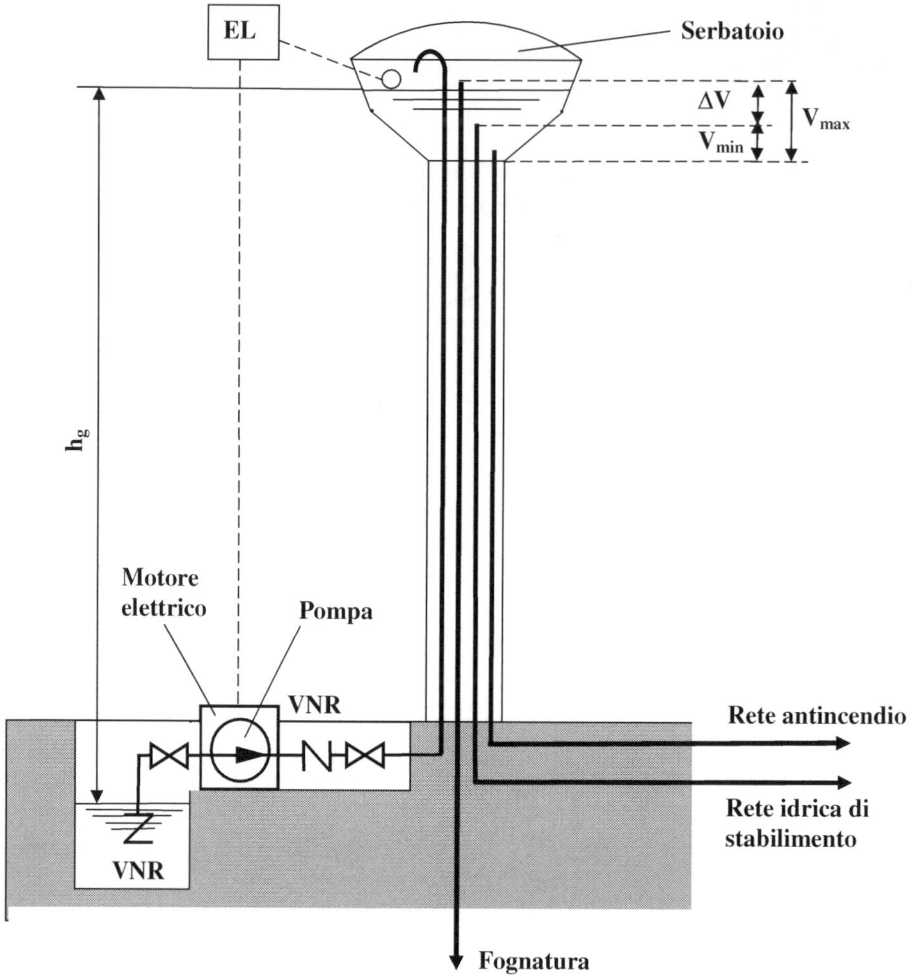

Fig. 14.1 – Impianto con serbatoio di accumulo sopraelevato per il servizio idrico ad uno stabilimento industriale.

La curva integrale di tale portata media è il segmento rettilineo che congiunge l'origine del diagramma con il valore V_g = 260 m^3 determinato sull'asse y'. Mandando due parallele a tale segmento, che siano tangenti superiormente e inferiormente alla curva integrale reale, è possibile determinare sull'asse dei volumi il segmento ΔV = 3,1 unità di volume = 3,1 · 20 = 62 m^3, che rappresenta il volume minimo da assegnare al serbatoio di compenso per compensare l'andamento irregolare della richiesta di acqua durante l'arco della giornata.

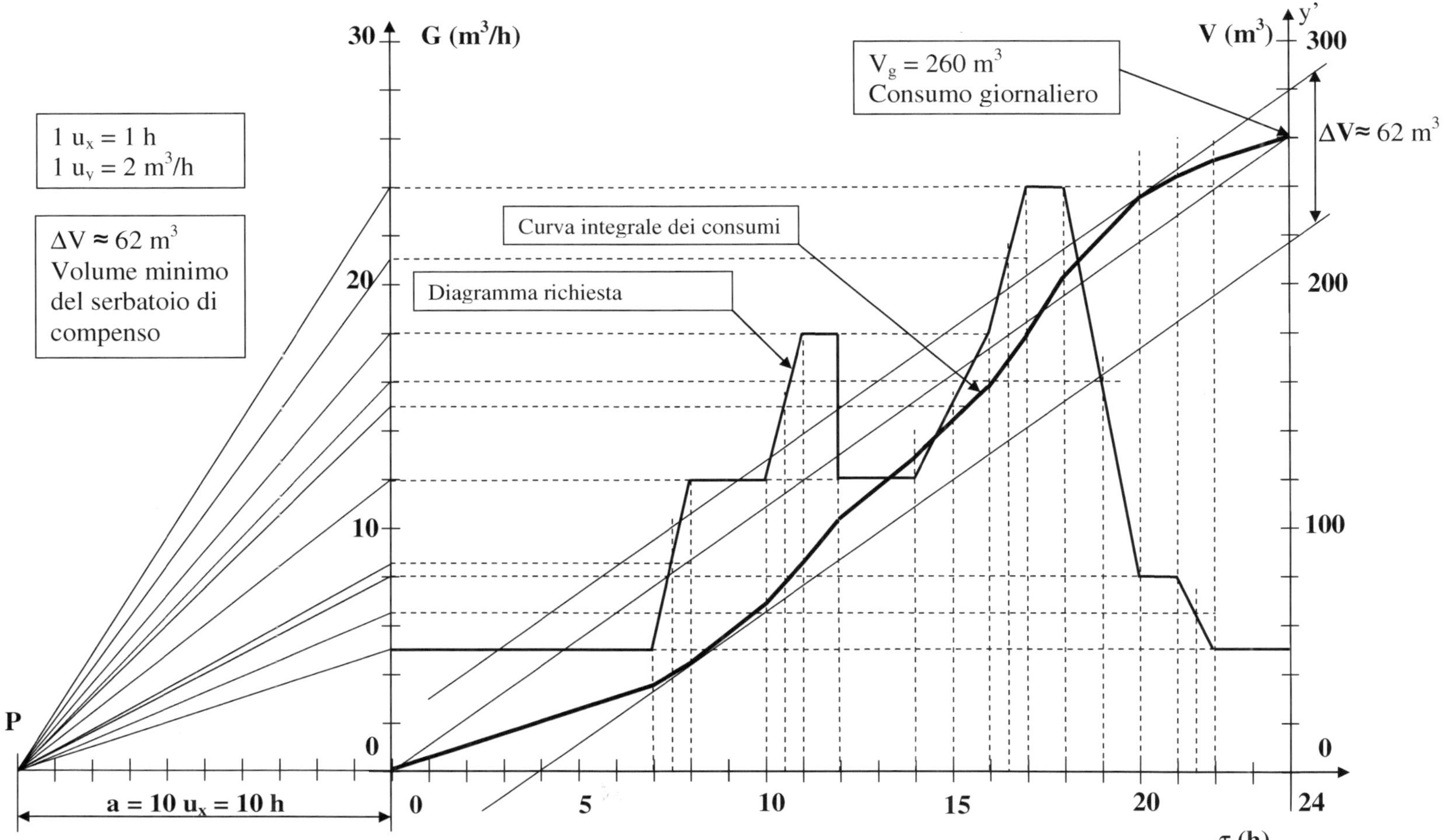

Fig. 14.2 – Diagramma di richiesta giornaliera di acqua, curva integrale dei consumi e determinazione del volume minimo del serbatoio di compenso

Si osserva in Fig. 14.2 che fino circa le ore 17,30 la curva integrale reale è sistematicamente inferiore a quella ottenibile funzionando a portata media costante e che dopo tale ora il ruolo delle due curve si inverte.
Ciò significa che dalle ore 0 alle ore 17,30 circa si accumula acqua nel serbatoio di compenso, perché la richiesta è inferiore a quanto inviato dalla pompa al serbatoio, mentre nelle ore successive fino alle ore 24 la richiesta è superiore a quanto messo a disposizione dalla pompa a portata media costante e, all'eccesso di richiesta, fa fronte l'acqua accumulata nel serbatoio nelle ore precedenti.
Il volume minimo del serbatoio di compenso determinato in $\Delta V = 62\ m^3$ deve essere maggiorato per le esigenze dell'impianto antincendio e per evitare di aspirare dal fondo del serbatoio verso le utenze anche i fanghi, che ivi si depositano. Si assume pertanto un volume utile totale del serbatoio di compenso pari a $V_u = 75\ m^3$. Fissando un diametro del serbatoio pari a D = 5 m, è possibile ricavare l'altezza minima h_{min} del serbatoio cilindrico tramite la relazione:

$$h_{min} = 4 \cdot V_u / \pi \cdot D^2 = 4 \cdot 75 / 3,14 \cdot 5^2 = 3,82\ m$$

14.3 Calcolo dello spessore di isolante da applicare al serbatoio di compenso

Nel periodo invernale può verificarsi una sosta prolungata dell'impianto con il pericolo di formazione di gelo all'interno del serbatoio di compenso. Nel caso in esame si suppone che la sosta duri al più 5 giorni (120 ore). Si deve quindi isolare adeguatamente il serbatoio in modo che la temperatura dell'acqua all'interno del serbatoio, supposta alla temperatura massima $T_i' = 15°C$ quando l'impianto industriale è in funzione, non scenda, entro 5 giorni a impianto fermo, al di sotto di $T_i'' = 4°C$, valore di sicurezza. La temperatura minima esterna in inverno, presa come media di rilevazioni statistiche durante gli ultimi decenni, viene assunta pari a $T_a = -10°C$. Il serbatoio di compenso è realizzato in calcestruzzo ($\lambda_c = 1,3$ kcal/m·h·°C = 1,51 W/m·°C) con uno spessore della parete cilindrica $s_c = 10$ cm. Sulla superficie esterna del serbatoio viene applicato uno spessore di isolante vermiculite ($\lambda = 0,75$ kcal/m·h·°C = 0,872 W/m·°C), di cui si vuole determinare il valore.

Nella Fig. 14.3 si riporta il diagramma di scambio fra acqua contenuta nel serbatoio di compenso e ambiente esterno durante una fermata invernale dell'impianto di durata non superiore a 5 giorni (ovvero 120 ore).
La energia termica infinitesima dQ che nel tempo $d\tau$ passa dall'acqua all'interno del serbatoio all'ambiente esterno è data da:

$$dQ = K \cdot S \cdot (T_i - T_a) \cdot d\tau \qquad (14.2)$$

in cui:

- K è il coefficiente globale di scambio termico;
- S è la superficie di scambio del serbatoio.

L'energia termica trasmessa all'esterno può essere espressa anche come calore perduto dall'acqua tramite la formula:

$$dQ = - M_a \cdot c_a \cdot dT_i \qquad (14.3)$$

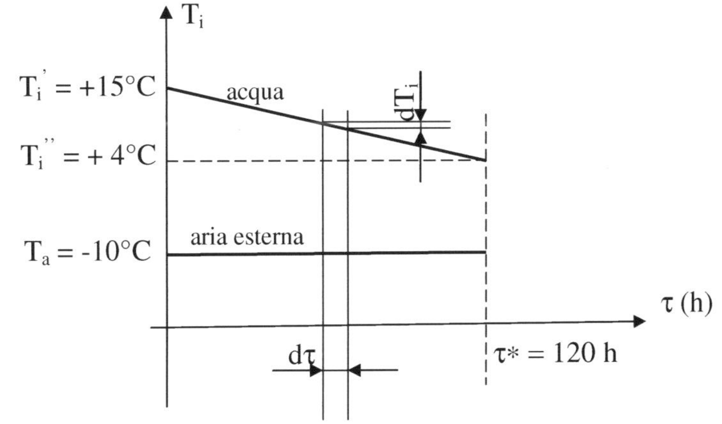

Fig. 14.3 – Diagramma di scambio fra acqua contenuta nel serbatoio di compenso e ambiente esterno durante una fermata invernale dell'impianto non superiore a 5 giorni o 120 ore.

in cui:

- M_a è la massa di acqua presente nel serbatoio;
- c_a è il calore specifico dell'acqua;
- dT_i è il decremento infinitesimo di temperatura corrispondente alla perdita di calore dQ.

Uguagliando le due relazioni (14.2) e (14.3) e quindi integrando si ottiene:

$$K \cdot S \cdot (T_i - T_a) \cdot d\tau = - M_a \cdot c_a \cdot dT_i = - M_a \cdot c_a \cdot d(T_i - T_a)$$

$$\int_0^{\tau^*} K \cdot S \cdot d\tau = - \int_{T_i'}^{T_i''} M_a \cdot c_a \cdot \frac{d(T_i - T_a)}{T_i - T_a}$$

$$K \cdot S \cdot \tau^* = - M_a \cdot c_a \cdot \ln \frac{T_i'' - T_a}{T_i' - T_a} = M_a \cdot c_a \cdot \ln \frac{T_i' - T_a}{T_i'' - T_a} \qquad (14.4)$$

Dalla (14.4) è possibile ricavare il valore di K e da questo risalire allo spessore di isolantc s_{is}. Infatti:

$$K = \frac{M_a \cdot c_a}{S \cdot \tau^*} \cdot \ln \frac{T_i' - T_a}{T_i'' - T_a} = \frac{75.000 \cdot 1}{79{,}64 \cdot 120} \cdot \ln(25/14) = 4{,}55 \text{ kcal/m}^2 \cdot \text{h} \cdot °\text{C}$$

essendo:

- M_a = 75.000 kg di acqua a serbatoio pieno;
- c_a = 1 kcal/kg·°C calore specifico dell'acqua;
- S = 79,64 m^2 superficie di scambio del serbatoio.

La superficie di scambio del serbatoio è costituita dalla superficie laterale più l'area del fondo circolare del serbatoio, che ha diametro pari a 5 m e altezza bagnata pari a 3,82 m quando lo stesso è pieno:

$$S = \pi D h + \pi D^2/4 = 3{,}14 \cdot 5 \cdot 3{,}82 + 3{,}14 \cdot 5^2 / 4 = 60 + 19{,}64 = 79{,}64 \text{ m}^2.$$

Considerando che il diametro del serbatoio è molto maggiore dello spessore dello stesso ovvero D = 500 cm >> s_c = 10 cm, si può considerare lo scambio termico attraverso il serbatoio cilindrico come uno scambio attraverso pareti piane.
Si può scrivere pertanto:

$$1/K = R_{tot} = R_i + R_c + R_{is} + R_e = \frac{1}{\alpha_i} + \frac{s_c}{\lambda_c} + \frac{s_{is}}{\lambda_{is}} + \frac{1}{\alpha_e}.$$

$$s_{is} = \lambda_{is} \left(\frac{1}{K} - \frac{1}{\alpha_i} - \frac{s_c}{\lambda c} - \frac{1}{\alpha_e}\right) \qquad (14.5)$$

Sostituendo nella (14.5) i valori numerici noti e assumendo α_i = 70 kcal/m^2·h·°C e α_e = 20 kcal/m^2·h·°C, si ottiene il valore dello spessore di isolante:

$$s_{is} = 0{,}75 \cdot \left(\frac{1}{4{,}55} - \frac{1}{70} - \frac{0{,}1}{1{,}3} - \frac{1}{20}\right) = 0{,}059 \text{ m} = 5{,}9 \text{ cm} \approx 6 \text{ cm}.$$

14.4 Scelta della pompa centrifuga

La pompa che alimenta il serbatoio di compenso è chiamata a funzionare ad una portata costante che, secondo la (14.1), è pari a:

$$G = 260/24 = 10{,}83 \text{ m}^3\text{/h} = 3{,}01 \text{ lt/sec} = 3{,}01 \text{ kg/sec}$$

avendo assunto la densità dell'acqua pari a 1 kg/lt.
La prevalenza della pompa H dipende dall'entità delle perdite di carico R dal pozzo di estrazione dell'acqua al serbatoio sopraelevato e dal dislivello geodetico h_g esistente fra il pelo libero dell'acqua nel pozzo e quello dell'acqua nel serbatoio sopraelevato secondo la formula:

$$H \text{ (J/kg)} = R + g\, h_g \qquad (14.6)$$

In generale l'altezza da terra del serbatoio sopraelevato deve essere scelta in modo che l'acqua pervenga alle utenze alla pressione richiesta, tenuto conto delle perdite di carico nella rete di distribuzione. Se, come spesso avviene, il serbatoio serve anche come riserva di acqua per fronteggiare eventuali incendi, l'altezza da terra del fondo del serbatoio stesso non dovrebbe essere inferiore a circa 30 m (pari a 295 J/kg); ciò al fine di assicurare all'acqua una pressione sufficiente per il buon funzionamento dell'impianto antincendio.
In questo caso specifico, stante la configurazione favorevole del *layout* di stabilimento con reparti facilmente raggiungibili con idranti dotati di manichette di lunghezza modesta, si ritiene sufficiente una altezza del serbatoio più contenuta e conseguentemente si valuta una prevalenza complessiva della pompa pari a H ≈ 250÷260 J/kg.
Si suppone che, per procedere alla scelta della pompa più adatta, siano disponibili tre tipologie di pompe centrifughe, le cui caratteristiche operative sono quelle riportate nella Tab. 14.2

Tab. 14.2

sigla pompa	G (kg/sec)	H (kJ/kg)	G · H (kJ/sec) o (kW)	P (kW)	η
PLN 32÷38	1,67	0,2983	0,4982	0,8309	0,600
	2,08	0,2934	0,6104	0,9044	0,675
	2,67	0,2836	0,7573	1,0000	0,757
	3,33	0,2640	0,8792	1,0882	0,808
	4,17	0,2444	1,0191	1,1985	0,850
AP 50	2	0,3033	0,6065	1,1029	0,550
	3	0,2934	0,8803	1,3235	0,665
	4	0,2738	1,0953	1,5441	0,709
	5	0,2350	1,1750	1,7350	0,677
	6	0,1953	1,1720	1,9118	0,613
PL 502	2,67	0,2836	0,7573	1,1471	0,660
	3,33	0,2738	0,9118	1,2500	0,729
	4,17	0,2640	1,1009	1,3971	0,788
	5,25	0,2444	1,2830	1,6029	0,800
	6,02	0,2152	1,2955	1,7490	0,741

Si ricorda che la potenza della generica pompa è data da:

$$P\ (kW) = G \cdot H / \eta$$

in cui η rappresenta il rendimento totale della pompa, comprensivo dei rendimenti idraulico, meccanico ed elettrico. Nelle successive Fig. 14.4-5-6 sono riportati gli andamenti delle grandezze di Tab. 14.2.
I dati da soddisfare sono: portata G = 3,01 kg/sec e prevalenza H = 250÷260 J/kg. La pompa avente sigla PLN 32÷38 presenta il migliore rendimento totale nel punto di funzionamento e quindi viene preferita alle altre e prescelta.
Come si può dedurre in via approssimata anche dalle Fig. 14.3-4-5, nel punto di funzionamento per G ≈ 3 kg/sec le tre pompe offrono le seguenti prestazioni:

- Pompa tipo PLN 32÷38:
  H = 0,27 kJ/kg
  P = 1,04 kW
  η = 0,79
- Pompa tipo AP 50:
  H = 0,29 kJ/kg
  P = 1,32 kW
  η = 0,72

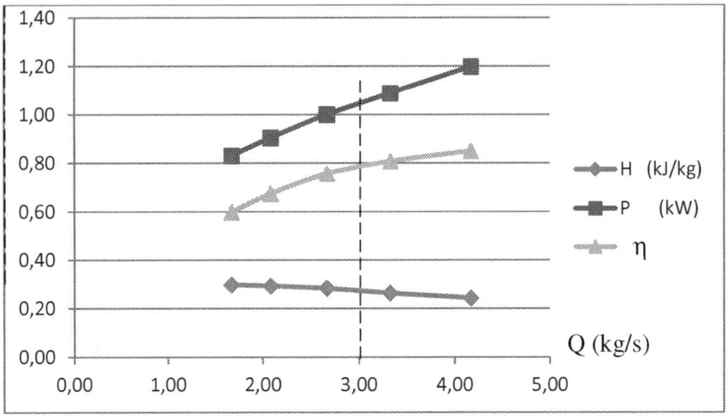

Fig. 14.4 – Caratteristiche della pompa tipo PLN 32÷38

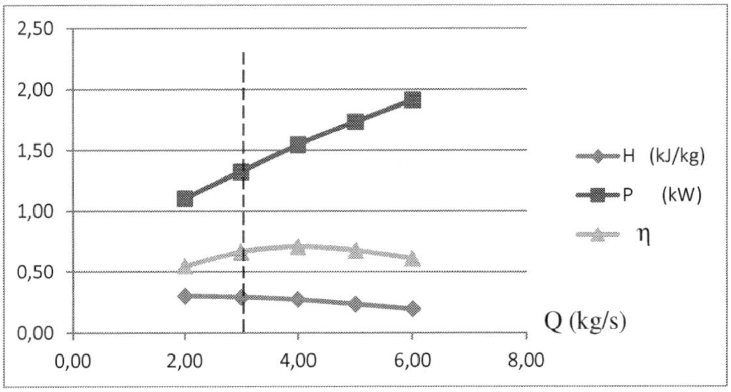

Fig. 14.5 – Caratteristiche della pompa tipo AP 50

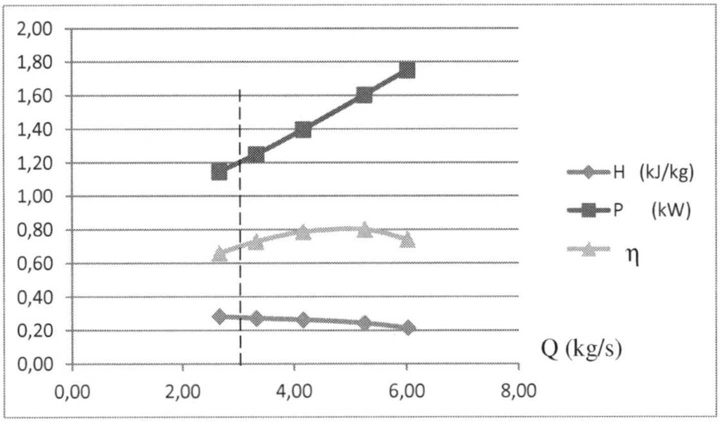

Fig. 14.6 – Caratteristiche della pompa tipo PL 502

- Pompa tipo PL 502:
  $H = 0{,}27$ kJ/kg
  $P = 1{,}20$ kW
  $\eta = 0{,}70$

Poiché la prevalenza richiesta è pari a 0,250÷0,260 kJ/kg, tutti e tre i tipi di pompa, presi in considerazione, sono adeguati ma il tipo PLN 32÷38 presenta un rendimento totale nettamente superiore (0,79 contro 0,72 e 0,70 rispettivamente) e quindi una potenza assorbita (1,04 kW contro 1,32 kW e 1,20 kW) e un consumo di energia elettrica nettamente inferiori.

ESERCIZIO 15

PROGETTO DI IMPIANTO IDRAULICO-SANITARIO CON AUTOCLAVE PER OFFICINA DI MONTAGGIO DI MOTORI ENDOTERMICI

15.1 Introduzione

Scopo di questa esercitazione è presentare il dimensionamento dell'impianto idrico-sanitario con autoclave per l'officina meccanica di montaggio di piccoli motori endotermici, di cui nel precedente Esercizio 8 è stato presentato il dimensionamento dell'impianto di riscaldamento.

15.2 Caratteristiche delle utenze idriche e dimensionamento della rete di distribuzione dell'acqua

Come già ricordato, l'industria in esame esegue il montaggio di piccoli motori endotermici per motocicli, aventi cilindrata pari a 48 cm^3. Tutte le parti costituenti il motore vengono fornite da aziende specializzate, su progetto della industria stessa.
La planimetria dello stabilimento, lo schema dell'impianto idrico-sanitario e la posizione delle utenze sono riportati in Fig. 15.1, in cui:

- le utenze n. 1-2-3-4-5-6-10 sono relative alla zona di lavorazione;
- le utenze n. 8-9 sono relative alla palazzina degli uffici;
- le utenze 7-11 sono relative alla lavorazione dei motori da competizione.

In Tab. 15.1 sono riportate le portate richieste dalle varie utenze.

Tab. 15.1

n.ro utenza	1	2	3	4	5	6	7	8	9	10	11
portata (kg/s)	0,3	1,0	0,3	0,3	0,3	0,3	0,3	0,8	0,4	0,3	0,3

Come si vede dallo schema di Fig. 15.1, l'impianto si sviluppa attraverso un ramo principale e un ramo secondario a partire da un collettore F, collocato all'interno della Centrale termica e idrica a 2 m dall'autoclave (serbatoio S), pure collocata all'interno della Centrale. Il circuito principale si sviluppa a partire da F attraverso i punti E-D-C-B-A e alimenta in D l'utenza 3, in C le utenze 4-5-6 attraverso una diramazione, in B l'utenza 2, in A l'utenza 1 (che è la più lontana dall'autoclave). Il circuito secondario si sviluppa attraverso i punti F-G-H-I-L a partire dal collettore F e alimenta in G l'utenza 11, in H l'utenza 7, in I l'utenza 8, in L l'utenza 9, in M l'utenza 10.
La portata totale di acqua che il collettore F deve erogare al ramo principale F-A è pari a: $G = (0,3 \cdot 5) + 1 = 1,5 + 1 = 2,5$ kg/s.
La portata totale di acqua che il collettore F deve erogare al ramo secondario F-M è pari a: $G = (0,3 \cdot 3) + 0,8 + 0,4 = 0,9 + 1,2 = 2,1$ kg/s.

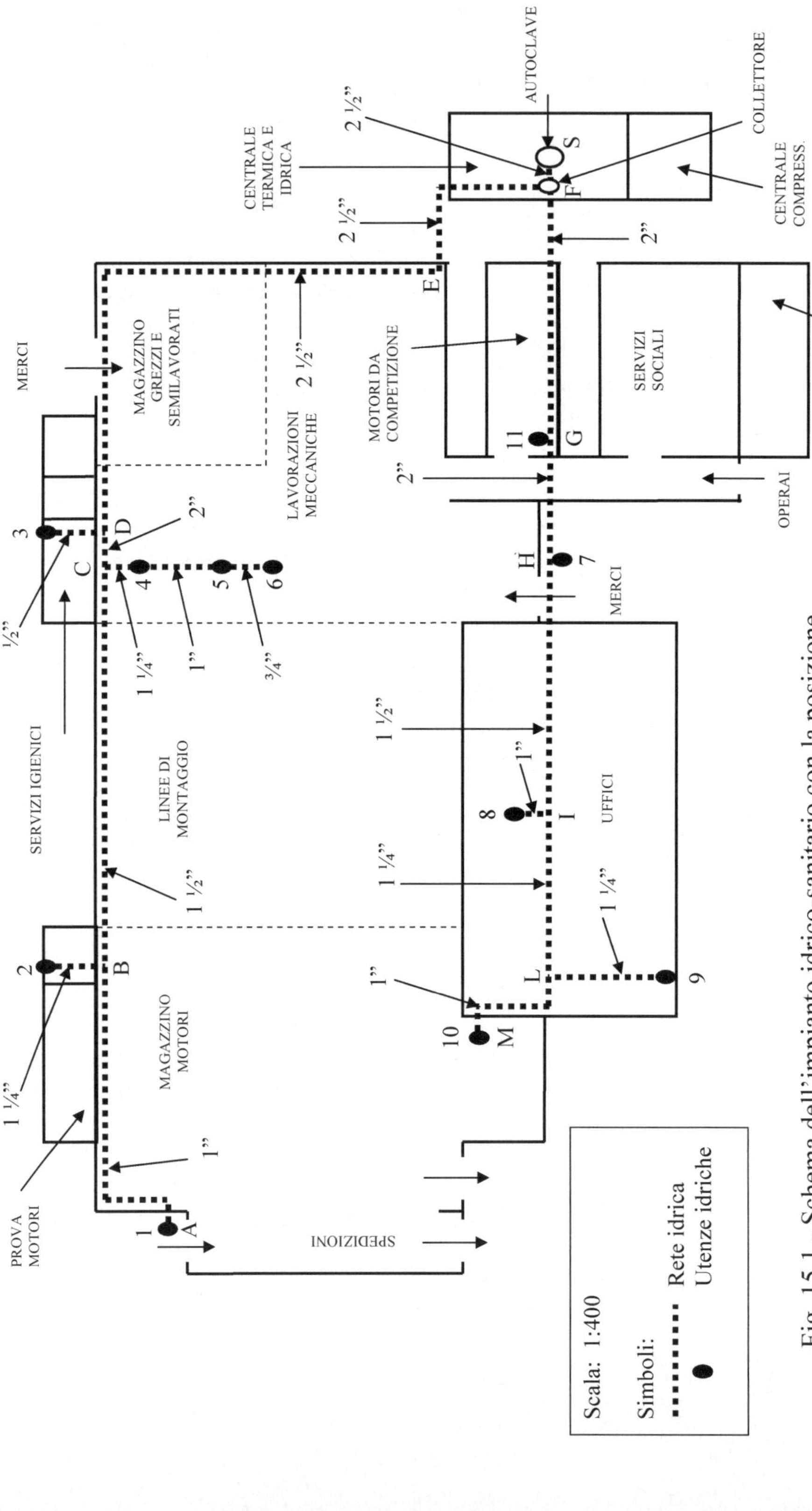

Fig. 15.1 - Schema dell'impianto idrico-sanitario con la posizione della centrale e delle utenze

15.2.1 Dimensionamento del ramo principale di distribuzione dell'acqua

Si adotta nell'autoclave S una pressione minima di circa 2,5 bar effettivi. L'utenza 1, che è la più lontana dall'autoclave, richiede acqua alla pressione minima di 1,7 bar. Ne consegue che le perdite di carico disponibili da S (autoclave) ad A sono pari a:

$$\Delta p = 2{,}5 - 1{,}7 \text{ bar} = 0{,}8 \text{ bar} = 0{,}8 \cdot 10^5 \text{ Pa.}$$

Lo sviluppo lineare della tubazione dall'autoclave S al punto A è pari a $L_{S\text{-}A}$ = 165,5 m. Attribuendo, in base all'esperienza una percentuale del 75% alle perdite distribuite e il restante 25% alle perdite concentrate, si può determinare la perdita di carico unitaria media (in Pa/m) con la formula:

$$R = 0{,}75 \cdot \Delta p / L_{S\text{-}A} = 0{,}75 \cdot 0{,}8 \cdot 10^5 \;/\; 165{,}5 = 363 \text{ Pa/m} \approx 360 \text{ Pa/m}$$

Con riferimento alla Fig. 15.1 e ai punti salienti della rete di tubazioni di distribuzione dell'acqua già indicati da A fino ad M, si riportano nel seguito, per ogni tratto di tubazione e sulla base del diagramma delle perdite di carico per unità di percorso R (Pa/m) per tubazioni in acciaio lisce, tratto da Fig. 12.16 di /1/ e qui riportato in Fig. 15.2, il diametro della tubazione e la velocità media avendo scelto una perdita di carico unitaria media dell'acqua nelle tubazioni pari a 360 Pa/m. Nel caso in cui il diametro risultante non sia un diametro commerciale si è scelto il diametro commerciale più prossimo o immediatamente superiore (con conseguente diminuzione della velocità media e della perdita per unità di percorso) o immediatamente inferiore (con conseguente aumento della velocità media e della perdita per unità di percorso), salvo verifica finale in rapporto alla Δp disponibile.

Tratto A-B
G_a = 0,3 kg/s
$D_{A\text{-}B}$ = 1" pollice
v = 0,58 m/s
R = 230 Pa/m
L = 37,5 m
$\Delta p_{A\text{-}B}$ = 230 · 37,5 = 8.625 Pa;

Tratto B-C
G_a = 0,3 + 1 = 1,3 kg/s
$D_{B\text{-}C}$ = 1 ½" pollici
v = v = 1,2 m/s
R = 630 Pa/m
L = 44,5 m
$\Delta p_{B\text{-}C}$ = 630 · 44,5 = 28.035 Pa;

Tratto C-D
G_a = (0,3 · 4) + 1 = 2,2 kg/s
$D_{C\text{-}D}$ = 2" pollici
v = 1,2 m/s
R = 490 Pa/m

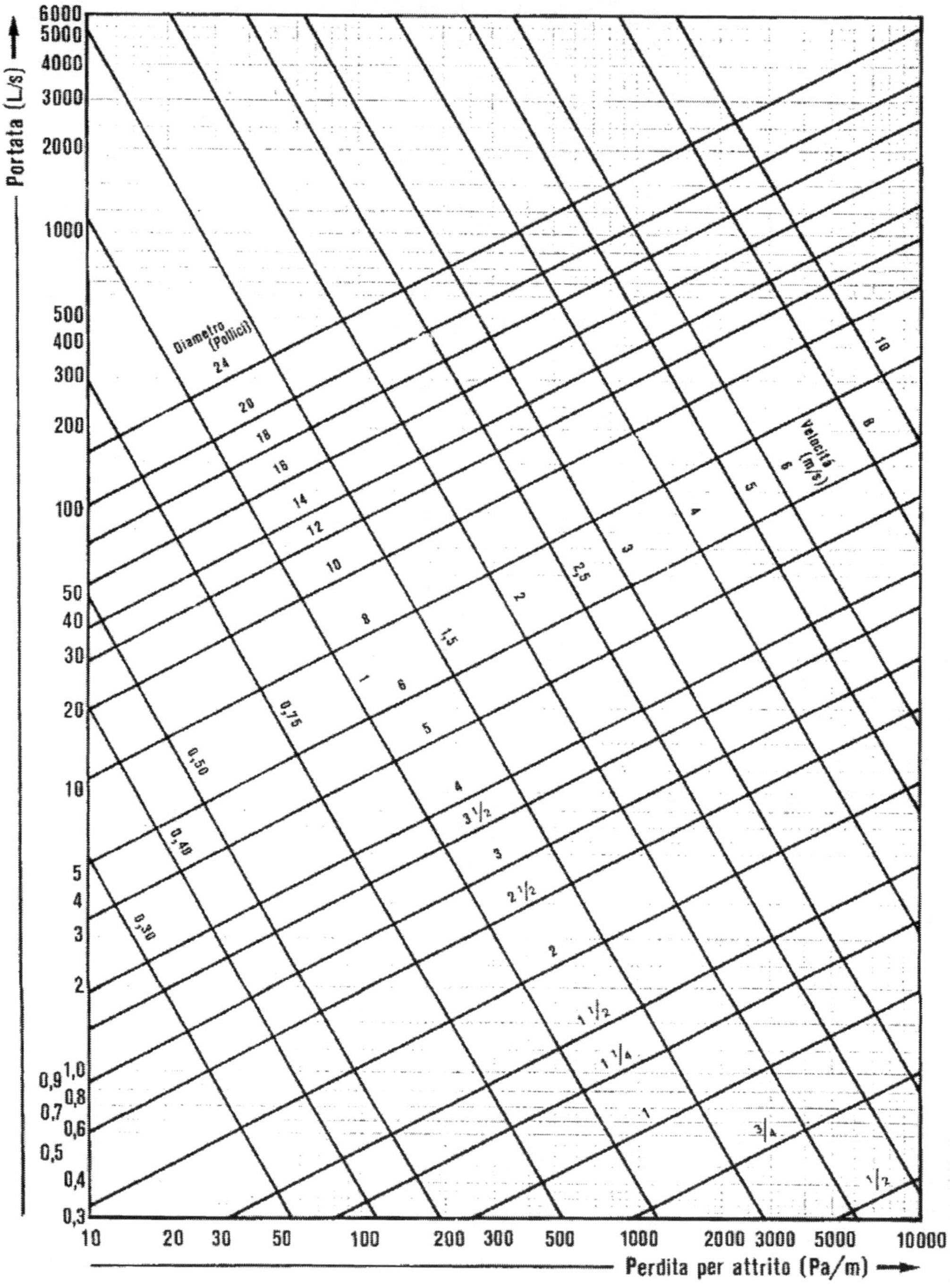

Fig. 15.2 - Grafico delle perdite di carico distribuite dell'acqua per tubazioni in acciaio lisce

L = 3,5 m
$\Delta p_{C\text{-}D} = 490 \cdot 3{,}5 = 1.715$ Pa;

Tratto D-E
$G_a = (0{,}3 \cdot 5) + 1 = 1{,}5 + 1 = 2{,}5$ kg/s
$D_{D\text{-}E}$ = 2 ½" pollici
v = 0,88 m/s
R = 212,5 Pa/m
L = 56 m
$\Delta p_{D\text{-}E} = 212{,}5 \cdot 56 = 11.900$ Pa;

Tratto E-F (collettore)
$G_a = (0{,}3 \cdot 5) + 1 = 1{,}5 + 1 = 2{,}5$ kg/s
$D_{E\text{-}F}$ = 2 ½" pollici
v = 0,88 m/s
R = 212,5 Pa/m
L = 22 m
$\Delta p_{E\text{-}F} = 212{,}5 \cdot 22 = 4.675$ Pa;

Tratto F (collettore)-S (autoclave)
In questo tratto fluiscono entrambe le portate del ramo principale verso il punto A e del ramo secondario verso il punto M; segue:
$G_a = 2{,}5 + 2{,}1 = 4{,}6$ kg/s
$D_{F\text{-}S}$ = 2 ½" pollici
v = 1,5 m/s
R = 553 Pa/m
L = 2 m
$\Delta p_{F\text{-}S} = 553 \cdot 2 = 1.106$ Pa.

La somma delle perdite distribuite nel ramo S (autoclave)-punto A vale:

$\Delta p_{d,\,S\text{-}A} = 8.625 + 28.035 + 1.715 + 11.900 + 4.675 + 1.106 = 56.056 \text{ Pa} < 60.000 \text{ Pa}$

Il valore ottenuto per le perdite distribuite (56.056 Pa) è inferiore non di molto a quello preventivato inizialmente (0,75 · 80.000 = 60.000 Pa).

Si passa ora al calcolo delle perdite concentrate sul ramo principale dall'autoclave S al punto A (in cui è presente la utenza 1) tramite la consueta formula:

$$\Delta p_c = \rho \cdot (\Sigma \xi) \cdot v^2/2.$$

I coefficienti di perdita di carico concentrata sono riportati nella successiva Tab. 15.2. Nella Tab. 15.3 si riporta il dettaglio del calcolo delle perdite concentrate e per completezza anche i dati delle perdite distribuite.
Le perdite concentrate risultano in totale pari a: $\Delta p_{c,\,S\text{-}A} = 8.542 \text{ Pa} << 20.000 \text{ Pa}$.
Come si vede il valore ottenuto per le perdite concentrate (8.542 Pa) è abbastanza inferiore al valore preventivato inizialmente (0,25 · 80.000 = 20.000 Pa) e ciò significa che il tracciato S-A è tale per cui il peso percentuale del 25% attribuito a priori alle perdite concentrate è un po' eccessivo. Ne consegue che la somma di

perdite distribuite e concentrate sul ramo principale S-A, pari a 64.598 Pa, è inferiore del 19,25% al valore disponibile di 80.000 Pa.

Tab. 15.2 – Coefficienti di perdita di carico concentrata nel tratto principale A-S(autoclave)

Ramo	Accidentalità	Coefficiente ξ	$\Sigma\xi$	$(\Sigma\xi)_{tot}$
A-B	1 saracinesca 3 curve a gomito 1 presa	1 1 1	1 3 1	5
B-C	1 passaggio a T diretto	1	1	1
C-D	1 passaggio a T diretto	1	1	1
D-E	1 passaggio a T diretto 1 curva a gomito	1 1	1 1	2
E-F	1 passaggio T deviato 2 curve a gomito 1 saracinesca	1,5 1 0,5	1,5 2 0,5	4
F-S	2 curve a gomito 1 saracinesca 1 riduzione di sezione	1 0,5 1	2 0,5 1	3,5

Tab. 15.3 – Dimensionamento tubazioni e perdite di carico nel ramo principale A-S

ramo	Q (kg/s)	L (m)	D (pollici)	v (m/s)	R (Pa/m)	$\Delta p_d = R \cdot L$ (Pa)	$(\Sigma\xi)_{tot}$	Δp_c (Pa)	$\Delta p_d + \Delta p_c = \Delta p_{tot}$ (Pa)
A-B	0,3	37,5	1"	0,58	230,0	8.625	5,0	841	9.466
B-C	1,3	44,5	1 ½”	1,20	630,0	28.035	1,0	720	28.755
C-D	2,2	3,5	2"	1,20	490,0	1.715	1,0	720	2.435
D-E	2,5	56,0	2 ½”	0,88	212,5	11.900	2,0	774	12.674
E-F	2,5	22,0	2 ½”	0,88	212,5	4.675	4,0	1.549	6.224
F-S	4,6	2,0	2 ½”	1,50	553,0	1.106	3,5	3.938	5.044
						56.056		8.542	64.598

E’ dunque possibile modificare la scelta delle tubazioni in modo da conseguire qualche risparmio nei materiali senza scavalcare il valore di 80.000 Pa disponibili. A questo fine è possibile per il tratto E-F (collettore) scegliere un diametro di 2” anziché di 2 ½” come fatto in precedenza. Si ottiene:

Tratto E-F (collettore)

$G_a = (0,3 \cdot 5) + 1 = 1,5 + 1 = 2,5$ kg/s

$D_{E\text{-}F} = 2”$ pollici

v = 1,44 m/s

R = 700 Pa/m

L = 22 m

$\Delta p_{d,E\text{-}F} = 700 \cdot 22 = 15.400$ Pa

Le perdite di carico distribuite aumentano nel tratto E-F di:

(15.400 - 4.675) Pa = 10.725 Pa,

portando il totale ad un valore di:

(56.056 + 10.725) Pa = 66.781 Pa

Contemporaneamente anche le perdite di carico concentrate nello stesso tratto E-F aumentano in quanto la velocità media, avendo ridotto il diametro della tubazione da 2 ½" pollici a 2" pollici, aumenta da 0,88 m/s a 1,44 m/s. La nuova perdita di carico concentrata nel tratto E-F assume il valore:

$\Delta p_{c,E\text{-}F} = \rho \cdot (\Sigma\xi)_{tot,\, E\text{-}F} \cdot v^2/2 = 1.000 \cdot 4 \cdot 1{,}44^2 / 2 = 4.147$ Pa

Le perdite di carico concentrate aumentano di:

(4.147 - 1.549) Pa = 2.598 Pa,

portandosi ad un valore complessivo di:

(8.542 + 2.598) Pa = 11.140 Pa

La perdita di carico totale (comprensiva di perdite distribuite e concentrate) nel ramo A-S assume il valore finale di:

(66.781 + 11.140) Pa = 77.921 Pa < 80.000 Pa.

Si riporta di seguito la Tab. 15.3 bis in cui appaiono in grassetto le grandezze modificate secondo la precedente discussione.

Tab. 15.3 bis – Dimensionamento tubazioni con modifica della tubazione del ramo E-F e perdite di carico nel ramo principale A-S

ramo	Q (kg/s)	L (m)	D (pollici)	v (m/s)	R (Pa/m)	$\Delta p_d = R \cdot L$ (Pa)	$(\Sigma\xi)_{tot}$	Δp_c (Pa)	$\Delta p_d + \Delta p_c = \Delta p_{tot}$ (Pa)
A-B	0,3	37,5	1"	0,58	230,0	8.625	5,0	841	9.466
B-C	1,3	44,5	1 1/2"	1,2	630,0	28.035	1,0	720	28.755
C-D	2,2	3,5	2"	1,2	490,0	1.715	1,0	720	2.435
D-E	2,5	56,0	2 1/2"	0,88	212,5	11.900	2,0	774	12.674
E-F	2,5	22,0	**2"**	**1,44**	**700,0**	**15.400**	4,0	**4.147**	**19.547**
F-S	4,6	2,0	2 1/2"	1,5	553,0	1.106	3,5	3.938	5.044
						66.781		**11.140**	**77.921**

15.2.2 Dimensionamento del ramo secondario di distribuzione dell'acqua

Si procede ora in modo analogo per il ramo secondario F-G-H-I-L-M, utilizzando, nonostante quanto sopra evidenziato, il dimensionamento di cui alla Tab. 15.3, che dà maggiore respiro grazie al sovradimensionamento del tratto E-F con una tubazione da 2 ½" anziché da 2".

La perdita di carico complessiva disponibile è data dal valore totale di 64.598 Pa previsto nell'intero ramo principale da A ad S meno la caduta di carico totale nel tratto F-S pari a 5.044 Pa. La differenza di pressione:

$$(64.598 - 5.044)\ Pa = 59.554\ Pa$$

a disposizione del tratto principale F-A è anche a disposizione del tratto secondario F-M. Lo sviluppo lineare della tubazione dal collettore F al punto M è pari a $L_{F-M} = 98$ m. Attribuendo, in base all'esperienza una percentuale del 75% alle perdite distribuite e il restante 25% alle perdite concentrate, si può determinare la perdita di carico unitaria media (in Pa/m) con la formula:

$$R = 0,75 \cdot \Delta p / L_{F-A} = 0,75 \cdot 59.554 / 98 = 456\ Pa/m \approx 460\ Pa/m$$

Con riferimento alla Fig. 15.1 e ai punti salienti della rete di distribuzione dell'acqua già indicati da F fino ad M, si riportano nel seguito, per ogni tratto di tubazione e sulla base del diagramma delle perdite di carico per unità di percorso R (Pa/m) per tubazioni in acciaio lisce, tratto da Fig. 12.16 di /1/, il diametro della tubazione e la velocità media avendo scelto una perdita di carico unitaria media dell'acqua nelle tubazioni pari a 460 Pa/m. Nel caso in cui il diametro risultante non sia un diametro commerciale si sceglie il diametro commerciale più prossimo o immediatamente superiore (con conseguente diminuzione della velocità media e della perdita per unità di percorso) o immediatamente inferiore (con conseguente aumento della velocità media e della perdita per unità di percorso), salvo verifica finale sulla Δp disponibile.

Tratto F-G

$G_a = (0,3 \cdot 3) + 0,8 + 0,4 = 0,9 + 1,2 = 2,1$ kg/s.
$D_{F-G} = 2"$ pollici
$v = 1,068$ m/s
$R = 410$ Pa/m
$L = 28$ m
$\Delta p_{F-G} = 410 \cdot 28 = 11.480$ Pa;

Tratto G-H

$G_a = 2,1 - 0,3 = 1,8$ kg/s
$D_{G-H} = 2"$ pollici
$v = 0,9$ m/s
$R = 300$ Pa/m
$L = 12,8$ m
$\Delta p_{G-H} = 300 \cdot 12,8 = 3.840$ Pa;

Tratto H-I

$G_a = 1,8 - 0,3 = 1,5$ kg/s
$D_{H-I} = 1\ ½"$ pollici
$v = 1,3$ m/s
$R = 770$ Pa/m
$L = 26,8$ m
$\Delta p_{H-I} = 770 \cdot 26,8 = 20.636$ Pa;

Tratto I-L
$G_a = 1{,}5 - 0{,}8 = 0{,}7$ kg/s
$D_{I\text{-}L} = 1\ ¼$" pollici
v = 0,815 m/s
R = 400 Pa/m
L = 18 m
$\Delta p_{I\text{-}L} = 400 \cdot 18 = 7.200$ Pa;

Tratto L-M
$G_a = 0{,}7 - 0{,}4 = 0{,}3$ kg/s
$D_{L\text{-}M} = 1$" pollice
v = 0,58 m/s
R = 230 Pa/m
L = 12,4 m
$\Delta p_{L\text{-}M} = 230 \cdot 12{,}4 = 2.852$ Pa

La somma delle perdite distribuite nel ramo F (collettore)-punto M vale:

$$\Delta p_{d,\,F\text{-}M} = 11.480 + 3.840 + 20.636 + 7.200 + 2852 = 46.008 \text{ Pa}$$

Il valore preventivato inizialmente per le perdite di carico distribuite è dato da:
$0{,}75 \cdot 59.554 = 44.665$ Pa
Come si vede il valore ottenuto per le perdite distribuite ($\Delta p_{d,\,F\text{-}M}$ = 46.008 Pa) è superiore di poco a quello preventivato inizialmente (44.665 Pa). Di questo si dovrà tenere conto nella verifica finale.
Si passa ora al calcolo delle perdite concentrate sul ramo principale dal collettore F al punto M (in cui è presente l'utenza 10). I coefficienti di perdita di carico concentrata sono riportati nella successiva Tab. 15.4.
Nella Tab. 15.5 si riporta il dettaglio del calcolo delle perdite concentrate e per completezza anche i dati delle perdite distribuite.
Le perdite concentrate, calcolate con la formula consueta, risultano in totale pari a:
$\Delta p_{c,\,F\text{-}M} = 2.942$ Pa.
Il valore preventivato inizialmente per le perdite di carico concentrata è dato da:
$0{,}25 \cdot 59.554 = 14.888$ Pa
Come si vede il valore ottenuto per le perdite concentrate (2.942 Pa) è abbastanza inferiore al valore preventivato inizialmente (14.888 Pa) e ciò significa che il tracciato F-M (quasi totalmente diritto a meno di una curva a gomito) è tale per cui il peso percentuale del 25% attribuito a priori alle perdite concentrate è eccessivo. In conclusione, la somma di perdite distribuite e concentrate sul ramo secondario F-M, pari a:
$46.008 + 2.942 = 48.950$ Pa
è inferiore del 17,81% al valore disponibile di 59.554 Pa.
Anche in questo caso è dunque possibile modificare la scelta delle tubazioni in modo da conseguire qualche risparmio nei materiali senza scavalcare il valore di 59.554 Pa disponibili. A questo fine è possibile per il tratto L-M scegliere un diametro di ¾" anziché di 1" come fatto in precedenza.

Tab. 15.4 – Coefficienti di perdita di carico concentrata nel tratto principale A-S(autoclave)

Ramo	Accidentalità	Coefficiente ξ	$\Sigma\xi$	$(\Sigma\xi)_{tot}$
F-G	1 passaggio a T diretto 1 saracinesca	1 0,5	1 0,5	1,5
G-H	1 passaggio a T diretto	1	1	1
H-I	1 passaggio a T diretto	1	1	1
I-L	1 passaggio a T diretto	1	1	1
L-M	1 saracinesca 1 curva a gomito 1 presa	1 1 1	1 1 1	3

Tab. 15.5 – Dimensionamento tubazioni e perdite di carico nel ramo secondario F-M

ramo	Q (kg/s)	L (m)	D (pollici)	v (m/s)	R (Pa/m)	$\Delta p_d = R \cdot L$ (Pa)	$(\Sigma\xi)_{tot}$	Δp_c (Pa)	$\Delta p_d + \Delta p_c = \Delta p_{tot}$ (Pa)
F-G	2,1	28,0	2"	1,068	410	11.480	1,5	855	12.335
G-H	1,8	12,8	2”	0,900	300	3.840	1	405	4.245
H-I	1,5	26,8	1 ½”	1,300	770	20.636	1	845	21.481
I-L	0,7	18,0	1 ¼”	0,815	400	7.200	1	332	7.532
L-M	0,3	12,4	1”	0,580	230	2.852	3	505	3.357
						46.008		2.942	48.950

Si ottiene:

Tratto L-M

$G_a = 0,7 - 0,4 = 0,3$ kg/s

$D_{L-M} = ¾”$ pollice

$v = 0,9$ m/s

$R = 900$ Pa/m

$L = 12,4$ m

$\Delta p_{L-M} = 900 \cdot 12,4 = 11.160$ Pa.

Le perdite di carico distribuite aumentano nel tratto L-M di:

$(11.160 - 2.852)$ Pa $= 8.308$ Pa,

portando il totale ad un valore di:

$(46.008 + 8.308)$ Pa $= 54.316$ Pa

Contemporaneamente anche le perdite di carico concentrate nello stesso tratto L-M aumentano in quanto la velocità media, avendo ridotto il diametro della tubazione da

1” pollice a ¾” pollici, aumenta da 0,58 m/s a 0,9 m/s. La nuova perdita di carico concentrata nel tratto E-F assume il valore:

$\Delta p_{c,L\text{-}M} = \rho \cdot (\Sigma\xi)_{tot,\,E\text{-}F} \cdot v^2/2 = 1.000 \cdot 3 \cdot 0{,}9^2 / 2 = 1.215$

Le perdite di carico concentrate aumentano di:

(1.215 - 505) Pa = 710 Pa,

portandosi ad un valore complessivo di:

(2942 + 710) Pa = 3.652 Pa

La perdita di carico totale (comprensiva di perdite distribuite e concentrate) nel ramo F-M assume il valore finale di:

(54.316 + 3.652) Pa = 57.968 Pa < 59.554 Pa.

Si riporta di seguito la Tab. 15.5 bis in cui appaiono in grassetto le grandezze modificate secondo la precedente discussione:

Tab. 15.5 bis – Dimensionamento tubazioni con modifica della tubazione del ramo L-M e perdite di carico nel ramo secondario F-M

ramo	Q (kg/s)	L (m)	D (pollici)	v (m/s)	R (Pa/m)	$\Delta p_d = R \cdot L$ (Pa)	$(\Sigma\xi)_{tot}$	Δp_c (Pa)	$\Delta p_d + \Delta p_c = \Delta p_{tot}$ (Pa)
F-G	2,1	28,0	2"	1,068	410	11.480	1,5	855	12.335
G-H	1,8	12,8	2”	0,900	300	3.840	1	405	4.245
H-I	1,5	26,8	1 ½”	1,300	770	20.636	1	845	21.481
I-L	0,7	18,0	1 ¼”	0,815	400	7.200	1	332	7.532
L-M	0,3	12,4	**3/4"**	**0,900**	**900**	**11.160**	3	**1.215**	**12.375**
						54.316		**3.652**	**57.968**

Nonostante quanto sopra evidenziato, anche in questo caso si decide di procedere utilizzando il dimensionamento di cui alla Tab. 15.5, che dà maggiore respiro grazie al sovradimensionamento del tratto L-M con una tubazione da 1” anziché da 3/4”.

15.2.3 Dimensionamento delle derivazioni alle utenze.

Le derivazioni più significative sono quelle verso le utenze più lontane dalla tubazione principale (sia essa costituita dal ramo F-A o dal ramo F-M) e precisamente:

- la derivazione dal punto B all’utenza 2;
- la derivazione dal punto C alle utenze 4-5-6;
- la derivazione dal punto L all’utenza 9.

Le altre utenze o sono direttamente al termine dei rami principali (utenze 1-10) o sono vicinissime ai rami principali.

Derivazione dal punto B all'utenza 2
Il carico disponibile al punto B è pari a:

$\Delta p_{tot,A\text{-}B}$ = 9.466 Pa (cfr. Tab. 15.3)

La distanza è pari a: $L_{B\text{-}2}$ = 4 m.
Utilizzando il diagramma delle perdite di carico distribuite di Fig. 15.2, si ha:

Tratto B-2

G_a = 1 kg/s
$D_{B\text{-}2}$ = 1 ¼" pollice
v = 1,2 m/s
R = 800 Pa/m
$L_{B\text{-}2}$ = 4 m
$\Delta p_{d,B\text{-}2} = 800 \cdot 4 = 3.200$ Pa.

Anche ipotizzando che le perdite di carico distribuite incidano solo per il 40% sulle perdite di carico totali (perché il tratto è corto e quindi prevalgono prevedibilmente le perdite di carico concentrate), le perdite di carico totali arrivano al più a (3.200/0,4) = 8.000 Pa valore nettamente inferiore al carico disponibile pari a 9.466 Pa. La derivazione verso l'utenza 2 realizzata con una tubazione da 1 ¼" può considerarsi più che soddisfacente.

In alternativa si può assumere un valore molto grande, e certamente esuberante, di $(\Sigma\xi)_{tot,B\text{-}2}$ ponendolo, ad esempio, uguale a 5 e calcolare la corrispondente perdita di carico concentrata nel tratto B-2; si ottiene il valore:

$$\Delta p_{c,B\text{-}2} = \rho \cdot (\Sigma\xi)_{tot,\,B\text{-}2} \cdot v^2/2 = 1.000 \cdot 5 \cdot 1{,}2^2 / 2 = 3.600 \text{ Pa}$$

Anche in questa ipotesi si ottiene una perdita di carico totale:

(3.200 + 3.600) = 6.800 Pa

nettamente inferiore al carico disponibile pari a 9.466 Pa.

Derivazione dal punto C alle utenze 4-5-6
Il carico disponibile al punto C è pari a:

$\Delta p_{tot,A\text{-}B} + \Delta p_{tot,B\text{-}C}$ = 9.466 + 28.755 = 38.221 Pa (cfr. Tab. 15.3)

Le distanze in gioco sono pari a: $L_{C\text{-}4}$ = 4 m; $L_{4\text{-}5}$ = 6 m; $L_{5\text{-}6}$ = 3,5 m.
Si ipotizza ancora prudenzialmente che le perdite di carico distribuite incidano solo per il 40% sulle perdite totali e che quindi per esse sia disponibile un carico pari a (0,4·38.221) = 15.288 Pa.
Utilizzando il diagramma delle perdite di carico distribuite di Fig. 15.2, si ha:

Tratto C-4

G_a = 0,9 kg/s
$D_{C\text{-}4}$ = 1 ¼" pollice
v = 1 m/s
R = 600 Pa/m
$L_{C\text{-}4}$ = 4 m
$\Delta p_{d,C\text{-}4} = 600 \cdot 4 = 2.400$ Pa.

Tratto 4-5
$G_a = 0{,}6$ kg/s
$D_{4\text{-}5} = 1"$ pollice
$v = 1{,}07$ m/s
$R = 900$ Pa/m
$L_{4\text{-}5} = 6$ m
$\Delta p_{d,4\text{-}5} = 900 \cdot 6 = 5.400$ Pa.

Tratto 5-6
$G_a = 0{,}3$ kg/s
$D_{5\text{-}6} = ¾"$ pollice
$v = 0{,}9$ m/s
$R = 900$ Pa/m
$L_{5\text{-}6} = 3{,}5$ m
$\Delta p_{d,5\text{-}6} = 900 \cdot 3{,}5 = 3.150$ Pa.

Sommando le tre perdite di carico distribuite si ha:

$$\Delta p_{d,C\text{-}4} + \Delta p_{d,4\text{-}5} + \Delta p_{d,5\text{-}6} = 2.400 + 5.400 + 3.150 = 10.950 \text{ Pa} < 15.288 \text{ Pa.} \quad (15.1)$$

La verifica è soddisfatta. I tre tronchi di tubazione sono rispettivamente di diametro pari a 1 ¼", 1", ¾". Si può constatare con ulteriori valutazioni che diminuendo il diametro di uno qualunque dei tre tronchi la verifica (15.1) non è più soddisfatta.

Derivazione dal punto D all'utenza 3
Il carico disponibile al punto D è pari a:
$\Delta p_{tot,A\text{-}B} + \Delta p_{tot,B\text{-}C} + \Delta p_{tot,C\text{-}D} = 9.466 + 28.755 + 2.435 = 40.656$ Pa (cfr. Tab. 15.3)
La distanza è pari a: $L_{D\text{-}3} = 4$ m.
Utilizzando il diagramma delle perdite di carico distribuite di Fig. 15.2, si ha:

Tratto D-3
$G_a = 0{,}3$ kg/s
$D_{D\text{-}3} = ½"$ pollice
$v = 1{,}93$ m/s
$R = 5.000$ Pa/m
$L_{D\text{-}3} = 4$ m
$\Delta p_{d,D\text{-}3} = 5.000 \cdot 4 = 20.000$ Pa.

Ipotizzando che le perdite di carico distribuite incidano almeno per il 60% sulle perdite di carico totali (il tratto questa volta è relativamente lungo e pari a 4 m), le perdite di carico totali arrivano al più a (20.000/0,6) = 33.333 Pa, valore nettamente inferiore al carico disponibile pari a 40.656 Pa. La derivazione verso l'utenza 3 realizzata con una tubazione da ½" può considerarsi più che soddisfacente.

Derivazione dal punto G all'utenza 11
Il carico disponibile al punto G è pari a:
$\Delta p_{tot,F\text{-}M} - \Delta p_{tot,F\text{-}G} = 48.950 - 12.335 = 36.615$ Pa (cfr. Tab. 15.5)
L'utenza 11 è a ridosso del ramo secondario F-M e quindi la distanza per raggiungerla è pari circa a: $L_{G\text{-}11} \approx 1$ m.

Utilizzando il diagramma delle perdite di carico distribuite di Fig. 15.2, si ha:
Tratto G-11
$G_a = 0,3$ kg/s
$D_{G-11} = ½"$ pollice
v = 1,93 m/s
R = 5.000 Pa/m
$L_{G-11} \approx 1$ m
$\Delta p_{d,G-11} \approx 5.000 \cdot 1 = 5.000$ Pa.
Anche ipotizzando che le perdite di carico distribuite incidano solo per il 25% sulle perdite di carico totali (il tratto questa volta è molto corto e pari a circa 1 m), le perdite di carico totali arrivano al più a (5.000/0,25) = 20.000 Pa, valore nettamente inferiore al carico disponibile pari a 36.615 Pa. La derivazione verso l'utenza 11 realizzata con una tubazione da ½" può considerarsi più che soddisfacente.

Derivazione dal punto H all'utenza 7
Il carico disponibile al punto H è pari a:
$\Delta p_{tot,F-M} - \Delta p_{tot,F-G} - \Delta p_{tot,G-H} = 48.950 - 12.335 - 4.245 = 32.370$ Pa (cfr. Tab. 15.5)
L'utenza 7 è a ridosso del ramo secondario F-M e quindi la distanza per raggiungerla è pari circa a: $L_{H-7} \approx 1$ m.
Utilizzando il diagramma delle perdite di carico distribuite di Fig. 15.2, si ha:
Tratto H-7
$G_a = 0,3$ kg/s
$D_{H-7} = ½"$ pollice
v = 1,93 m/s
R = 5.000 Pa/m
$L_{H-7} \approx 1$ m
$\Delta p_{d,H-7} \approx 5.000 \cdot 1 = 5.000$ Pa.
Anche ipotizzando che le perdite di carico distribuite incidano solo per il 25% sulle perdite di carico totali (il tratto questa volta è molto corto e pari a circa 1 m), le perdite di carico totali arrivano al più a (5.000/0,25) = 20.000 Pa, valore nettamente inferiore al carico disponibile pari a 32.370 Pa. La derivazione verso l'utenza 7 realizzata con una tubazione da ½" può considerarsi più che soddisfacente.

Derivazione dal punto I all'utenza 8
Il carico disponibile al punto I è pari a:
$\Delta p_{tot,I-L} + \Delta p_{tot,L-M} = 7.532 + 3.357 = 10.889$ Pa (cfr. Tab. 15.3)
La distanza è pari a: $L_{I-8} = 2,5$ m.
Utilizzando il diagramma delle perdite di carico distribuite di Fig. 15.2, si ha:
Tratto I-8
$G_a = 0,8$ kg/s
$D_{I-8} = 1"$ pollice
v = 1,44 m/s
R = 1.410 Pa/m
$L_{I-8} = 2,5$ m

$\Delta p_{d,I-8} = 1.410 \cdot 2,5 = 3.525$ Pa.

Anche ipotizzando che le perdite di carico distribuite incidano solo per il 40% sulle perdite di carico totali (il tratto questa volta è relativamente corto e pari a 2,5 m), le perdite di carico totali arrivano al più a (3.525/0,4) = 8.812 Pa, valore nettamente inferiore al carico disponibile pari a 10.889 Pa. La derivazione verso l'utenza 8 realizzata con una tubazione da 1" può considerarsi più che soddisfacente.

Derivazione dal punto L all'utenza 9

Il carico disponibile al punto L è pari a:

$\Delta p_{tot,L-M} = 3357$ Pa (cfr. Tab. 15.5)

La distanza è pari a: $L_{L-9} = 8$ m.

Utilizzando il diagramma delle perdite di carico distribuite di Fig. 15.2, si ha:

Tratto L-9

$G_a = 0,4$ kg/s

$D_{L-9} = 1\ ¼$" pollice

$v = 0,46$ m/s

$R = 130$ Pa/m

$L_{L-9} = 8$ m

$\Delta p_{d,L-9} = 130 \cdot 8 = 1.040$ Pa.

Anche ipotizzando che le perdite di carico distribuite incidano per il 60% sulle perdite di carico totali (il tratto questa volta è relativamente lungo e pari a 8 m), le perdite di carico totali arrivano al più a (1.040/0,6) = 1.733 Pa, valore inferiore al carico disponibile pari a 3.357 Pa. La derivazione verso l'utenza 9 realizzata con una tubazione da 1 ¼" può considerarsi più che soddisfacente. Si può constatare con ulteriori semplici valutazioni che diminuendo il diametro della tubazione a 1" la verifica, di cui sopra, non è più soddisfatta.

I diametri di tutte le tubazioni dimensionate sono riportati direttamente sullo schema dell'impianto in Fig. 15.1

15.3 Dimensionamento dell'autoclave.

L'impianto idrico-sanitario in discussione è un impianto pressurizzato con autoclave. Nel seguito si fa riferimento alla trattazione e ai simboli riportati nel par. 12.3.4 di /1/ ed al successivo schema di Fig. 15.2. Si indicano con p_0 e p_1 le pressioni (minima e massima) all'interno del serbatoio e con V_0 e V_1 i corrispondenti volumi (massimo e minimo) di aria sempre all'interno del serbatoio legati dalle relazione: $p_0 \cdot V_0 = p_1 \cdot V_1$.

Il volume utile V dell'autoclave è dato da:

$$V = V_0 - V_1 = V_0 (1 - p_0 / p_1) \qquad (15.2)$$

Quando nell'autoclave il livello dell'acqua scende al valore minimo (cui corrisponde il volume d'aria massimo V_0 e la pressione minima p_0) un pressostato comanda l'avvio della pompa che provvede all'alimentazione dell'acqua all'autoclave (S). Si indica con T il tempo periodico che intercorre fra due avviamenti successivi della pompa. Tale tempo è costituito da una parte t_1 durante la quale il serbatoio viene riempito dal livello minimo fino a che l'acqua raggiunge il livello massimo stabilito

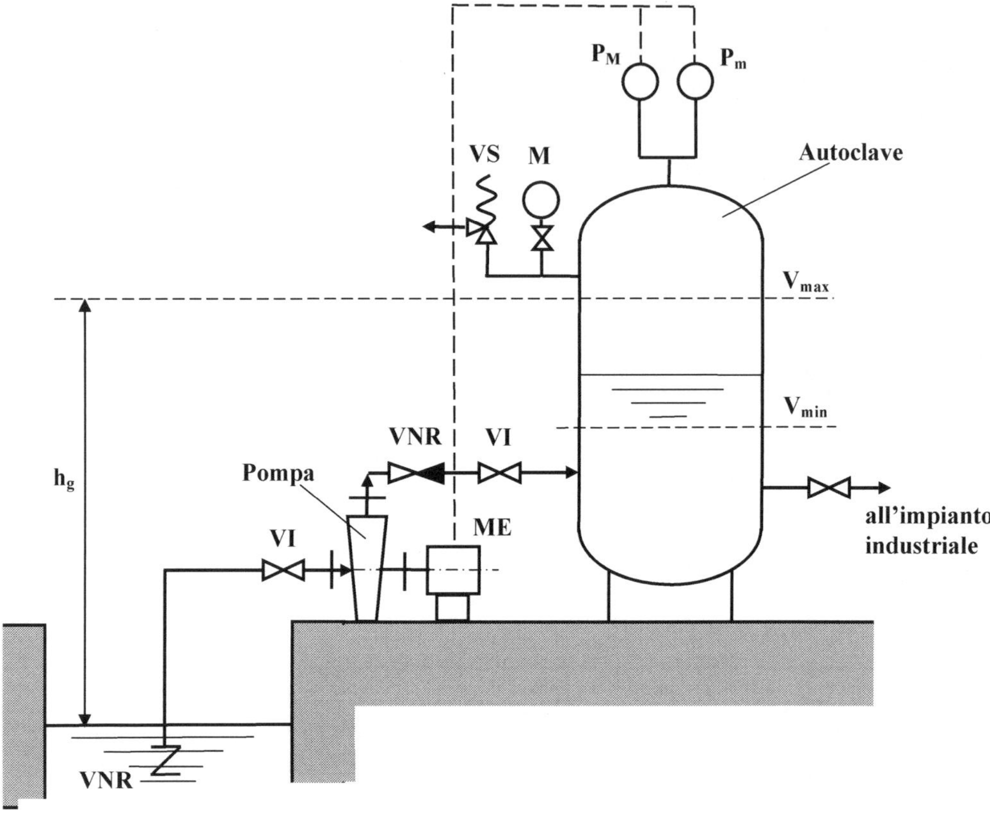

Fig. 15.2 – Impianto idrico-sanitario con autoclave, pompa e pressostati

(cui corrisponde il volume d'aria minimo V_1 e la pressione massima p_1) e da una parte t_2, a pompa di nuovo ferma, durante la quale il serbatoio si svuota a causa del prelievo di acqua da parte delle utenze fino a che l'acqua scende di nuovo al livello minimo: a questo punto la pompa riparte e il ciclo si ripete. Vale ovviamente la relazione:

$$T = t_1 + t_2 = 1/N$$

in cui N rappresenta il numero di accensioni del motore della pompa nell'unità di tempo. Poiché N non può superare un certo valore massimo per ragioni pratiche (pericolo di ossidazione dei contatti elettrici), interessa la relazione:

$$T_{min} = t_{1min} + t_{2min} = 1/N_{max}$$

in cui:

$t_{1min} = V/Q_p$ (con Q_p portata massima della pompa e utenze tutte chiuse);

$t_{2min} = V/Q_{u,max}$ (con $Q_{u,max}$ portata massima alle utenze e pompa ferma).

Ponendo $Q_p = Q_{u,max} = Q$, si ottiene:

$$T_{min} = 1/N_{max} = t_{1min} + t_{2min} = (V/Q_p) + (V/Q_{u,max}) = 2V/Q.$$

E' quindi possibile determinare il volume utile V dell'autoclave tenendo conto che la portata massima alle utenze è data da:

$Q_{u,max} = 2,5 + 2,1 = 4,6$ lt/s $= 4,6 \cdot 3600 = 16.560$ lt/h

e che $N_{max} = 10$ scatti/h (ovvero 1 ogni 6 minuti per non avere una eccessiva frequenza di avviamenti/fermate del motore elettrico). Risulta:

$V = Q/2\ N_{max} = 16.560 / 2 \cdot 10 = 828$ lt $= 0,828$ m^3.

E' possibile a questo punto determinare il volume V_0 a partire dalla (15.2):

$V_0 = V / (1 - p_0 / p_1)$

Poichè la pressione p_0 è uguale a 3,5 bar assoluti, adottando una pressione p_1 pari a 4,5 bar assoluti, si ottiene:

$V_0 = V / (1 - p_0 / p_1) = 828 / [1-(3,5/4,5)] = 3.726$ lt ≈ 3.800 lt $= 3,8$ m^3

Poiché durante il funzionamento non si può svuotare tutta l'acqua dall'autoclave ma bisogna lasciare un certo livello minimo e inoltre quando l'acqua è al livello massimo rimane al di sopra un volume V_1 di aria compressa, si applica una maggiorazione del 10% al volume V_0 determinato ottenendo infine il volume totale dell'autoclave:

$V_{0,tot} = 3,726 \cdot 1,1 = 4.098,6$ lt $\approx 4,099$ m^3 $\approx 4,1$ m^3

Si procede ora al dimensionamento della pompa.

Si valuta la prevalenza massima che è quella necessaria quando il livello all'interno dell'autoclave è al valore massimo: in queste condizioni sia h_g il dislivello rispetto al pelo libero del pozzo di alimentazione, comprensivo della profondità del pelo libero del pozzo rispetto al pavimento, dell'altezza da terra del livello minimo dell'acqua nell'autoclave e dell'altezza della parte di autoclave cilindrica corrispondente al volume utile V. La suddetta prevalenza massima vale:

$H = g \cdot h_g + [(p_1 - p_{amb.})/\rho] + R$

in cui R è somma di perdite distribuite e concentrate.

I dati disponibili siano i seguenti:

$h_g = 4,5$ m

$p_1 - p_{amb.} = 3,5$ bar

Per quanto concerne le perdite di carico distribuite Δp_d, utilizzando il già citato diagramma di Fig. 15.2, si ha:

G = 4,6 kg/s equivalente a Q = 4,6 lt/s

D = 2 ½" pollice

v = 1,5 m/s

R = 553 Pa/m

L = 10,25 m

$\Delta p_d = 553 \cdot 10,25 = 5.668$ Pa.

Per quanto concerne le perdite di carico concentrate Δp_c, si ha:

$\Delta p_c = \rho \cdot (\Sigma\xi)_{tot} \cdot v^2/2 = 1.000 \cdot 14,5 \cdot 1,5^2 / 2 = 16.312$ Pa

avendo assunto $(\Sigma\xi)_{tot} = 14,5$ come somma dei seguenti coefficienti di accidentalità:

- 5 curve con un coefficiente equivalente globale pari a: $(1 \cdot 5) = 5$;
- 2 saracinesche (VI) con un coefficiente equivalente globale pari a: $(0,5 \cdot 2) = 1$;
- 1 valvola di ritegno (VNR) con un coefficiente equivalente pari a: 6;
- 1 valvola di fondo (VNR) con un coefficiente equivalente pari a: 2,5.

Le perdite di carico totali sono pari a:

$\Delta p_{tot} = \Delta p_d + \Delta p_c = 5.668 + 16.312 = 21.980$ Pa.

$$R = \Delta p_{tot}/\rho = 21.980/1.000 = 21{,}98 \text{ J/kg}$$

La prevalenza risulta pari a:

$$H = (9{,}81 \cdot 4{,}5) + (3{,}5 \cdot 10^5)/10^3 + 21{,}98 = 44{,}145+350+21{,}98 = 416 \text{ J/kg} = 0{,}416 \text{ kJ/kg}$$

La potenza assorbita dalla pompa (rendimento totale $\eta = 0{,}8$) è pari a:

$$P_{kW} = G \cdot H/\eta = 4{,}6 \cdot 0{,}416/0{,}8 = 2{,}39 \text{ kW}$$

Nota la prevalenza richiesta e la potenza assorbita in condizioni di massimo carico è possibile procedere alla scelta della pompa e del motore elettrico di trascinamento.

BIBLIOGRAFIA

/1/ A. PARESCHI, "Impianti Meccanici per l'Industria", Collana Progetto Leonardo, Editrice Esculapio, Bologna, 2009

ESERCIZIO 16 (*)

PROGETTO DI UN IMPIANTO ANTINCENDIO AD IDRANTI PER MAGAZZINO MATERIE PRIME.

16.1 Introduzione

Scopo di questa esercitazione è presentare il dimensionamento dell'impianto antincendio per il magazzino materie prime di uno stabilimento per la produzione di particolari metallici ottenuti per stampaggio.

16.2 Dimensionamento della rete di distribuzione dell'acqua e scelta degli idranti

La planimetria del magazzino con il tracciato della rete di distribuzione dell'acqua antincendio, la posizione e il numero delle cassette idranti sono riportati in Fig. 16.1. L'acqua viene alimentata all'impianto a idranti da una vasca interrata (V) tramite gruppo di pompaggio MP (Motore elettrico-Pompa).

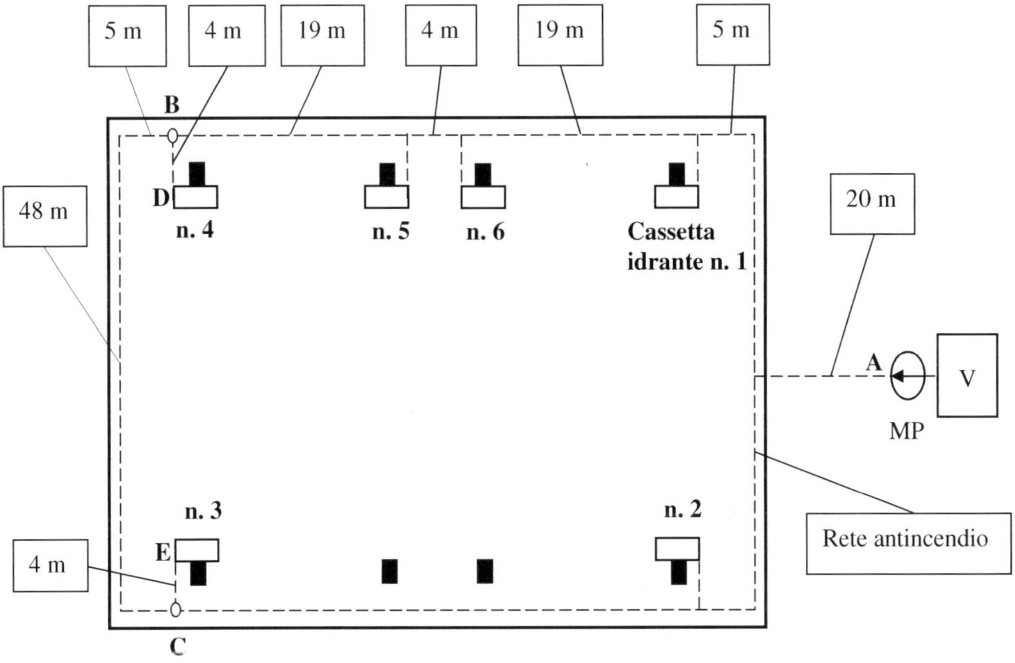

Fig. 16.1 – Planimetria del magazzino con il tracciato della rete antincendio e la posizione e il numero delle cassette idranti.

In funzione della configurazione e delle dimensioni del magazzino si prevede l'utilizzo di 6 idranti tipo UNI 45 con gittata superiore almeno ai 20 metri e pari rispettivamente ai valori riportati nella successiva Tab. 16.1

(*) con il contributo del Prof. Mauro GAMBERI – Dipartimento di Ingegneria Industriale DIN Università di Bologna

Tab. 16.1

idrante	1	2	3	4	5	6
Gittata (m)	24	26	26	24	> 23	> 23

Prendendo come pressione di esercizio un valore pari a 4 bar effettivi alla bocca di ingresso della lancia di ciascun idrante (la lancia è la parte terminale dell'idrante e ha forma convergente per trasformare l'energia di pressione in energia cinetica) e note le gittate richieste per idranti tipo UNI 45, è possibile dalla Tab. 16.2 (tratta da /1/) scegliere il diametro del bocchello della lancia di ciascun idrante.

Tabella 16.2 – Lunghezza del getto (in m) di lance idriche al variare del diametro del bocchello e della pressione

Δp (bar) (*)	UNI 45			UNI 70		
	diametro bocchelli (mm)			diametro bocchelli (mm)		
	10	12	14	16	18	20
3	22	23	24	26	27	28
4	24	25	26	28	29	31
5	26	27	28	30	32	34
6	28	29	30	32	43	37
7	30	32	33	35	37	40
8	31	33	34	38	40	43
9	30	34	35	40	42	45
10	30	34	36	41	43	47
11	29	33	35	42	44	48
12	28	33	35	42	45	49

(*) pressione effettiva alla bocca delle lance

Di seguito, utilizzando i parametri predeterminati, è possibile pervenire tramite la Tab. 16.3 (tratta da /1/) alla portata richiesta dai vari idranti.

Tabella 16.3 – Portata (in l/min) di lance idriche al variare del diametro del bocchello e della pressione

Δp (bar) (*)	UNI 45			UNI 70		
	diametro bocchelli (mm)			diametro bocchelli (mm)		
	10	12	14	16	18	20
1	66	95	129	169	214	266
2	93	134	183	239	302	373
3	114	165	224	293	370	457
4	132	190	259	338	428	528
5	148	212	289	378	478	590
6	162	233	317	414	524	647
7	175	251	342	447	566	698
8	187	269	366	478	605	747
9	198	285	388	507	641	972
10	209	300	409	534	676	835
11	219	315	429	560	709	875
12	229	329	448	585	741	914

(*) pressione effettiva alla bocca delle lance

Si ottiene in conclusione il seguente quadro delle prestazioni degli idranti prescelti:

Tab. 16.4

Idrante UNI 45	1	2	3	4	5	6
Gittata (m)	24	26	26	24	> 23	> 23
Bocchello ϕ (mm)	10	14	14	10	10	10
Portata Q (lt/1')	132	259	259	132	132	132

Si procede ora alla determinazione del diametro delle condotte che portano l'acqua alle cassette idranti a partire dalla vasca interrata.
Essendo la rete tipicamente a maglie, così da garantire il servizio a tutto il circuito anche in caso di problemi ad un ramo della rete, si può utilizzare uno dei metodi tipici di tale configurazione (ad esempio il metodo di Hardy Cross).
Molto più semplicemente però è prassi dimensionare la rete in modo che garantisca l'erogazione della portata necessaria al punto più sfavorito del layout anche in caso di fuori servizio di alcuni rami.
Altra caratteristica fondamentale dell'impianto è che si può escludere, anche su basi probabilistiche, la necessità di dover ricorrere contemporaneamente a tutti gli idranti. Quindi il dimensionamento deve tenere in considerazione un certo fattore di contemporaneità. Nel presente caso si individua come condizione più sfavorevole la necessità di impiego degli idranti n. 3 e 4 con interruzione del percorso di alimentazione più breve, che collega la vasca agli idranti n. 2 e 3: in tale ipotesi si può parlare di fattore di contemporaneità pari a 0,33 intendendo che è necessario impiegare solo 2 dei 6 idranti. Si può in alternativa esprimere il fattore di contemporaneità F con riferimento al rapporto fra la portata complessiva richiesta e il totale delle portate erogate dai sei idranti:

$$F = (Q_3 + Q_4)/ (Q_1 + Q_2 + Q_3 + Q_4 + Q_5 + Q_6) = 391/1.046 = 0,37$$

Nel presente dimensionamento si preferisce scegliere di tentativo la velocità media nelle condotte anziché la caduta di carico per unità di percorso. Con riferimento alla Fig. 16.1 e ai punti salienti della rete di distribuzione dell'acqua antincendio già indicati da A fino ad E, si riportano nel seguito, per ogni tratto di tubazione e sulla base del diagramma delle perdite di carico per unità di percorso R (Pa/m) per tubazioni in acciaio lisce (cfr. Fig. 12.16 di /1/), il diametro della tubazione e la perdita di carico unitaria media dell'acqua nella tubazione, avendo scelto di tentativo la velocità media nella tubazione pari a 3 m/s. Nel caso in cui il diametro risultante non sia un diametro commerciale si è scelto il diametro commerciale più prossimo o immediatamente superiore (con conseguente diminuzione della velocità media e della perdita per unità di percorso) o immediatamente inferiore (con conseguente aumento della velocità media e della perdita per unità di percorso).

Tratto A-B

$Q_{A-B} = Q_3 + Q_4 = 259 + 132 = 391$ lt/min = 6,52 lt/s = G_{A-B} = 6,52 kg/s

D_{A-B} = 2 ½" pollici

v = 1,76 m/s

$R = 1.000$ Pa/m
$L = 91$ m
$\Delta p_{A\text{-}B,distribuite} = 1.000 \cdot 91 = 91.000$ Pa.

Tratto B-D
$Q_{B\text{-}D} = Q_4 = 132$ lt/min = 2,2 lt/s = $G_{B\text{-}D} = 2,2$ kg/s
$D_{B\text{-}D} = 1\ ¼$" pollice
v = 2,15 m/s
R = 4.200 Pa/m
L = 4 m
$\Delta p_{B\text{-}D,\ distrib.} = 4.200 \cdot 4 = 16.800$ Pa.

Tratto B-E
$Q_{B\text{-}E} = Q_3 = 259$ lt/min = 4,32 lt/s = $G_{B\text{-}E} = 4,32$ kg/s
$D_{B\text{-}E} = 1\ ½$" pollice
v = 3,12 m/s
R = 6.350 Pa/m
L = 62 m
$\Delta p_{B\text{-}D,\ distrib.} = 6.350 \cdot 62 = 393.700$ Pa.

Raccogliendo in tabella i valori ottenuti per le perdite di carico distribuite si ha:

Tab. 16.5

tratto	Portata (lt/s)	Diametro tubazione (pollici)	R perdita di carico distribuita per unità di percorso (Pa/m)
A-B	6,52	2 ½"	1.000
B-D	2,20	1 ¼"	4.200
B-E	4,32	1 ½"	6.350

Per quanto riguarda le perdite concentrate si decide di analizzare i percorsi dell'acqua e di ricavare da opportune tabelle o abachi il valore della lunghezza equivalente L_{eq} corrispondente al valore del coefficiente ξ di ciascuna accidentalità. Nella successiva Tab. 16.6 si riportano appunto i valori di ξ e i corrispondenti valori di L_{eq} tratti da Tab. 12.3 di /1/. La corrispondenza fra diametri in pollici (") e diametri nominali (DN) è desumibile dalla Tab. 12.2 di /1/.
Il ramo più caricato è il ramo A-B-E e pertanto interessa conoscere le lunghezze totali dei tratti A-B e B-E comprensive delle lunghezze equivalenti; esse valgono:

$L_{A\text{-}B,tot} = L_{A\text{-}B} + L_{eq,A\text{-}B} = 91 + (4 + 7 + 22) = 124$ m
$L_{B\text{-}E,tot} = L_{B\text{-}E} + L_{eq,B\text{-}E} = 62 + (0,62 + 4,2 + 13) = 79,82$ m

La perdita di carico complessiva sul ramo più caricato A-B-E vale pertanto:
$\Delta p_{tot} = R_{A\text{-}B} \cdot L_{A\text{-}B,tot} + R_{B\text{-}E} \cdot L_{B\text{-}E,tot} = 1.000 \cdot 124 + 6.350 \cdot 79,82 =$
$= 124.000 + 506.857 = 630.857$ Pa

Tab. 16.6

Tratto	Accidentalità ξ	L_{eq} (m)
A-B	2 curve a 90° strette (2 ½")	$2 \cdot 2 = 4$ (DN 65)
	1 confluenza a "T" (2 ½")	7 (DN 65)
	Valvola a globo	22 (DN 65)
B-D	Riduzione da 2 ½" a 1 ¼" (ovvero d/D = 1/2)	0,70 (DN 65)
	Valvola a globo	10 (DN 32)
B-E	Riduzione da 2 ½" a 1 ½" (ovvero d/D = 3/5)	0,62(*) (DN 65)
	3 curve a 90° strette (1 ½")	$3 \cdot 1,4 = 4,2$ (DN 40)
	Valvola a globo	13 (DN 40)

(*) valore interpolato fra 0,50 (per d/D = 3/4) e 0,70 (per d/D = 1/2)

Poiché alla bocca di ingresso delle lance degli idranti e quindi anche della lancia dell'idrante n. 3 (quello più lontano) si vuole avere una pressione di esercizio pari a 4 bar effettivi pari a 400.000 Pa, la prevalenza della pompa complessivamente richiesta è uguale a: $H = [(p_u - p_e)/\rho] + [(c_u^2 - c_e^2)/2] + R_{tot}$
avendo indicato con i pedici (e) ed (u) i valori della pressione e della velocità del fluido, al pelo libero del serbatoio di accumulo (V) e alla bocca di ingresso della lancia (a sezione convergente) dell'idrante n. 3 ed essendo $R_{tot} = \Delta p_{tot} / \rho$. Si ha inoltre che $c_e = 0$ e il termine $(c_u^2/2)$ è trascurabile in quanto pari a $3,12^2/2$ m^2/s^2 ovvero 4,87 J/kg. Si ottiene pertanto:

$$H = \frac{(400.000 + 630.857)}{1000} \frac{(N/m^2)}{(kg/m^3)} = 1.030,857 \text{ J/kg} \approx 1,031 \text{ kJ/kg}.$$

E' possibile ricavare la potenza elettrica assorbita dalla motopompa (MP):

$$P_{kW} = G \cdot H / \eta_{tot} = 6,52 \text{ (kg/s)} \cdot 1,031 \text{ (kJ/kg)}/0,8 = 8,4 \text{ kW}$$

essendo η_{tot} il rendimento totale del gruppo MP (comprensivo di rendimento idraulico, meccanico ed elettrico) assunto pari a 0,8. Nota la prevalenza richiesta e la potenza assorbita in condizioni di massimo carico, è possibile procedere alla scelta del gruppo di pompaggio MP (Motore elettrico-Pompa).
Il volume minimo V del serbatoio di accumulo si determina in base alla portata massima richiesta dall'impianto Q_{max} nella situazione più sfavorevole e alla durata T dell'intervento, che si intende eseguire. Nel presente caso è $Q_{max} = 6,52$ lt/s e si sceglie T = 60 minuti. Segue:

$$V = Q_{max} \cdot T = 6,52 \cdot 60 \cdot 60 = 23.472 \text{ lt} \approx 23.500 \text{ lt} = 23,5 \text{ m}^3.$$

BIBLIOGRAFIA

/1/ A. PARESCHI, "Impianti Meccanici per l'Industria", Collana Progetto Leonardo, Editrice Esculapio, Bologna, 2009

ESERCIZIO 17

DIMENSIONAMENTO ECONOMICO DELLA RETE DI TUBAZIONI DI UN IMPIANTO IDRICO

17.1 Introduzione

Scopo di questa esercitazione è presentare il dimensionamento economico della rete di tubazioni di un impianto idrico di uno stabilimento industriale, con una scelta della velocità media e quindi dei diametri delle condotte che produca il minor costo annuale globale dell'impianto, comprensivo dell'ammortamento dei costi fissi delle tubazioni e della pompa e del costo variabile dell'energia consumata per il pompaggio.

17.2 Dimensionamento della rete di tubazioni

In Fig. 17.1 è riportato il tracciato della rete di distribuzione dell'acqua dell'impianto idrico con l'indicazione delle relative portate e delle dimensioni lineari dei vari tronchi di tubazioni.

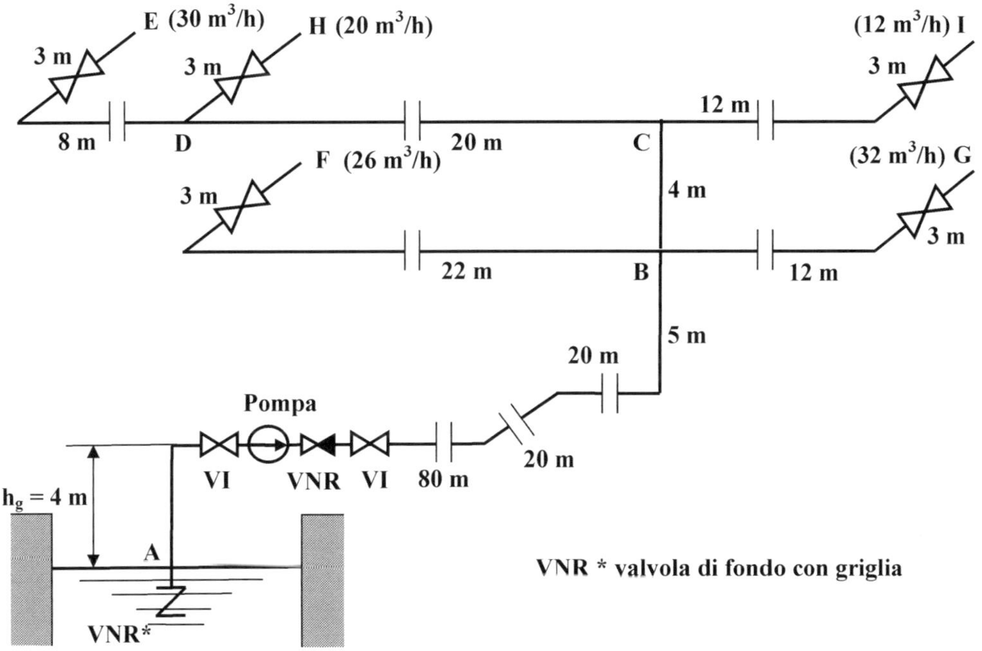

Fig. 17.1 – Impianto idrico aperto e tracciato della rete di distribuzione alle utenze

E' noto (cfr. par. 12.3.3 di /1/) che un aumento del diametro di una tubazione provoca un aumento del costo fisso della condotta stessa ma contemporaneamente una diminuzione delle perdite di carico e quindi una diminuzione del costo dell'energia di pompaggio e del costo fisso della pompa. Si tratta quindi di ricavare il diametro ottimale ovvero il valore che determina il minimo costo totale costituito dalla somma delle tre voci di costo sopra richiamate.

17.2.1 Calcolo del costo delle tubazioni

Procedimento di calcolo

Si considera come ramo principale il ramo ABCDE che è quello affetto dalle maggiori perdite di carico perché è quello più lungo e percorso dalle portate più elevate. Il calcolo viene eseguito fissando diversi valori di velocità (v = 0,5; 1; 1,5; 2,0 m/s) e determinando ogni volta:

- i diametri D dei vari tratti nota la velocità v e la portata Q;
- le perdite di carico distribuite Δp_d tramite i valori di R (Pa/m) perdita di carico distribuita per unità di lunghezza desunti dal diagramma noto (cfr. Fig. 12.16 di /1/);
- le perdite di carico concentrate Δp_c tramite i coefficienti ξ delle accidentalità (riportati nella sottostante Tab. 17.1) e la ben nota formula $\Delta p_c = \rho \cdot (\Sigma\xi) \cdot v^2/2$;
- la perdita di carico totale $\Delta p_t = \Delta p_d + \Delta p_c$.

Tab. 17.1 Perdite di carico concentrate e coefficienti di accidentalità

				velocità dell'acqua (m/s)			
				0,5	1	1,5	2
Tronco	Accidentalità	ξ	$\Sigma\xi$				
A-B	4 curve	1	4				
	1 saracinesca	0,5	0,5				
	1 valvola di non ritorno	5,5	5,5				
	totale		10				
	perdite di carico concentrate (Pa/m)			1250	5000	11250	20000
B-C	1 T diretto	1	1				
	perdite di carico concentrate (Pa/m)			125	500	1125	2000
C-D	1 T deviato	1,5	1,5				
	perdite di carico concentrate (Pa/m)			188	750	1688	3000
D-E	1 T diretto	1	1				
	1 curva	1	1				
	1 saracinesca	0,5	0,5				
	1 curva allo scarico	1	1				
	totale		3,5				
	perdite di carico concentrate (Pa/m)			438	1750	3938	7000

Sono stati inoltre determinati:

- la massa per unità di lunghezza M (kg/m) per i vari diametri ricavati (si è fatto riferimento alle tubazioni in acciaio Serie 9 UNI 7287-SS-SPQ);
- la massa totale M_t per ogni tratto e il suo costo considerando un costo unitario medio di circa 1,02 €/kg;
- costo totale delle tubazioni costituenti il ramo principale ABCDE per il valore prefissato della velocità; tale valore totale tende a diminuire al crescere della velocità ovvero al diminuire dei diametri come già richiamato.

Nelle successive Tabelle 17.2-3-4-5 sono riportati, per ogni valore della velocità prescelto, tutti i dati sopra elencati.

Tab. 17.2 - Calcolo dei diametri interni $D_{int.}$, delle perdite di carico e dei costi delle tubazioni per velocità v = 0,5 m/s

tronco	Q (lt/s)	L (m)	$D_{int.}$ (mm)	$D_{int.}$ (pollici)	R (Pa/m)	$\Delta p_d = R \cdot L$ (Pa)	Δp_c (Pa)	Δp_t (Pa)	M (kg/m)	$M_t = M \cdot L$ (kg)	C_t (€)
A-B	33,33	129	339,6	14"	9	1161	1250	2411	68,58	8846,8	9023,76
B-C	17,22	4	260,4	10"	9	36	125	161	41,44	165,8	169,08
C-D	13,88	20	207,3	8"	13,2	264	188	452	31,02	620,4	632,81
D-E	8,33	11	159,3	6"	21,3	234,3	438	672	18,18	200,0	203,98
							Totale	3695		Totale	10029,62

Tab. 17.3 - Calcolo dei diametri interni $D_{int.}$, delle perdite di carico e dei costi delle tubazioni per velocità v = 1,0 m/s

tronco	Q (lt/s)	L (m)	$D_{int.}$ (mm)	$D_{int.}$ (pollici)	R (Pa/m)	$\Delta p_d = R \cdot L$ (Pa)	Δp_c (Pa)	Δp_t (Pa)	M (kg/m)	$M_t = M \cdot L$ (kg)	C_t (€)
A-B	33,33	129	260,4	10"	30	3870	5000	8870	41,44	5345,8	5452,68
B-C	17,22	4	159,3	6"	100	400	500	900	18,18	72,7	74,17
C-D	13,88	20	159,3	6"	60	1200	750	1950	18,18	363,6	370,87
D-E	8,33	11	131,7	5"	54	594	1750	2344	13,39	147,3	150,24
							Totale	14064		Totale	6047,96

Tab. 17.4 - Calcolo dei diametri interni $D_{int.}$, delle perdite di carico e dei costi delle tubazioni per velocità v = 1,50 m/s

tronco	Q (lt/s)	L (m)	$D_{int.}$ (mm)	$D_{int.}$ (pollici)	R (Pa/m)	$\Delta p_d = R \cdot L$ (Pa)	Δp_c (Pa)	Δp_t (Pa)	M (kg/m)	$M_t = M \cdot L$ (kg)	C_t (€)
A-B	33,33	129	207,3	8"	100	12900	11250	24150	31,02	4001,6	4081,61
B-C	17,22	4	131,7	5"	260	1040	1125	2165	13,39	53,6	54,63
C-D	13,88	20	107,1	4"	500	10000	1688	11688	9,83	196,6	200,53
D-E	8,33	11	94,4	3 1/2"	336	3696	3938	7634	8,70	95,7	97,61
							Totale	45636		Totale	4434,39

Tab. 17.5 - Calcolo dei diametri interni $D_{int.}$, delle perdite di carico e dei costi delle tubazioni per velocità v = 2,00 m/s

tronco	Q (lt/s)	L (m)	$D_{int.}$ (mm)	$D_{int.}$ (pollici)	R (Pa/m)	$\Delta p_d = R \cdot L$ (Pa)	Δp_c (Pa)	Δp_t (Pa)	M (kg/m)	$M_t = M \cdot L$ (kg)	C_t (€)
A-B	33,33	129	159,3	6"	390	50310	20000	70310	18,18	2345,2	2392,12
B-C	17,22	4	131,7	5"	260	1040	2000	3040	13,39	53,6	54,63
C-D	13,88	20	107,1	4"	500	10000	3000	13000	9,83	196,6	200,53
D-E	8,33	11	82,5	3"	800	8800	7000	15800	6,76	74,4	75,85
							Totale	102150		Totale	2723,13

17.2.2 Calcolo del costo della pompa

Per ogni valore della velocità v e quindi delle perdite di carico totali determinate al punto precedente si valuta:

- la prevalenza della pompa H;
- la potenza della pompa P_{kW};
- il costo della pompa C_p.

Con riferimento alla Fig. 17.1 e tenuto conto del fatto che le pressioni al pelo libero del pozzo di estrazione e allo scarico sono uguali e pari alla pressione ambiente ed inoltre che l'energia cinetica allo scarico è trascurabile (quella al pelo libero del pozzo è nulla), l'espressione della prevalenza H (cfr. anche par. 12.3.3 di /1/) si riduce a:

$$H = g \cdot h_g + R$$

in cui:

- $h_g = 4 + 5 + 4 = 13$ m dislivello geodetico fra la sezione finale e quella iniziale del ramo principale ABCDE;
- $R = \Delta p_t/\rho$ (kJ/kg) perdite di carico totali nel ramo principale ABCDE essendo ρ la densità dell'acqua.

La potenza P_{kW} assorbita dalla pompa è esprimibile con la relazione:

$$P_{kW} = \frac{\rho \cdot Q \cdot H}{\eta} \tag{1}$$

essendo ρ la densità dell'acqua ($=10^3$ kg/m^3), Q la portata ($= 33{,}33 \cdot 10^{-3}$ m^3/s), H la prevalenza in (kJ/kg), ed η il rendimento totale della pompa uguale al prodotto dei rendimenti idraulico, meccanico ed elettrico (assunto pari a 0,75).

Per quanto riguarda il costo della pompa, si desume dai listini di prezzi di pompe centrifughe, aventi portate e prevalenze dell'ordine di quanto richiesto dal presente impianto, la validità di una formula del tipo:

$$C_p/C_{p0} = (P_{kW}/P_{kW0})^m \tag{2}$$

essendo P_{kW0} e C_{p0} rispettivamente la potenza e il corrispondente prezzo di una pompa centrifuga di riferimento. La formula empirica (2) sopra riportata prevede, come è da attendersi, che il costo della pompa aumenti al crescere della portata e

della prevalenza della pompa e quindi della sua potenza assorbita con legge meno che lineare ($m < 1$). Nel presente caso, sulla scorta di listini aggiornati, si assume: C_{p0} = 750 € per P_{kW0} = 8 kW e m = 2/3.
I dati ottenuti sono riportati nella Tab. 17.6. Si osserva, come già anticipato, che il costo fisso della pompa aumenta al crescere della velocità ovvero al diminuire del diametro delle tubazioni.

Tab. 17.6 - Calcolo della potenza e del costo della pompa

v (m/s)	Δp_t (Pa)	$\Delta p_t/\rho = R$ (J/kg)	H (J/kg)	P (kW)	Cp (€)
0,5	3695	3,70	131,23	5,83	607,41
1,0	14064	14,06	141,59	6,29	639,02
1,5	45636	45,64	173,17	7,70	730,84
2,0	102150	102,15	229,68	10,21	882,34

17.2.3 Calcolo dell'energia assorbita dalla pompa in un anno e del relativo costo

Per ogni valore della velocità v e quindi delle perdite di carico totali, determinate al punto precedente, e della potenza della pompa si valuta:

- il consumo annuale di energia (kWh/anno) per il trascinamento della pompa;
- il costo annuale di tale energia essendo il costo unitario assunto pari a 0,155 €/kWh.

I dati ottenuti sono riportati nella Tab. 17.7. Si osserva, come già anticipato, che il costo annuale C_E dell'energia elettrica assorbita dalla pompa aumenta al crescere della velocità ovvero al diminuire del diametro delle tubazioni.

Nella stessa Tab. 17.7 sono riportati anche, sempre al variare di v, i valori dei costi C_t e C_p delle tubazioni e della pompa, già ricavati nei paragrafi precedenti 17.2.1 e 17.2.2) e del costo annuale totale C, che viene calcolato nel successivo par. 17.3.

Tab. 17.7 - Calcolo del costo annuale C_E dell'energia assorbita dalla pompa e del costo annuale totale C dell'impianto idrico

v (m/s)	P (kW)	E (kWh/anno)	C_E (€/anno)	Cp (€)	C_t (€)	C (€/anno)
0,5	5,83	17495	2711,72	607,41	10029,62	4222,18
1,0	6,29	18877	2925,98	639,02	6047,96	3875,53
1,5	7,70	23086	3578,41	730,84	4434,39	4311,87
2,0	10,21	30621	4746,25	882,34	2723,13	5258,22

17.3 Calcolo del costo annuale totale della rete idrica e determinazione delle condizioni ottimali di minimo costo

Per quanto riguarda i costi fissi delle tubazioni e della pompa si suppone di eseguire un ammortamento in anni n = 10 al tasso di interesse i = 7%.

Il coefficiente di ammortamento vale pertanto:

$$s = \frac{r^n \cdot i}{r^n - 1} = \frac{1{,}07^{10} \cdot 0{,}07}{1{,}07^{10} - 1} = 0{,}14238$$

essendo r = 1 + i = 1,07.
Avendo indicato con C_t il costo delle tubazioni, con C_p il costo della pompa e con C_E il costo annuale dell'energia, il costo annuale totale C dell'impianto idrico vale:

$$C = s \cdot (C_t + C_p) + C_E$$

Nell'ultima colonna della già citata Tab. 17.7 sono riportati i valori di C al variare della velocità di progetto v e si rileva che il minimo costo annuale pari a **€ 3875,53** si ha per **v* = 1,0 m/s**. Nel seguito si riportano per completezza gli andamenti, in funzione di v, dei costi C_t, C_p, C_E e C.

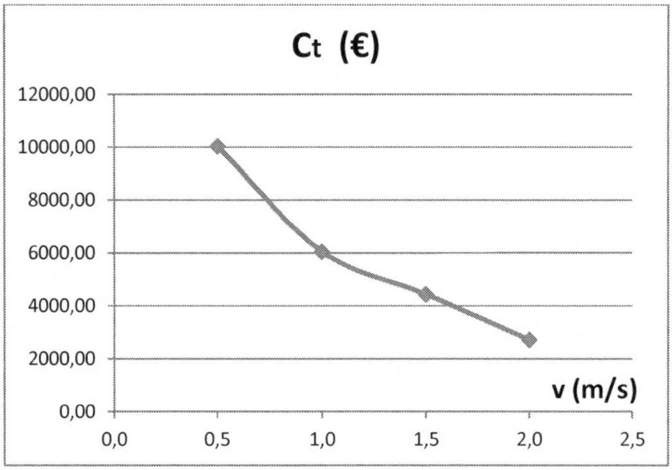

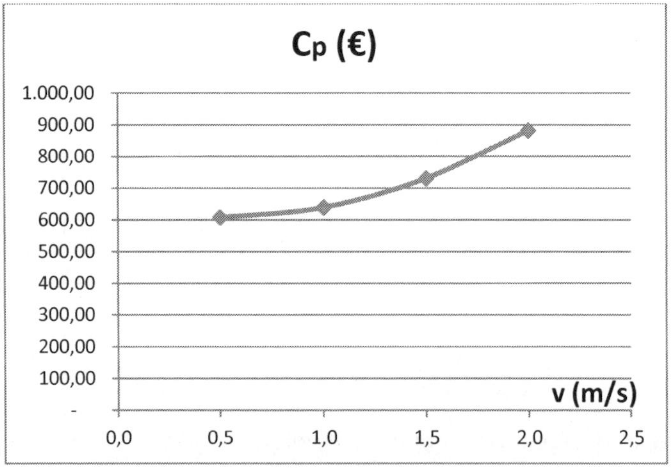

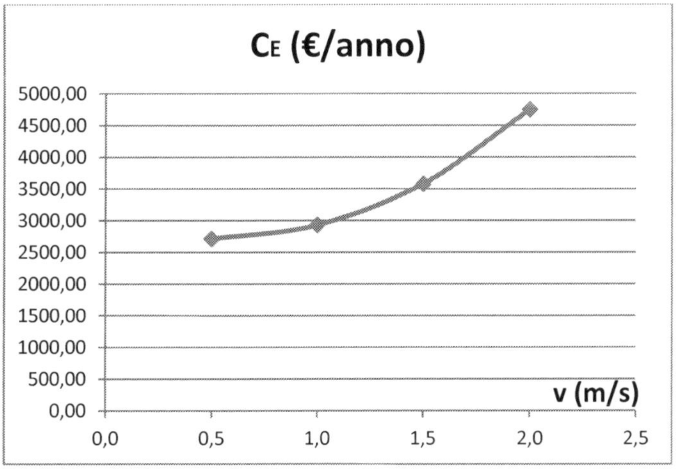

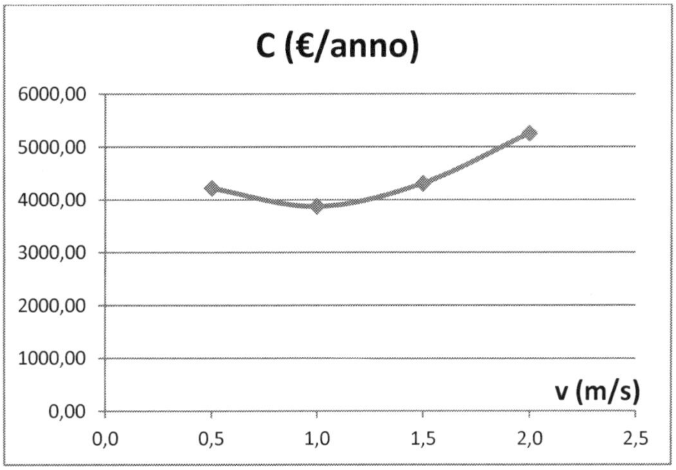

17.4 Dimensionamento dei rami secondari della rete

I quattro rami secondari D-H, C-I, B-F, B-G vengono dimensionati seguendo al solito il principio dell'equilibrio ai nodi, che, con riferimento ad esempio al ramo D-H, significa imporre che la perdita di carico totale nel ramo D-H non sia superiore alla perdita di carico totale (già calcolata) nel ramo D-E appartenente alla condotta principale, che si diparte dallo stesso nodo D ovvero:

$$\Delta p_{D\text{-}H} \leq \Delta p_{D\text{-}E} = \Delta p_{disp.} \qquad (3)$$

Non è possibile avere la perfetta uguaglianza nella (3) in quanto si devono adottare dei diametri commerciali per le condotte. La condizione (3) garantisce che in (H) non arrivi una portata inferiore a quella prevista, evitando in tal modo che nella rete idrica vi siano dei percorsi preferenziali. La procedura di calcolo è riportata di seguito.

Nella (3) si assume il segno di eguale e quindi è subito nota la perdita di carico totale Δp_{D-H} nel ramo D-H in quanto la perdita di carico totale Δp_{D-E} è stata calcolata nel precedente dimensionamento della condotta principale.
Essendo Δp_{D-H} somma di perdite distribuite e concentrate nel ramo D-H ovvero:

$$\Delta p_{D-H} = \Delta p_{D-H,d} + \Delta p_{D-H,c} \quad (4)$$

si assume di tentativo che le perdite distribuite siano una percentuale k (nello specifico pari a 50%) delle perdite totali nel ramo ovvero:

$$\Delta p_{D-H,d} = k \cdot \Delta p_{D-H}$$

Nota la lunghezza L_{D-H} del ramo è possibile ricavare un valore provvisorio R* della perdita di carico distribuita per unità di percorso con la formula:

$$R' = \Delta p_{D-H,d} / L_{D-H}$$

Entrando nel diagramma delle perdite di carico distribuite dell'acqua più volte citato ed utilizzato (cfr. Fig. 12.16 di /1/), noti i valori di R* e della portata (in questo caso pari a 20 m^3/h ovvero a 5,55 lt/s) è possibile ricavare il diametro di tentativo della tubazione e la velocità media. Nel caso in cui il diametro risultante non sia un diametro commerciale si sceglie il diametro commerciale più prossimo o immediatamente superiore (con conseguente diminuzione della velocità media e della perdita per unità di percorso) o immediatamente inferiore (con conseguente aumento della velocità media e della perdita per unità di percorso). A tale scelta corrisponde un valore vero di R che moltiplicato per L_{D-H} fornisce il valore vero della perdita di carico distribuita $\Delta p_{D-H,d}$.
A questo punto noto il diametro della tubazione D-H e le accidentalità e i relativi coefficienti ξ come da Tab. 17.9 (riportata in fondo), è possibile determinare la perdita di carico concentrata $\Delta p_{D-H,c}$ che sommata, secondo la (4), alla effettiva perdita di carico distribuita $\Delta p_{DH,d}$ consente di verificare la (3). Il procedimento seguito per il ramo D-H viene ripetuto per gli altre tre rami C-I, B-F, B-G. Il risultato dei calcoli eseguiti è riportato nella seguente Tab. 17.8.

Tab 17.8 - Dimensionamento dei rami secondari

ramo	L (m)	Q (lt/s)	$\Delta p_{disp.}$ (Pa)	Δp_d* (Pa)	R* (Pa/m)	D (pollici)	$D_{int.}$ (m)	R_{vero} (Pa/m)	Δp_d (Pa)	v (m/s)	Δp_c (Pa)	Δp_{tot} (Pa)	Δp_{tot} / $/\Delta p_{disp.}$
D-H	3	5,555	2.344	1.172	391	3 ½"	0,0944	160	480	0,794	945	1.425	0,608
C-I	15	3,333	4.294	2.147	143	3"	0,0825	143	2145	0,624	779	2.924	0,681
B-F	25	7,222	5.194	2.597	104	4"	0,1071	150	3.750	0,802	1.285	5.035	0,969
B-G	15	8,888	5.194	2.597	173	4"	0,1071	215	3.225	0,987	1.947	5.172	0,996

Per ogni ramo vengono riportate la lunghezza (seconda colonna), la portata richiesta (terza colonna), la perdita di carico totale disponibile in base al precedente progetto del ramo principale ABCDE (quarta colonna). Nella quinta colonna è riportato il valore provvisorio della perdita di carico distribuita e nella sesta colonna il connesso valore provvisorio R* della perdita di carico distribuita per unità di percorso. Dal diagramma delle perdite di carico distribuite si ricava il diametro D (in pollici) riportato in settima colonna, cui corrisponde il diametro interno $D_{int.}$ (ottava colonna), e il valore di R_{vero} (colonna nove). Con questi dati si determina la perdita di carico distribuita effettiva Δp_d (colonna dieci) e la velocità media v (colonna undici). A questo punto noti il diametro della tubazione per ogni ramo e le accidentalità e i relativi coefficienti ξ come da Tab. 17.9 (riportata in fondo), è possibile determinare la perdita di carico concentrata Δp_c (colonna dodici) che sommata, secondo la (4), alla effettiva perdita di carico distribuita Δp_d (colonna dieci), consente di calcolare Δp_{tot} (colonna tredici) e di verificare il rispetto della (3) tramite il rapporto $\Delta p_{tot}/\Delta p_{disp}$ (colonna quattordici)., che deve risultare non superiore ad 1. Come si vede la verifica è soddisfatta per tutti e quattro i rami.

Tab. 17.9 Perdite di carico concentrate e coefficienti di accidentalità nei rami secondari

				velocità dell'acqua (m/s)			
				0,794	0,624	0,802	0,987
Tronco	Accidentalità	ξ	Σξ				
D-H	1 T derivazione	1,5	1,5				
	1 saracinesca	0,5	0,5				
	1 uscita	1	1				
	totale		3				
	perdite di carico concentrate (Pa/m)			945			
C-I	1 T derivazione	1,5	1,5				
	1 curva	1	1				
	1 saracinesca	0,5	0,5				
	1 uscita	1	1				
	totale		4				
	perdite di carico concentrate (Pa/m)				779		
B-F	1 T derivazione	1,5	1,5				
	1 curva	1	1				
	1 saracinesca	0,5	0,5				
	1 uscita	1	1				
	totale		4				
	perdite di carico concentrate (Pa/m)					1.285	
B-G	1 T derivazione	1,5	1,5				
	1 curva	1	1				
	1 saracinesca	0,5	0,5				
	1 uscita	1	1				
	totale		4				
	perdite di carico concentrate (Pa/m)						1947

Per i rami D-H e C-I, che presentano un valore del rapporto $\Delta p_{tot}/\Delta p_{disp}$ distante da 1, l'adozione del diametro della tubazione immediatamente inferiore (3" per D-H e 2 ½" per C-I rispettivamente) per conseguire risparmi nel costo delle tubazioni, porta ad un valore del rapporto superiore ad 1 e quindi al non soddisfacimento della (3).

BIBLIOGRAFIA

/1/ A. PARESCHI, "Impianti Meccanici per l'Industria", Collana Progetto Leonardo, Editrice Esculapio, Bologna, 2009

ESERCIZIO 18

PROGETTO DI UN IMPIANTO DI SERVIZIO DI ARIA COMPRESSA

18.1 Introduzione

Scopo di questa esercitazione è presentare il dimensionamento di un impianto di servizio di aria compressa a cinque utensili pneumatici aventi le seguenti caratteristiche:

- diametro del cilindro operatore d = 50 mm;
- corsa del pistone s = 60 mm;
- numero di colpi al minuto n = 1200 colpi/minuto.
- pressione di esercizio p = 7 bar.

Il collettore di distribuzione è lungo L = 70 m.

La forza che agisce sul pistone è data da:

$$F = p \cdot (\pi \cdot d^2/4) = 7 \cdot 10^5 \cdot (\pi \cdot 0{,}05^2/4) = 1.374{,}4 \text{ N}.$$

Se tale forza agisse sul pistone per tutta la corsa s, il lavoro L sarebbe uguale a:

$$L = F \cdot s = 1374{,}4 \cdot 0{,}06 = 82{,}47 \text{ N·m} = 82{,}47 \text{ J}$$

La potenza resa teorica, quindi a meno del rendimento organico η_0, del singolo utensile vale:

$$N' = L \cdot (n/60) = 82{,}47 \cdot (1200/60) = 1.649 \text{ W} = 1{,}649 \text{ kW}$$

Posto $\eta_0 = 0{,}95$, la potenza resa reale del singolo utensile risulta:

$$N = N' \cdot \eta_0 = 1{,}649 \cdot 0{,}95 = 1{,}567 \text{ kW}.$$

18.2 Determinazione del consumo di aria e della portata del compressore

La portata di aria assorbita dal singolo utensile (supposto a doppio effetto) vale:

$$V = (\pi \cdot d^2/4) \cdot s \cdot 2\,(n/60) = (\pi \cdot 0{,}05^2/4) \cdot 0{,}06 \cdot 2\,(1200/60) = 0{,}00471 \text{ m}^3/\text{s}$$

La portata totale di aria assorbita dai cinque utensili vale:

$$V_{tot} = V \cdot 5 = 0{,}00471 \cdot 5 = 0{,}0235 \text{ m}^3/\text{s} = 1{,}413 \text{ m}^3/\text{min}.$$

Tale consumo di aria è stato calcolato alla pressione di utilizzazione p = 7 bar.

Si calcola ora il consumo di aria alla pressione atmosferica p_a = 1 ata ≈ 1 bar. Si ha:

$$p \cdot V_{tot} = p_a \cdot V_{tot,\,a}$$

$$V_{tot,\,a} = (p / p_a) \cdot V_{tot} = (7/1) \cdot 0{,}0235 \text{ m}^3/\text{s} = 0{,}164 \text{ m}^3/\text{s} = 9{,}87 \text{ m}^3/\text{min}.$$

Come riferimento per quanto esposto di seguito, si rimanda allo schema generale di un impianto per il servizio di aria compressa, riportato nella Fig. 13.1 di /1/.

L'aria attraversando il compressore assorbe vapori di olio e di acqua: la presenza di vapori di olio porta a pericoli di scoppio (effetto diesel), mentre la presenza di vapori di acqua non è gradita in particolari applicazioni (sabbiature).

Per determinare la portata di aria del compressore alla pressione ambiente è necessario tenere conto di un fattore di contemporaneità f_c nell'utilizzo degli utensili che si assume pari a 0,825 e di un coefficiente moltiplicativo pari a 1,1 per tenere conto delle fughe di aria nelle condotte per imperfezioni di tenuta. La portata del compressore risulta quindi pari a:

$$V_c = 1{,}1 \cdot f_c \cdot V_{tot,\,a} = 1{,}1 \cdot 0{,}825 \cdot 9{,}87 = 8{,}96 \text{ m}^3/\text{min} = 537{,}4 \text{ m}^3/\text{h}$$

Poiché l'utenza richiede aria compressa a 7 bar dal serbatoio, supponendo che la perdita di carico complessiva nella condotta di distribuzione sia pari a 0,5 bar e che il pressostato funzioni sotto uno scarto $\Delta p = 0{,}5$ bar, segue che il compressore deve funzionare alla pressione di mandata di 8 bar.
Si suppone di usare un compressore bifase a raffreddamento intermedio; in tal caso la compressione si avvicina a una isoterma per cui il lavoro di compressione di $V_1 = 1$ m^3 di aria aspirato alla pressione atmosferica p_1 (pari a 1,013 bar ovvero a 101.300 Pa) e compresso alla pressione $p_2 = 8$ bar è dato da:

$$L = p_1 \cdot V_1 \cdot \ln (p_2/p_1) = 101.300\ (N/m^2) \cdot 1\ (m^3) \cdot \ln (8/1{,}013) =$$
$$= 101.300 \cdot 2{,}0665 = 209.336\ N{\cdot}m = 209.336\ J$$

La potenza teorica riferita alla portata di 1 m^3 di aria aspirato al *secondo* vale quindi:

$$P_t = 209.336\ W$$

La potenza teorica riferita alla portata di 1 m^3 di aria aspirato al *minuto* vale quindi:

$$P_t = 209.336 / 60 = 3.489\ W = 3{,}489\ kW = 4{,}745\ CV$$

Considerando prudenzialmente un rendimento globale del compressore pari a $\eta = 0{,}7$ la potenza effettiva assorbita dal compressore vale:

$$P_c = P_t \cdot V_c / \eta = 3{,}489 \cdot 8{,}96 / 0{,}7 = 44{,}66\ kW = 60{,}74\ CV.$$

18.3 Dimensionamento della condotta di aspirazione

Si assume di tentativo una velocità media pari a c = 6 m/s. Si ottiene la sezione S della condotta di aspirazione tramite la relazione:

$$S = V_c / 60 \cdot c = 8{,}96 / 60 \cdot 6 = 0{,}0249\ m^2 = 24.900\ mm^2$$

Scegliendo una condotta commerciale da 6", avente $D_{est.} = 168{,}3$ mm e $D_{int.} = 159{,}3$ mm, risulta:

$$S = 19.930\ mm^2 = 0{,}0199\ mm^2$$

e quindi una velocità media un po' più alta (+ 25%), seppure accettabile, pari a:

$$c_{media} = V_c / 60 \cdot S = 8{,}96 / 60 \cdot 0{,}0199 = 7{,}50\ m/s$$

Per valutare le perdite di carico distribuite si deve valutare il numero di Reynolds.
Trattandosi di compressore alternativo monocilindrico a doppio effetto, la velocità dell'aria nella condotta aspirante non è costante e la velocità di 7,5 m/s rappresenta solo la velocità media. L'andamento qualitativo della velocità dell'aria nella condotta di aspirazione in funzione del tempo τ è riportato in Fig. 18.1:

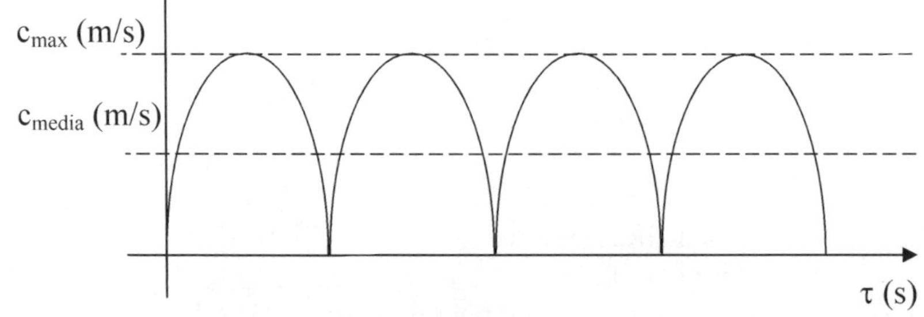

Fig. 18.1

Convenzionalmente si considera che la velocità massima sia circa uguale al doppio della velocità media ovvero c_{max} (m/s) $\approx$ 2 c_{media} (m/s). Nel seguito si calcola prudenzialmente il numero di Reynolds con riferimento a c_{max} (m/s):

$Re = c_{max} \cdot D_{int.}/\nu = 2 \cdot 7{,}50 \cdot 0{,}1593 / 15 \cdot 10^{-6} = 159.300$

essendo la viscosità cinematica dell'aria a 20°C pari a 15 cSt (ovvero a $15 \cdot 10^{-6}$ m^2/s)
Si ricorda, per completezza di trattazione, che a 40°C la viscosità cinematica dell'aria è di poco superiore ed esattamente pari a 16,8 cSt.
Poiché Re < 400.000, è possibile applicare la formula di Blasius per il calcolo del coefficiente d'attrito λ:

$$\lambda = 0{,}316/ Re^{1/4} = 0{,}316 / 159.300^{0{,}25} = 0{,}0158.$$

La perdita di carico distribuita per unità di lunghezza della condotta, sempre con riferimento prudenziale alla velocità massima dell'aria, vale:

$$R = \Delta p/l = \lambda \cdot \rho \cdot [(c_{max})^2/2\ D_{int.}] = 0{,}0158 \cdot 1{,}20 \cdot 15^2/ (2 \cdot 0{,}1593) = 13{,}39\ Pa/m,$$

avendo assunto la densità dell'aria pari a 1,20 kg/m^3 alla temperatura di 20°C e alla pressione ambiente.

18.4 Dimensionamento della condotta congiungente il compressore al serbatoio

Si assume una temperatura di ingresso dell'aria nel compressore pari a circa 20 °C e un riscaldamento dell'aria attraverso il compressore fino a circa 30°C. In queste condizioni, in cui p = 8 bar = $8 \cdot 10^5$ Pa e T = 273 + 30 = 303 °K, il volume specifico dell'aria vale:

$$v = R \cdot T/p = (287{,}14) \cdot 303 / 8 \cdot 10^5 = 0{,}109\ m^3/kg \qquad (18.1)$$

avendo indicato con R = 287,14 J/kg·°K = 29,27 kpm/kp·°K la costante dell'aria considerata come gas perfetto.
La portata in massa, valutata con riferimento alle condizioni di aspirazione e tenuto conto della densità ρ = 1,20 kg/ m^3, risulta:

$$G = V_c \cdot \rho = (8{,}96 / 60) \cdot 1{,}20 = 0{,}149 \cdot 1{,}29 = 0{,}179\ kg/s$$

La portata in volume risulta:

$$V = G \cdot v = 0{,}179 \cdot 0{,}109 = 0.0195\ m^3/s.$$

Assumendo una velocità media w = 10 m/s, risulta necessaria una tubazione con sezione di passaggio pari a:

$$S = V/w = 0{,}0195/10 = 0{,}00195\ m^2 = 1.950\ mm^2$$

cui corrisponde un diametro interno pari a 49,8 mm. Si adotta in conclusione un diametro commerciale da 2" (diametro interno pari a 54,5 mm). La velocità media effettiva risulta pari a 8,36 m/s.

18.5 Dimensionamento del serbatoio

Il volume necessario del serbatoio è ricavabile tramite diagrammi sperimentali nota la portata in m^3/h riferita alle condizioni di aspirazione, la pressione massima e il Δp ammissibile nel serbatoio. La portata in volume del compressore riferita alle condizioni di aspirazione è pari a:

$$V_c = (8{,}96 \cdot 60) = 537{,}4\ m^3/h$$

La pressione massima è pari a 8 bar; il Δp ammissibile nel serbatoio è pari a 0,5 bar. Dallo specifico diagramma sperimentale riportato in Fig. 18.2 valido per pressioni di 8 bar (tratto da /2/, par. 14.2.7) si deduce un volume del serbatoio pari a $V_S = 1{,}7\ m^3$.

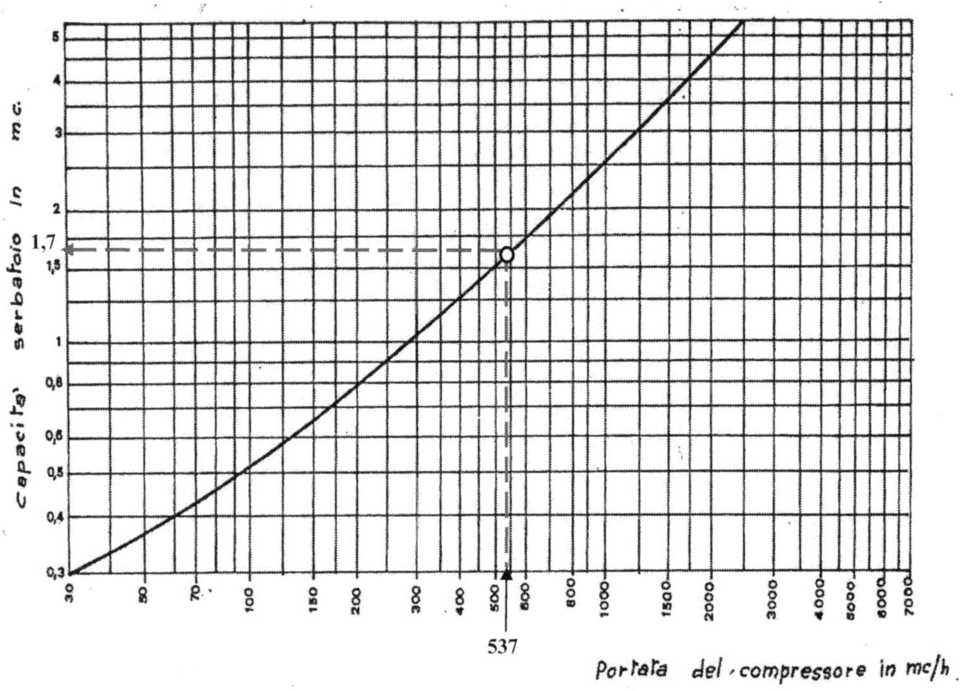

Fig. 18.2 – Diagramma sperimentale della capacità del serbatoio in funzione della portata del compressore (tratto da /2/, par. 14.2.7)

In pratica si adotta un serbatoio con capacità pari a 2 m^3.
Da notare che in base alla buona tecnica il volume minimo del serbatoio deve essere almeno pari alla portata in volume del compressore al minuto primo, misurata però alle condizioni di mandata. Nel presente caso la portata in volume alla mandata risulta pari $V = 0.0195\ m^3/s$ (come calcolata più sopra); si ha quindi un volume minimo del serbatoio pari a:

$$V_{S,minimo} = 60 \cdot V = 60 \cdot 0{,}0195 = 1{,}17\ m^3$$

valore inferiore a quello tratto dal diagramma di Fig. 18.2 (pari a 1,7 m^3) e al valore adottato pari a 2 m^3.

18.6 Dimensionamento delle condotte dal serbatoio alle utenze

Il collettore di distribuzione alle utenza deve essere calcolato in modo da garantire una pressione minima alle utenze pari a 7 bar e la massima perdita di carico disponibile è pari a 0,5 bar.

Il consumo di aria alla pressione atmosferica è stato calcolato precedentemente e vale:

$V_{tot,\,a} = 0{,}164\ m^3/s = 9{,}87\ m^3/min$.

La portata in massa corrispondente vale:

$G' = V_{tot,\,a} \cdot \rho = 0{,}164 \cdot 1{,}20 = 0{,}197$ kg/s.

Il volume specifico corrispondente a 7 bar, desunto con formula analoga alla (18.1) in cui peraltro la pressione era 8 bar, vale:

$v' = R{\cdot}T/p = (287{,}14) \cdot 303 / 7{\cdot}10^5 = 0{,}124\ m^3/kg$

La corrispondente densità ρ' alla pressione di 7 bar vale:

$\rho' = 1 / v' = 1 / 0{,}124 = 7{,}874\ kg/m^3$

La portata in volume risulta quindi pari a:

$V' = G' \cdot v' = 0{,}197 \cdot 0{,}124 = 0{,}0244\ m^3/s$.

Usando ancora un tubo commerciale da 2" (diametro interno pari a 54,5 mm e sezione di passaggio $S = 0{,}0023\ m^2$) si ottiene:

$w' = V'/S = 0{,}0244 / 0{,}0023 = 10{,}6$ m/s.

A tale velocità corrisponde il seguente valore del numero di Reynolds:

$Re = w'{\cdot}D_{int.}/\nu = 10{,}6 \cdot 0{,}0545/ (15{,}9 \cdot 10^{-6}) = 36.333$

avendo adottato un valore della viscosità cinematica dell'aria, supposta alla temperatura di 30°C dopo compressione, pari a 15,9 cSt (ovvero a $15{,}9 \cdot 10^{-6}\ m^2/s$). Tale valore è medio fra i due valori forniti precedentemente per aria a 20°C e 40°C.

Poiché Re < 400.000, è possibile applicare la formula di Blasius per il calcolo del coefficiente d'attrito λ:

$\lambda = 0{,}316/ Re^{1/4} = 0{,}316/36.333^{0,25} = 0{,}0229$.

La perdita di carico distribuita per unità di lunghezza della condotta vale:

$R = \Delta p/l = \lambda \cdot \rho' \cdot (w')^2/(2\ D_{int.}) = 0{,}0229 \cdot 7{,}874 \cdot 10{,}6^2/ (2 \cdot 0{,}0545) = 185{,}9$ Pa/m

La perdita di carico distribuita nel collettore, avente lunghezza totale L = 70 m, risulta pari a:

$\Delta p_d = 185{,}9 \cdot 70 = 13.013\ Pa \approx 0{,}13$ bar

Tale valore è nettamente più basso del valore 0,50 bar disponibile, quindi la soluzione è accettabile.

18.7 Rendimento dell'impianto

La potenza assorbita dalle 5 utenze, ponendo uguale a 1 il coefficiente di contemporaneità, è pari a:

$N_{tot} = N{\cdot}5 = 1{,}567 \cdot 5 = 7{,}83$ kW.

La potenza effettiva del compressore è uguale a:

$P_c = 44{,}66$ kW.

Il rendimento totale dell'impianto vale:

$\eta_{tot} = N_{tot} / P_c = 7{,}83 / 44{,}66 = 0{,}175$

Se si considera un coefficiente di contemporaneità minore di 1 (e in particolare pari a un valore medio $f_c = 0{,}825$), il valore del rendimento totale dell'impianto scende a circa 0,144.

Il rendimento totale dell'impianto η_{tot} può essere espresso come prodotto dei tre rendimenti del compressore η_c, del complesso degli utensili η_{uten} e della rete di trasporto $\eta_{trasp.}$:

$\eta_{tot} = \eta_c \cdot \eta_{uten.} \cdot \eta_{trasp.}$

Poiché la potenza utile del compressore è pari a (0,7 · 44,66) = 31,26 kW, risulta che:

$\eta_{uten.}\ \eta_{trasp.} = 7{,}83/31{,}26 = 0{,}25$.

Poiché le perdite per il trasporto dell'aria compressa sono molto contenute e pertanto $\eta_{trasp.}$ non è lontano da 1, risulta in conclusione che il basso rendimento dell'impianto è dovuto soprattutto al basso rendimento degli utensili. Se si suppone $\eta_{trasp.} \approx 0{,}95$, risulta $\eta_{uten.} \approx 0{,}26$.

BIBLIOGRAFIA

/1/ A. PARESCHI, "Impianti Meccanici per l'Industria", Collana Progetto Leonardo, Editrice Esculapio, Bologna, 2009

/2/ O. Pierfederici, "Impianti meccanici", PITAGORA Editrice, Bologna, 1980.

ESERCIZIO 19

STUDIO E DIMENSIONAMENTO DI UN IMPIANTO DI SERVIZO DI OLIO COMBUSTIBILE

19.1 Introduzione

Una centrale termica a vapore possiede una potenza termica pari a $Q = 25 \cdot 10^6$ kcal/h (29.070 kW) e viene alimentata con olio combustibile denso avente viscosità pari a 10 °E a 50 °C, densità $\rho = 960$ kg/m^3, potere calorifico inferiore $k_i = 9600$ kcal/kg (40.186 kJ/kg).

Scopo di questa esercitazione è presentare il dimensionamento dell'impianto di servizio di olio combustibile alla suddetta centrale termica.

L'andamento della viscosità ν dell'olio combustibile con la temperatura t è esprimibile con una legge di tipo esponenziale decrescente come riportato di seguito:

$$\nu(t) = \nu_0 \cdot e^{-at}.$$

In Tab. 19.1 si riportano i valori di $\nu(t)$ in gradi Engler (°E) e in Fig. 19.1 il relativo diagramma rappresentativo dell'andamento in funzione della temperatura.

Tab. 19.1 Valori della viscosità cinematica dell'olio combustibile denso in gradi (°E)

t (°C)	20	30	40	50	60	70	80	90
ν (°E)	70	34	17,5	10	6,4	4,4	3,3	2,5

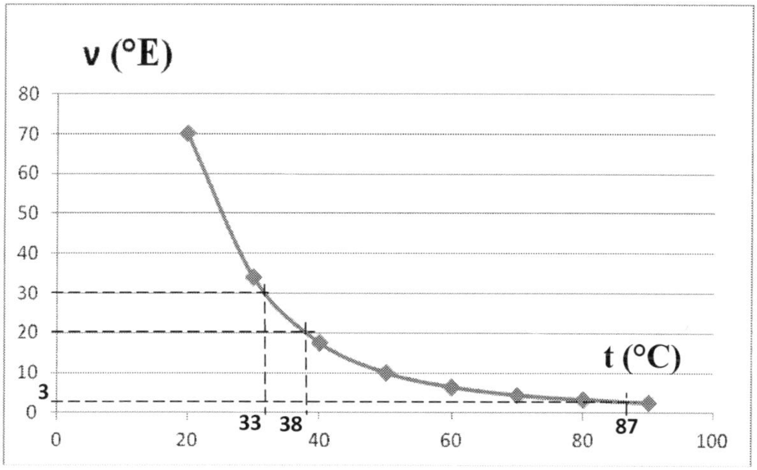

Fig. 19.1

19.2 Dimensionamento del serbatoio di stoccaggio

Si determina innanzitutto il consumo giornaliero di olio combustibile G (kg/giorno), tenuto conto di un fattore di utilizzazione della centrale termica peri a $f_u = 0,8$ e di un rendimento del generatore pari a $\eta_g = 0,8$; risulta:

$G = Q \cdot f_u / (\eta_g \cdot k_i) = 29.070 \cdot 0{,}8 / (0{,}8 \cdot 40.186) = 0{,}7234$ kg/s = 2.604 kg/h =
= 62.500 kg/giorno

Si vuole tenere una riserva pari a 16 giorni di funzionamento (2 settimane più un margine di sicurezza di 1 giorno per settimana) e quindi tale riserva risulta uguale a:

$G' = 16 \cdot G = 16 \cdot 62.500 = 1.000.000$ kg = 1.000 tonnellate

pari a:

$V' = G'/\rho = 1.000.000 / 960 = 1.042$ m^3 di olio combustibile.

Il serbatoio di stoccaggio si può riempire al massimo fino all'80% del suo volume; quindi il volume necessario del serbatoio risulta pari a:

$V = V' / 0{,}80 = 1302\ m^3 \approx 1300\ m^3$.

Dato il valore elevato del volume necessario, si prevedono due serbatoi uguali aventi ciascuno un volume di 650 m^3 con le seguenti dimensioni geometriche:
diametro D = 8 m; sezione circolare S = 50,26 m^2; altezza h = 12,932 ≈ 13 m.

19.3 Dimensionamento della tubazione di collegamento dal serbatoio di stoccaggio al serbatoio giornaliero

Il trasferimento dell'olio combustibile è possibile se la sua viscosità non supera i 20 °E che corrispondono a 38 °C (cfr. Tab. 19.1 e diagramma di Fig. 19.1).

La potenza termica da fornire all'olio combustibile per portarlo dalla temperatura t_1 = 2 °C (media temperature invernali) alla temperatura t_2 = 38 °C, è data da:
$Q_{comb.} = G \cdot c_{p,olio} \cdot (t_2 - t_1) = 0{,}7234 \cdot 1{,}97 \cdot (38 - 2) = 51{,}3$ kW = 44.121 kcal/h
essendo il calore specifico dell'olio combustibile $c_{p,olio}$ = 1,97 kJ/kg·°C (da /3/, p. 51).

19.3.1 Riscaldamento elettrico dell'olio del serbatoio di stoccaggio

Si assume il costo dell'energia elettrica pari a b = 0,153 €/kWh e un numero di ore di funzionamento all'anno del sistema di riscaldamento pari a n = 5.000 ore. Il costo annuale dell'energia elettrica per il riscaldamento dell'olio risulta uguale a:
$C_E = Q_{comb.} \cdot n \cdot b / \eta_e = 51{,}3 \cdot 5000 \cdot 0{,}153 / 0{,}95 = 41.310$ €/anno
avendo tenuto conto di un rendimento η_e = 0,95 del riscaldatore elettrico.

19.3.2 Riscaldamento mediante vapore dell'olio del serbatoio di stoccaggio

Si assume il costo del kg di combustibile pari a c_c = 0,4225 €/kg e un numero di ore di funzionamento all'anno del sistema di riscaldamento pari a n = 5.000 ore. Il costo annuale dell'energia elettrica per il riscaldamento dell'olio risulta uguale a:
$C_{vap.} = 3600 \cdot Q_{comb.} \cdot n \cdot c_c / (k_i \cdot \eta_g) =$
$= 3.600 \cdot 51{,}3 \cdot 5000 \cdot 0{,}4225 / (40.186 \cdot 0{,}80) = 12.136$ €/anno
avendo tenuto conto di un rendimento del generatore di vapore η_g = 0,80.

19.3.3 Dimensionamento della serpentina a vapore per il riscaldamento dell'olio del serbatoio di stoccaggio

Dalle valutazioni precedenti emerge la convenienza del riscaldamento a vapore e quindi si inserisce una serpentina, percorsa da vapore di acqua, nel serbatoio (che in realtà è sostituito da un volume totale equivalente costituito da due serbatoi uguali di minori dimensioni). Si adotta vapore allo stato fisico.

$p = 4$ bar; $T_v = 143$ °C; $v = 0{,}47\ m^3/kg$.

La portata di vapore G_v necessaria per rendere disponibile la potenza termica $Q_{comb.}$ da conferire al combustibile vale:

$G_v = Q_{comb.} / r = 51{,}3 / 2.133 = 0{,}02405$ kg/s $= 86{,}58$ kg/ h

avendo indicato con r = 2.133 kJ/kg il calore di vaporizzazione alla pressione di 4 bar. La portata di vapore in volume vale:

$V_v = v \cdot G_v = 0{,}47 \cdot 86{,}58 = 40{,}69\ m^3/h = 0{,}0113\ m^3/s$

Scegliendo una condotta da 1" ($D_{est.}$ = 33,7 mm e $D_{int.}$ = 29,1 mm) con sezione circolare di passaggio S = 665 mm^2 = 0,000665 m^2, risulta una velocità pari a:

$c = V_v / S = 0{,}0113/0{,}000665 = 17$ m/s.

Per determinare la superficie di scambio della serpentina si adottano alcune semplificazioni:

a. si considera trascurabile la resistenza termica della tubazione metallica;
b. si considera l'olio alla temperatura media $t_m = (t_2 + t_1)/2 = (38 + 2)/2 = 20$°C.

Dalla ipotesi a. segue che il coefficiente globale di scambio termico K, ipotizzando di essere in geometria piana, si riduce a:

$1/K \approx (1/\alpha_v) + (1/\alpha_{olio})$

ovvero: $K = (\alpha_v \cdot \alpha_{olio})/(\alpha_v + \alpha_{olio})$.

Adottando $\alpha_v = 8.140\ W/m^2 \cdot °C$, e $\alpha_{olio} = 175\ W/m^2 \cdot °C$, si ottiene:

$K = (8140 \cdot 175)/(8140 + 175) = 171{,}32\ W/m^2 \cdot °C = 147{,}33\ kcal/m^2 \cdot h \cdot °C$.

Dalla ipotesi b. segue che il salto di temperatura Δt fra vapore e olio risulta costante e pari a: $\Delta t = T_v - t_m = 143 - 20 = 123$°C.

A questo punto la superficie di scambio S è deducibile dalla relazione:

$S = Q_{comb.} / (K \cdot \Delta t) = 51.300/(171{,}32 \cdot 123) = 2{,}44\ m^2$.

Il diametro esterno della serpentina da 1" è pari a $D_{est.}$ = 33,7 mm, per cui la superficie esterna di scambio per metro lineare è pari a S_l = 0,1059 m^2/m. La lunghezza della serpentina risulta quindi pari a:

$l = S / S_l = 2{,}44 / 0{,}1059 = 23$ m

Data la lunghezza della serpentina, conviene realizzare due pacchi uguali di più serpentine in parallelo da collocare ognuno in uno dei due serbatoi.

19.3.4 Dimensionamento della tubazione di collegamento dal serbatoio di stoccaggio al serbatoio giornaliero

Per il trasferimento dell'olio dal serbatoio di stoccaggio al serbatoio giornaliero la distanza da superare è pari a L = 30 m e il dislivello geodetico è pari a h_g = 11 m. Per l'ottenimento delle perdite di carico distribuite nel flusso dell'olio si può porre:

$\Delta p_{d,\,olio} = R_{olio} \cdot L$

essendo R_{olio} la perdita di carico dell'olio per unità di lunghezza della tubazione.

Indicando con λ_{olio} il coefficiente di perdita per attrito dell'olio e con R e λ le corrispondenti grandezze per l'acqua, si può porre:

$$R_{olio} = R \cdot (\lambda_{olio} / \lambda) \qquad (19.1)$$

Come già calcolato in precedenza, la portata di olio è pari a 62.500 kg/giorno ovvero a 2.604 kg/h equivalenti a 2,6 m^3/h se, ai fini della consultazione del successivo diagramma, si considera la densità dell'olio circa uguale a quella dell'acqua (con un errore sulla densità pienamente accettabile pari al 4%).

Considerando di utilizzare una tubazione da 2" non percorsa da olio ma da acqua, il noto diagramma di perdite di carico distribuite per tubazioni percorse da acqua, più volte riportato, fornisce un valore della perdita di carico per unità di lunghezza pari a:

$R = 54$ Pa/m

Dal diagramma di Fig. 19.2 (tratto da /2/, par. 6.3, pag. 170), si ricava:

a) $\lambda = 0{,}037$ per acqua con:
   viscosità $\nu = 1$ cSt; portata $G \approx 2{,}6$ m^3/h; diametro $D = 50$ mm;

b) $\lambda_{olio} = 0{,}5$ per olio combustibile con:
   viscosità $\nu \approx 170$ cSt; portata $G \approx 2{,}6$ m^3/h; diametro $D = 50$ mm.

Si ottiene il valore del rapporto:

$\lambda_{olio} / \lambda = 0{,}5/0{,}037 = 13{,}51.$

Dalla (19.1) segue:

$R_{olio} = R \cdot (\lambda_{olio} / \lambda) = 54 \cdot 13{,}51 = 729{,}5$ Pa/m

Le perdite di carico distribuite risultano pertanto pari a:

$\Delta p_{d,\,olio} = R_{olio} \cdot L = 729{,}5 \cdot 30 = 21.885$ Pa.

Le perdite di carico distribuite si possono porre, prudenzialmente, circa pari al 40% delle perdite totali che quindi risultano pari a:

$\Delta p_{tot,\,olio} = \Delta p_{d,\,olio} / 0{,}40 = 21.885 / 0{,}4 = 54.712$ Pa.

La prevalenza necessaria per il flusso dell'olio risulta quindi pari a:

$$H = g \cdot h_g + \Delta p_{tot,\,olio} = 9{,}81 \cdot 11.000 + 54.712 = 107.910 + 54.712 = \\ = 162.622 \text{ Pa} \approx 163.000 \text{ Pa} = 1{,}63 \text{ bar}.$$

Si adotta una pompa ad ingranaggi in grado di fornire una prevalenza di 2 bar. In realtà si installa in più una seconda pompa, identica alla prima, che funge da riserva a quella di servizio. Da notare che prima della pompa si installa un filtro per fermare le particelle carboniose, che possono formasi durante il riscaldamento dell'olio.

19.4 Dimensionamento del serbatoio giornaliero

Si suppone che tale serbatoio debba rimanere per 48 ore a pieno carico con un quantitativo di olio pari a $M \approx 5.000$ kg di olio. Questo significa supporre che il serbatoio abbia circa un volume pari a 5 m^3 essendo la densità dell'olio denso quasi uguale a quella dell'acqua ($\rho_{olio\ denso} = 0{,}96$ kg/dm^3; $\rho_{acqua} = 1$ kg/dm^3). Esso può essere a forma di parallelepipedo, perché la pressione interna è uguale alla pressione

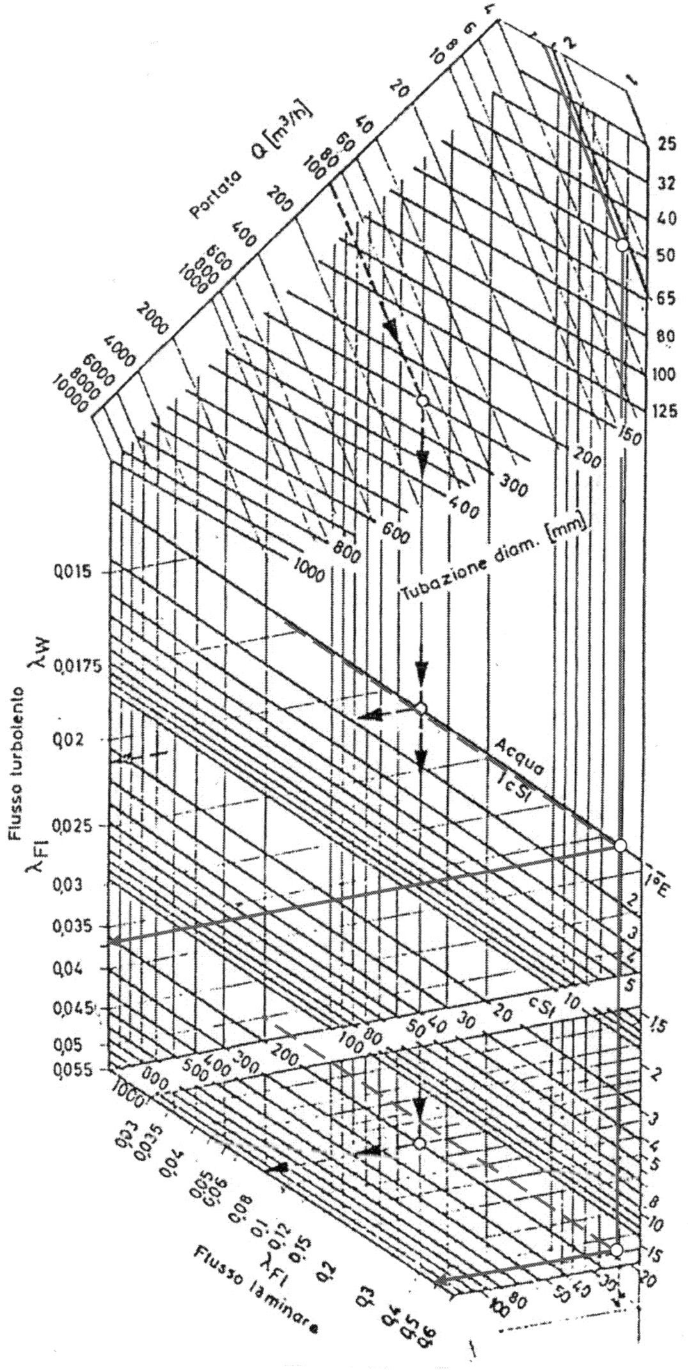

Fig. 19.2 – Diagramma dei coefficienti di attrito λ_W (acqua) e λ_{FI} (olio combustibile) tratto da /2/ (par. 6.3, pag. 170)

atmosferica. Questo quantitativo di olio, supposto stagnante nel serbatoio giornaliero per 48 ore, tenderebbe a raffreddarsi con problemi di utilizzo ai bruciatori d'utenza. Si determina quindi lo spessore di isolante necessario affinché l'olio (alla temperatura di 38°C, cfr. par. 19.3) non scenda sotto la temperatura di 33°C cui corrisponde una viscosità pari a 30°E (cfr. diagramma di Fig. 19.1). La temperatura ambiente è supposta uguale a $T_a = 15°C$. La temperatura interna dell'olio nel serbatoio è indicata con T_i. Con riferimento alla Fig. 19.3 e alla generica temperatura T_i la quantità di calore infinitesima dQ scambiata fra olio e aria ambiente nel tempo infinitesimo $d\tau$ vale:

$$dQ = K \cdot S \cdot (T_i - T_a) \cdot d\tau = - M \cdot c_p \cdot dT_i = - M \cdot c_p \cdot d(T_i - T_a).$$

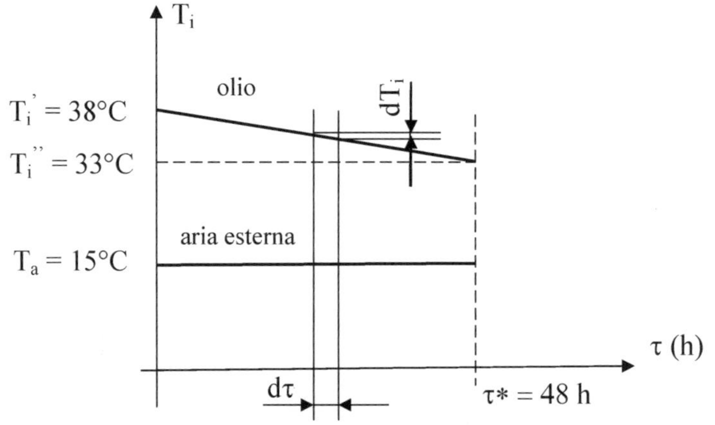

Fig. 19.3 – Diagramma di scambio fra olio contenuto nel serbatoio giornaliero e ambiente esterno in un periodo di funzionamento del serbatoio a pieno carico pari a 48 ore

Integrando fra 0 e τ^* (essendo $\tau^* = 48$ h) e indicando con T_i' e con T_i'' le temperature dell'olio all'istante 0 e all'istante τ^*, si ottiene:

$$K = \frac{M \cdot c_p}{S \cdot \tau^*} \cdot \ln \frac{T_i' - T_a}{T_i'' - T_a} \qquad (19.2)$$

La (19.2) fornisce il valore del coefficiente globale di scambio termico inserendo a secondo membro i seguenti valori:

$M = 5000$ kg; $c_p = 0{,}47$ kcal/kg·°C = 1,97 kJ/kg·°C; $\tau^* = 48$ h;
$T_a = 15°C$; $T_i' = 38°C$; $T_i'' = 33°C$.

Per quanto riguarda la superficie di scambio S, si considera un parallelepipedo avente dimensioni (cfr. Fig. 19.4): lunghezza 2,10 m; larghezza 1,60 m; altezza 1,60 m.

Si considera un'altezza bagnata pari a 1,50 m (<1,60 m). Si fa rilevare che il volume di olio V_{olio} presente nel serbatoio in queste ipotesi vale:

$V_{olio} = 2{,}10 \cdot 1{,}60 \cdot 1{,}50 = 5{,}04$ m^3 come supposto inizialmente.

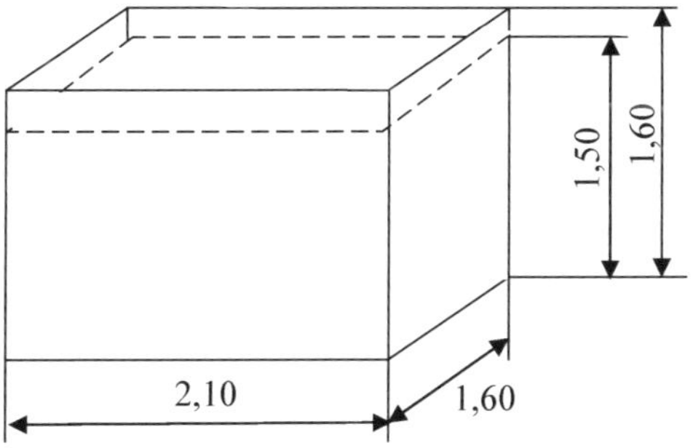

Fig. 19.4 – Serbatoio giornaliero

La superficie di scambio S vale :

$S = 2{,}10 \cdot 1{,}60 + 2{,}10 \cdot 1{,}50 \cdot 2 + 1{,}60 \cdot 1{,}50 \cdot 2 =$

$= 3{,}36$ (fondo) $+ 6{,}3$ (pareti laterali lunghe) $+ 4{,}8$ (pareti laterali corte) $= 14{,}46\ m^2$.

Sostituendo i dati nella (19.2) si ottiene:

$$K = \frac{5000 \cdot 1{,}97}{14{,}46 \cdot 48} \cdot \ln\frac{38-15}{33-15} = 3{,}48\ kJ/m^2 \cdot h \cdot °C =$$

$$= 0{,}967\ W/m^2 \cdot °C = 0{,}831\ kcal/m^2 \cdot h \cdot °C$$

Dal valore di K è possibile risalire allo spessore s di isolante (trascurando per semplicità lo spessore di metallo del serbatoio) con le seguenti relazioni:

$$\frac{1}{K} = \frac{1}{\alpha_{olio}} + \frac{s}{\lambda_{is.}} + \frac{1}{\alpha_a}$$

$$s = \lambda_{is.} \cdot \left(\frac{1}{K} - \frac{1}{\alpha_{olio}} - \frac{1}{\alpha_a}\right) = 0.0457\,m$$

essendo:

$\alpha_{olio} = 175\ W/m^2 \cdot °C = 100\ kcal/m^2 \cdot h \cdot °C$ coefficiente di convezione lato olio

$\alpha_a = 23\ W/m^2 \cdot °C = 20\ kcal/m^2 \cdot h \cdot °C$ coefficiente di convezione lato aria

$\lambda_{is.} = 0{,}0465\ W/m \cdot °C = 0{,}04\ kcal/m \cdot h \cdot °C$ coefficiente di conduzione dell'isolante

Il coefficiente di convezione lato aria α_a è stato assunto uguale a 23 $W/m^2 \cdot °C$ (equivalente a 20 $kcal/m^2 \cdot h \cdot °C$) perché il serbatoio è collocato all'aperto. Con il serbatoio giornaliero all'interno di un ambiente, e quindi in assenza di vento, il valore di α_a sarebbe dimezzato.

Lo spessore di isolante necessario è quindi pari a $s = 45{,}8\ mm \approx 46\ mm$.

19.5 Impianto a valle del serbatoio giornaliero al servizio dei bruciatori d'utenza

Si riporta in Fig. 19.5 lo schema dell'impianto a valle del serbatoio giornaliero (S) finalizzato al servizio dei bruciatori d'utenza (tratto da par. 14.3.3 di /1/).

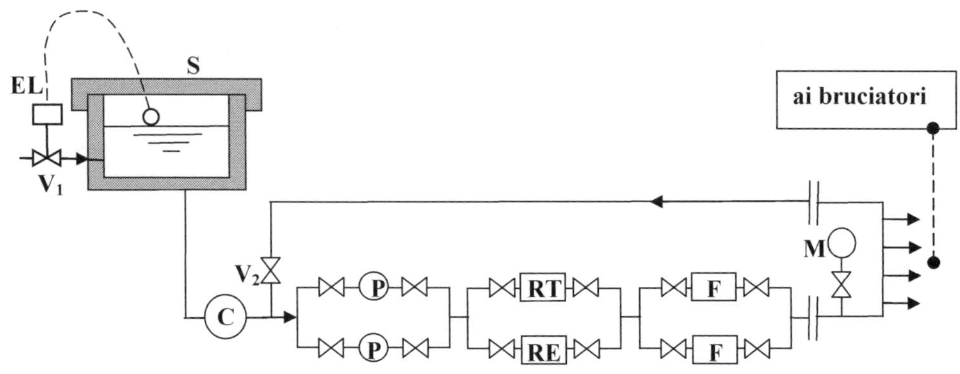

Fig. 19.5 – Impianto di distribuzione dell'olio

Un regolatore di livello (EL) comanda la pompa di trasferimento e la valvola di alimentazione (V_1) al serbatoio giornaliero (S). Dopo il contatore (C), la linea di distribuzione prevede un riscaldatore termico (RT) a vapore o un riscaldatore elettrico (RE) in parallelo, preceduti da due pompe (P) in parallelo e seguiti da due filtri (F) in parallelo per trattenere eventuali particelle carboniose formatesi a seguito di possibile eccessivo riscaldamento dell'olio. La pressione dell'olio ai bruciatori dell'utenza può essere regolata e controllata tramite la valvola (V_2) e rilevata dal manometro (M). Anche la rete di distribuzione deve essere coibentata. La viscosità necessaria per la polverizzazione dell'olio combustibile ai bruciatori è non superiore a 3°E (non si supera tale valore limite per il pericolo di cracking). E' pertanto necessario fornire calore all'olio per portarlo almeno alla temperatura di 87°C, cui corrisponde il valore di viscosità pari a 3°E (cfr. diagramma di Fig. 19.1). Si adotta il riscaldamento termico tramite il riscaldatore (RT) riportato nello schema di Fig. 19.5.
La potenza termica necessaria risulta:

$$Q' = G \cdot c_{p,olio} \cdot (87 - t_i'') = 0{,}7234 \cdot 1{,}97 \cdot (87 - 33) = 76{,}955 \text{ kW} = 66.181 \text{ kcal/h}$$

Si adotta uno scambiatore a fascio tubiero ad U alimentato a vapore di acqua. Nella mandata del vapore allo scambiatore si inserisce una valvola a due vie per l'intercettazione e la regolazione.
La potenza termica complessivamente necessaria per il trasferimento dell'olio combustibile al serbatoio giornaliero e per la sua polverizzazione ad uso dei bruciatori vale quindi:

$$Q_{tot.} = Q_{comb.} + Q' = (51{,}3 + 76{,}955) \text{ kW} = 128{,}255 \text{ kW} = 110.299 \text{ kcal/h}$$

L'incidenza percentuale p di $Q_{tot.}$ sulla potenza termica complessiva Q della centrale termica risulta:

$$p = 128{,}255 / 29.070 = 110.299 / 25.000.000 = 0{,}004412 \approx 0{,}44\%$$

BIBLIOGRAFIA

/1/ A. PARESCHI, "Impianti Meccanici per l'Industria", Collana Progetto Leonardo, Editrice Esculapio, Bologna, 2009

/2/ O. Pierfederici, "Impianti meccanici", PITAGORA Editrice, Bologna, 1980.

/3/ "Memotecnico JUCKER", 6° Ed. 1992, Ed. Tecniche Jucker

ESERCIZIO 20

STUDIO E DIMENSIONAMENTO DI UN IMPIANTO DI DEPURAZIONE DEI FUMI DALLE POLVERI

20.1 Introduzione

Si deve procedere alla depurazione di una portata volumetrica V = 20.000 m^3/h di fumi alla temperatura di 150 °C provenienti da una caldaia alimentata a carbone.
Il contenuto in ceneri del carbone risulta in media pari al 20% e si ammette che il 70% di queste ceneri passi direttamente ai fumi, mentre il restante 30% rimanga nel focolare. Le norme igieniche impongono un contenuto α (g/m^3) di ceneri in uscita non superiore a 1 g/m^3. Obiettivo di questa esercitazione è scegliere e dimensionare l'impianto di depurazione più idoneo assegnata la composizione granulometrica delle ceneri.

20.2 Dati del problema

La composizione granulometrica delle ceneri è data nella Tab. 20.1 in cui d (μm) è il diametro della particella in micron:

Tab. 20.1

d (μm)	oltre 120	120÷75	75÷45	45÷20	20÷10	10÷5	5÷1
(%)	1,5	8	11	29,5	26	12	12

Dai dati di Tab. 20.1 si deducono i dati cumulativi di Tab. 20.2 e la curva di setacciatura di Fig. 20.1.

Tab. 20.2

d (μm)	oltre 120	oltre 75	oltre 43	oltre 20	oltre 10	oltre 5	oltre 1
(%)	1,5	9,5	20,5	50	76	88	100

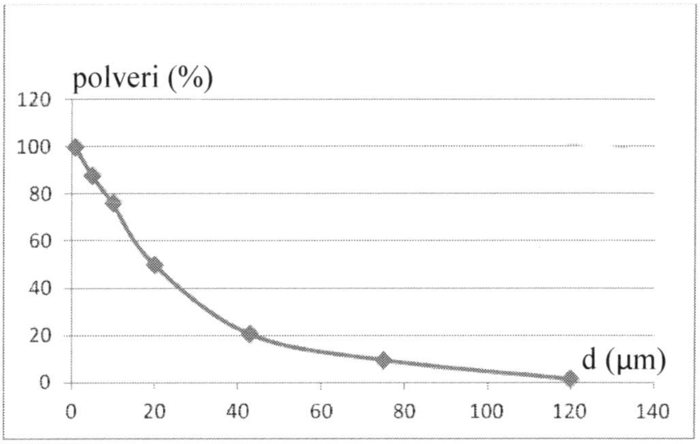

Fig. 20.1 – Curva di setacciatura dei fumi assegnati

La portata volumetrica $V = 20.000\ m^3/h$ di fumi alla temperatura $T = 273 + 150 = 423\ °K$ è equivalente, alla temperatura ambiente $T_0 = 273 + 15 = 288\ °K$, alla portata:

$$V_0 = V \cdot (T_0/T) = 20.000 \cdot (288 / 423) = 13.617\ m^3/h.$$

Supponendo che il carbone abbia potere calorifico inferiore $k_i = 7.000$ kcal/kg, la seguente formula empirica fornisce il volume teorico totale dei fumi:

$$V_t = [(0,88 \cdot k_i) / 1000] + 1,65 = 7,81\ m^3/kg$$

Si considera un eccesso d'aria pari al 40%; si ottiene:

$$V_t' = 1,4 \cdot 7,81 = 10,934 \approx 11\ m^3/kg$$

La massa del combustibile consumata all'ora risulta:

$$G = V_0 / V_t' = 13.617 / 11 = 1.238\ kg/h$$

La massa oraria di ceneri che entra nei fumi vale:

$$G_{ceneri} = 0,70 \cdot G \cdot 0,20 = 173,3\ kg/h$$

Di conseguenza la massa di ceneri per m^3 di fumi risulta:

$$g_{ceneri} = G_{ceneri} / V = (1000 \cdot 173,3) / 20.000 = 8,66\ g/m^3$$

Pertanto il limite ammissibile di 1 g/m^3 risulta superato e quindi i fumi devono essere depurati.

La potenzialità della caldaia risulta:

$$Q = k_i \cdot G \cdot \eta_g = 7.000 \cdot 1.238 \cdot 0,80 = 6.932.800\ kcal/h = 8.061\ kW$$

avendo indicato con $\eta_g = 0,80$ il rendimento della caldaia.

Poiché per produrre 1 kg di vapore di acqua sono necessarie circa 2.200 kJ/kg, la produzione oraria di vapore risulta:

$$G_v = 8.061 / 2.200 = 3,664\ kg\ vap./s = 13.190,4\ kg\ vap./h$$

Si utilizza una caldaia a tubi d'acqua. Si suppone di avere un depuratore in grado di separare particelle con $d > 10\ \mu m$, e quindi in questo caso di separare il 76 % delle particelle, la parte rimanente pari al 24% va nell'atmosfera. Risulta quindi:

$$G'_{ceneri} = 0,24 \cdot G_{ceneri} = 0,24 \cdot 173,3 = 41,59\ kg/h$$

$$\alpha = G'_{ceneri} / V = 41.590 / 20.000 = 2,08\ g/m^3$$

Il limite ammissibile di 1 g/m^3 risulta superato ampiamente. La soluzione pertanto non è accettabile.

20.3 Sistemi di separazione delle polveri

Esistono, come è noto, diversi sistemi di separazione:

- con camere a polvere;
- con sparatori centrifughi a ciclone o multi-ciclone;
- con depuratore elettrostatico a piastre;
- con altri apparati (filtri a tessuto, separatori a umido).

20.3.1 Sistemi di separazione con camere a polvere

Sono sistemi di separazione a gravità, nei quali è il peso della particella che ne provoca l'urto, la separazione dalla massa gassosa e la successiva caduta.

La forza peso della particella di diametro d e densità ρ vale:

$F_p = g \cdot \rho \cdot (\pi\, d^3/6)$

essendo g l'accelerazione di gravità.

La resistenza della massa gassosa alla caduta della particella vale secondo Stokes:

$R = 3\, \pi\, \eta\, v\, d$

essendo η la viscosità dinamica e v la velocità del gas.

Ponendo $F_p = R$, si determina la velocità di caduta della particella rispetto al fluido:

$v = g \cdot \rho \cdot d^2/\ 18 \cdot \eta = A/18 \cdot \eta$

Considerando i valori della densità della polvere ρ = 2.000 kg/m^3 e della viscosità dinamica del gas $\eta = 24 \cdot 10^{-6}$ Pa·s (ovvero kg/m·s) alla temperatura di 150°C, si ottiene la seguente tabella:

Tab. 20.3

d (μm)	d (m)	d^2 (m^2)	$A = g \cdot \rho \cdot d^2$ (kg/s^2)	$v = A / 18 \cdot \eta$ (m/s)	v (cm/s)
5	$5 \cdot 10^{-6}$	$0,25 \cdot 10^{-10}$	$0,4905 \cdot 10^{-6}$	0,00113	0,113
10	$10 \cdot 10^{-6}$	$1 \cdot 10^{-10}$	$1,962 \cdot 10^{-6}$	0,00454	0,454
20	$20 \cdot 10^{-6}$	$4 \cdot 10^{-10}$	$7,848 \cdot 10^{-6}$	0,01816	1,816
30	$30 \cdot 10\text{-}^{6}$	$9 \cdot 10^{-10}$	$17,658 \cdot 10^{-6}$	0,04087	4,087
40	$40 \cdot 10^{-6}$	$16 \cdot 10^{-10}$	$31,392 \cdot 10^{-6}$	0,07266	7,266
50	$50 \cdot 10^{-6}$	$25 \cdot 10^{-10}$	$49,050 \cdot 10^{-6}$	0,11354	11,354
100	$100 \cdot 10^{-6}$	$100 \cdot 10^{-10}$	$196,200 \cdot 10^{-6}$	0,45416	45,416
120	$120 \cdot 10^{-6}$	$144 \cdot 10^{-10}$	$282,528 \cdot 10^{-6}$	0,65400	65,400

Si riportano nel diagramma di Fig. 20.2 i valori di v (cm/s) in funzione del diametro d (μm) della particella.

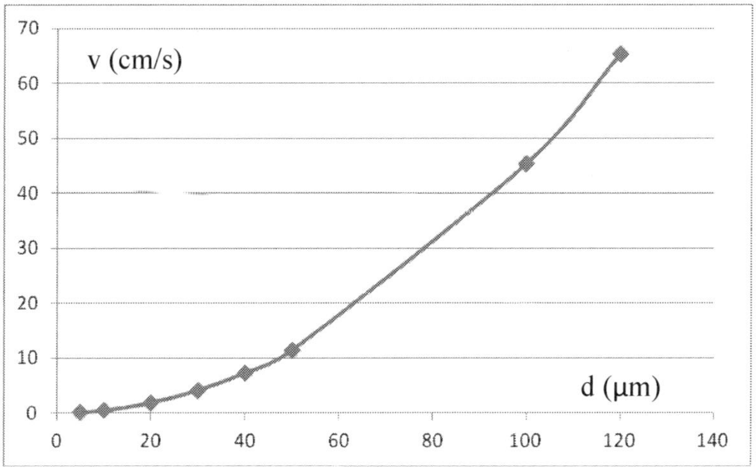

Fig. 20.2

Progetto di una camera a polvere

Si considera la camera a polvere di forma parallelepipeda di Fig. 20.3 avente lunghezza L, larghezza b, altezza h.

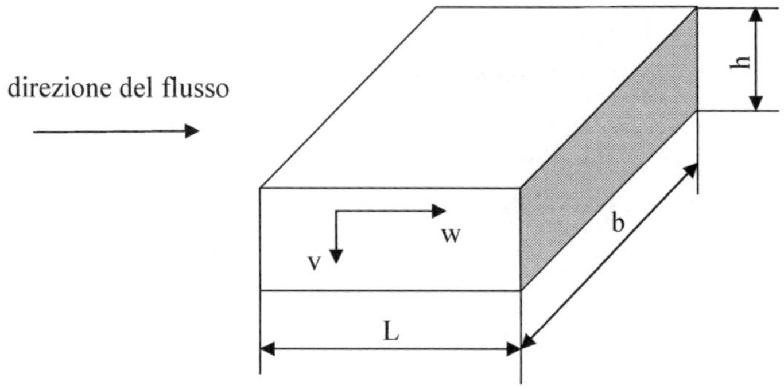

Fig. 20.3 – Schema di una camera a polvere

Si indica con w la velocità di passaggio in avanti, in quanto la particella viaggia in seno alla massa gassosa, e con v la velocità di caduta. La separazione per le particelle nella condizione più svantaggiosa (che sono quelle che entrano nella camera a polvere ad altezza h) è possibile quando impiegano lo stesso tempo t per attraversare la camera lunga L e per giungere a terra ovvero:

$$t = w/L = v/h \quad (20.1)$$

In altre parole la separazione è possibile quando la risultante delle due velocità w e v incontra il piano di base della camera a polvere non oltre la linea estrema posta a distanza L dall'ingresso.

Dalla (20.1) seguono le seguenti relazioni:

$$v = w \cdot (h/L) \quad (20.2)$$

$$V = w \cdot (b \cdot h) \qquad \text{portata in volume}$$

$$w = V / (b \cdot h) \quad (20.3)$$

Dalle (20.2) e (20.3) si trae:

$$v = V / (b \cdot L) \quad (20.4)$$

Dalla (20.4) segue, come è logico aspettarsi, che la camera deve avere dimensioni tanto più grandi quanto più bassa è la velocità v ovvero quanto più piccola è la dimensione d della particella.

Con riferimento ai dati del problema, si suppone di volere separare le particelle aventi $d \geq 10\ \mu m$, cui corrisponde una velocità di caduta v = 0,00454 m/s.

Tenuto conto che la portata in volume V è pari a 20.000 m^3/h ovvero a 5,55 m^3/s, dalla (20.4) è possibile dedurre il valore della sezione di passaggio S = b · L della camera a polvere:

$$S = b \cdot L = V / v = 5{,}55 / 0{,}00454 = 1.224\ m^2.$$

Ponendo L = 60 m e b = 20 m si ottiene un valore S' = 1200 m^2 appena inferiore a quello richiesto: come si vede, ne risulta una camera a polvere enorme. E' dunque necessario scegliere una camera a polvere a più setti paralleli. Inoltre se si adotta, ad esempio, una velocità di passaggio pari a w = 2 m/s, risulta:

$S = V/w = 5{,}55 / 2 = 2{,}77\ m^2$;

$h = S / b = 2{,}77 / 20 = 0{,}138$ m e quindi una altezza h assai piccola.

Adottando invece una camera a polvere con (n-1) = (50-1) setti paralleli ed equidistanti, si originano n = 50 canali uguali grazie anche alla presenza delle pareti superiore e inferiore della camera. La portata in volume in ciascun canale si riduce a (V/n) e dalla (20.4) si ottiene:

$S'' = b \cdot L = V / n \cdot v = 5{,}55 / 50 \cdot 0{,}00454 = 24.5\ m^2$

e si può quindi scegliere con buona approssimazione L = 6 m e b = 4,1 m.

Volendo separare le particelle fino al diametro minimo di 5 μm, dalla tab. 20.3 si ha che la velocità di caduta vale v = 0,00113 m/s. Mantenendo n = 50 setti risulta:

$b \cdot L = V / n \cdot v = 5{,}55 / 50 \cdot 0{,}00113 = 98{,}2\ m^2$

e quindi si può scegliere L = 10 m e b = 9,8 m.

Le particelle che rimangono nei fumi sono pari al 12% (cfr. Tab. 20.2) e quindi la corrispondente portata oraria g_{fuga} vale:

$G_{fuga} = G_{ceneri} \cdot 0{,}12 = 173{,}3 \cdot 0{,}12 = 20{,}796\ kg/h = 20.796\ g/h$

ovvero:

$\alpha = G_{fuga} / V = 20.796 / 20.000 = 1{,}0398\ g/m^3$

valore interessante ma ancora leggermente superiore al limite di 1 g/m^3.

Nella Fig. 20.4 è rappresentata una generica camera a polvere a setti.

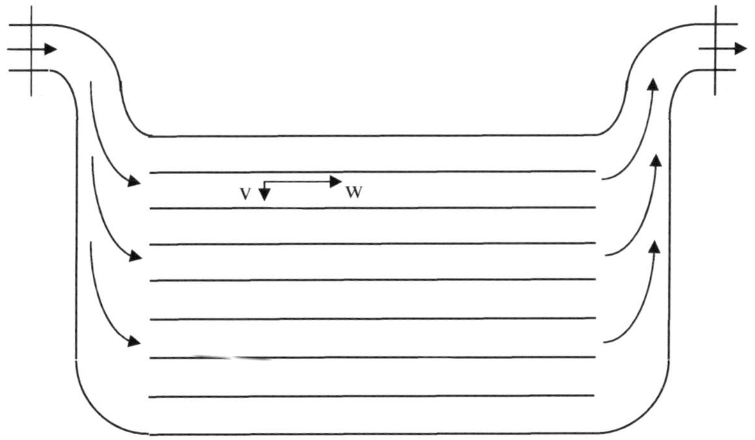

Fig. 20.4 – Schema di una camera a polvere a setti.

20.3.2 Sistemi di depurazione con separatori centrifughi a ciclone

Con riferimento alla Fig. 20.5, il proporzionamento consigliato dalla pratica per i separatori centrifughi è il seguente:

$D = 2{,}5\ d_u$; $s = d_u$; $H = 8\ d_u$; $\alpha = 24° \div 28°$; $h' = H - h$.

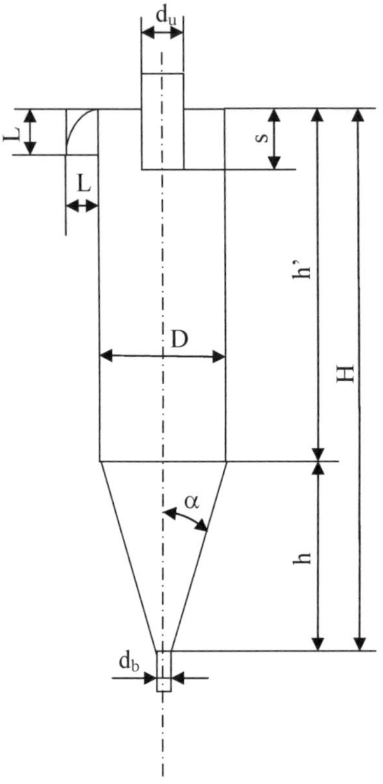

Fig. 20.5 – Schema di un separatore centrifugo a ciclone

Spesso si scelgono più cicloni in parallelo di dimensioni limitate, realizzando il cosidetto sistema "multi-ciclone", perché i cicloni di elevate dimensioni hanno basso rendimento di separazione.

Si suppone quindi che la portata totale dei fumi venga ripartita fra 8 cicloni uniti in due serie di 4 cicloni; la portata volumetrica per ciclone risulta:

$V^* = V / 8 = 20.000 / 8 = 2.500\ m^3/h = 0{,}695\ m^3/s.$

Se si considera una velocità di ingresso pari a v_e=12 m/s, la sezione di entrata risulta:

$S_e = V^*/ v_e = 0{,}695/12 = 0{,}058\ m^2$

Tale sezione di ingresso è quadrata con lato:

$L = (S_e)^{1/2} = 0{,}241$ m.

La sezione di uscita S_u viene assunta di norma uguale al doppio della sezione di ingresso S_e ovvero: $S_u = (\pi\, d_u^2/4) = 2\, S_e$

Segue: $d_u = (8\, S_e/\pi)^{1/2} = (8 \cdot 0{,}058/3{,}14)^{1/2} = 0{,}384$ m.

Risulta inoltre: $D = 2{,}5\, d_u = 2{,}5 \cdot 0{,}384 = 0{,}96$ m

$H = 8\, d_u = 8 \cdot 0{,}384 = 3{,}072$ m

Dopo avere fissato il diametro d_b del tubo di raccolta delle polveri in uscita, e il valore dell'angolo α, è possibile ricavare h. Ponendo d_b = 18 mm e $\alpha = 24°$, risulta:

$h = [(D - d_b)/2] \cdot \text{cotg}\, \alpha = [(0{,}96 - 0{,}018)/2] \cdot \text{cotg}\, 24° = 1{,}058$ m

Segue infine: $h' = H - h = 3{,}072 - 1{,}058 = 2{,}014$ m.

La formula di Faifel, che qui si tralascia, fornisce il diametro minimo d_{min} delle particelle captate in funzione dei parametri dimensionali ed operativi del ciclone, quali la densità ρ delle particelle, la viscosità dinamica η e la densità ρ_f del gas (fumi) alla temperatura di 150°C, la velocità v_e di ingresso delle particelle. In questo caso, relativo a un dimensionamento standard, si ottiene un valore del diametro minimo delle particelle trattenute pari a $d_{min} \approx 10$ μm. Per tale valore di d_{min} la massa delle particelle, che rimangono nei fumi, risulta pari al 24% (cfr. Tab. 20.2) e quindi la corrispondente portata oraria G_{fuga} vale:

$G_{fuga} = G_{ceneri} \cdot 0{,}24 = 173{,}3 \cdot 0{,}24 = 41{,}592$ kg/h = 41.592 g/h

ovvero:

$\alpha = G_{fuga} / V = 41.592 / 20.000 = 2{,}0796$ g/m^3

valore inaccettabile perché più che doppio del limite di 1 g/m^3.

Si veda in proposito la Fig. 20.6 (tratta da /1/, par. 8.5) che riporta gli andamenti orientativi dei limiti di separazione, ovvero delle curve di rendimento di separazione, in funzione del diametro d (μm) delle particelle, per cicloni di alta efficienza (curva a sinistra) e cicloni di prestazioni normali (curva a destra). Come si vede, per questi ultimi l'efficienza di separazione è appena del 50% per diametri non inferiori a 20 μm e scende a valori ancora più bassi per diametri non inferiori a 10 μm.

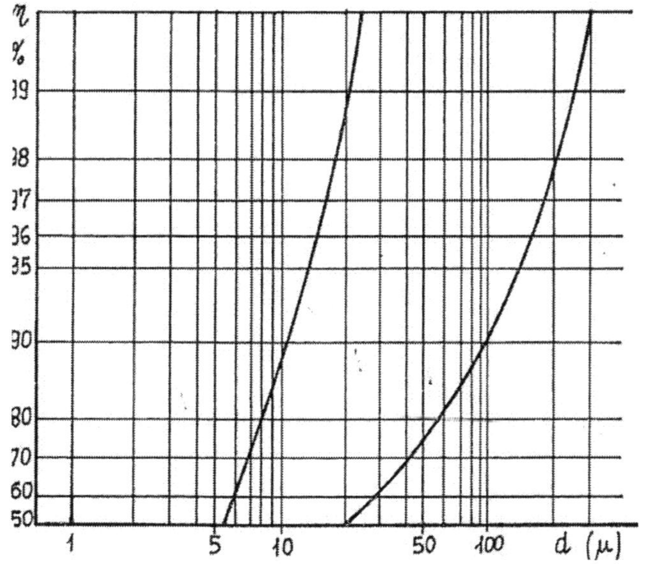

Fig. 20.6 – Curve dei limiti di separazione o di rendimento di cicloni ad alta e normale efficienza in funzione del diametro d (μm) delle particelle (tratto da /1/, par. 8.5).

Si possono comunque valutare le perdite di carico nel ciclone con la formula:

$\Delta p = (\Sigma\xi) \cdot \rho_f \cdot (v_e^2/2) = 10 \cdot 0{,}834 \cdot (12^2/2) = 600{,}5$ Pa

essendo:

$\Sigma\xi = 10$ coefficiente totale delle accidentalità;

$\rho_f = 1{,}225 \cdot (T_0/T) = 1{,}225 \cdot (288 / 423) = 0{,}834$ kg/m^3 densità dei fumi a 150°C.

Si nota che le perdite di carico sono relativamente alte con elevate spese di esercizio; peraltro il costo di impianto dei cicloni è molto contenuto.

20.3.3 Sistemi di separazione con depuratori elettrostatici a piastre

In Fig. 20.7 è riportato lo schema di un depuratore elettrostatico a piastre. Una serie di piastre verticali parallele costituisce l'elettrodo positivo di captazione delle particelle separate. Una serie di conduttori filiformi, disposti all'interno di ogni canale delimitato da due piastre contigue, costituisce l'elettrodo negativo di ionizzazione. Lo schema di figura è relativo ad un apparato con due campi elettromagnetici in serie per aumentare il rendimento di separazione. Il flusso del gas polveroso è orizzontale. Le particelle di gas si ionizzano attorno ai conduttori filiformi per il cosiddetto *effetto corona,* trasmettono la loro carica negativa alle particelle solide che in tal modo migrano verso le piastre (elettrodo positivo) separandosi dalla corrente fluida, urtano le piastre e cadono nelle tramogge poste nella parte bassa dell'apparecchio. L'idea di utilizzare l'*effetto corona* per separare le polveri da correnti gassose polverose è dovuta a Cottrel. Maggiori dettagli si possono ritrovare in /1/ (par. 8.6).

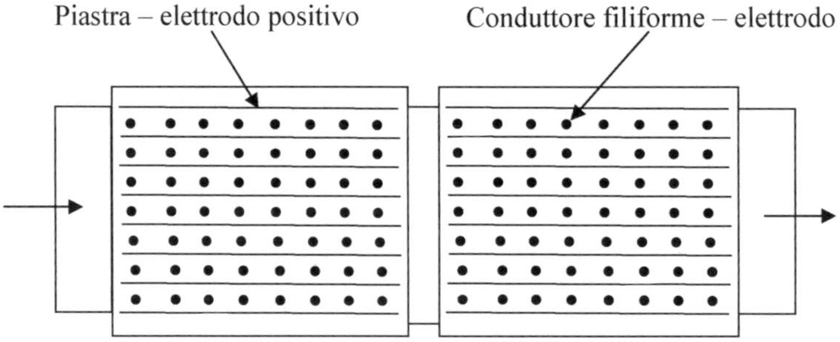

Fig. 20.7 – Schema di depuratore elettrostatico a piastre (vista dall'alto)

Tali sistemi presentano bassi costi di esercizio ed elevati costi di impianto, al contrario dei separatori a ciclone. La soluzione ottimale sarebbe utilizzare il depuratore elettrostatico per le particelle di piccolo diametro ed un depuratore a ciclone per le particelle di diametro maggiore.

Il rendimento del dispositivo elettrostatico è dato da:

$$\eta = 1 - e^{-k_e \cdot u_e}$$

essendo: $k_e = L_e/(B_e \cdot v_e)$ e con:

- L_e lunghezza piastra
- B_e distanza fra le piastre pari a 2 volte la distanza fra gli elettrodi;
- v_e velocità di attraversamento;

- u_e velocità di migrazione delle particelle funzione del diametro d delle stesse.

In tab. 20.4 si riportano alcuni valori di u_e in funzione di d:

Tab. 20. 4

d (μm)	1	2,5	5
u_e (cm/s)	3,35	7,92	15,24

Supponendo di voler separare le particelle aventi diametro d = 2,5 μm con rendimento di separazione η = 60%, si ha: u_e = 7,92 cm/s; segue:

$\ln(1 - \eta) = - k_e \cdot u_e$

$k_e = - \ln(1 - \eta) / u_e = - \ln(1 - 0{,}6) / 7{,}92 = 0{,}115$ s/cm.

Ponendo L_e = 200 cm (lunghezza della piastra), B_e = 15 cm (distanza fra gli elettrodi positivi o fra due piastre contigue), si ottiene la velocità di attraversamento:

$v_e = L_e / (B_e \cdot k_e) = 200 / (15 \cdot 0{,}115) = 115{,}9$ cm/s = 1,159 m/s.

Fissando l'altezza h del cassone si può ricavare la larghezza b del medesimo essendo V la portata in volume espressa da: $V = b \cdot h \cdot v_e$

Fissando h = 3,50 m si ottiene: $b = V / h \cdot v_e = 5{,}55 / 3{,}50 \cdot 1{,}159 = 1{,}368$ m

Il numero n delle piastre necessarie risulta:

$n = (b / B_e) + 1 = (1{,}368 / 0{,}15) + 1 = 9{,}12 + 1 \approx 10$ piastre.

Il rendimento granulometrico del depuratore elettrostatico a piastre è riportato in Tab. 20.5.

Tab. 20. 5

d (μm)	1	2,5	5	10	20	30	40	50
η (%)	20	60	77	88	94	97	99	100

Con i dati di Tab. 20.5 è possibile costruire il diagramma di Fig. 20.8.

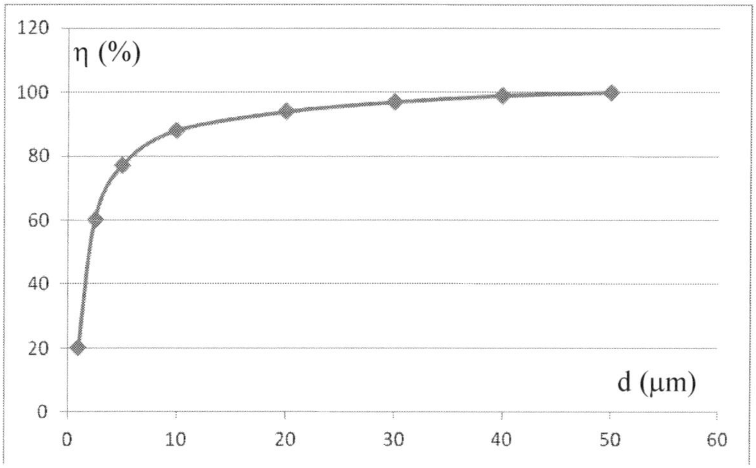

Fig. 20.8

Per determinare la quantità di particelle non captate si divide il diagramma in un certo numero di intervalli e si rileva per ciascuno il valore medio di η. Si ottiene la seguente Tab. 20.6.

Tab. 20. 6

Intervallo d (μm)	1÷5	5÷10	10÷20	20÷43	oltre 43
η (%)	60	83	91	96	100

La massa delle particelle che rimangono nei fumi per ciascuno degli intervalli identificati è determinato in base alle Tab. 20.2 e 20.6 e riportato di seguito:

- intervallo 1÷5 μm:
  $0{,}12 \cdot 0{,}4 \cdot 173{,}3 = 8{,}32$ kg/h;
- intervallo 5÷10 μm:
  $0{,}12 \cdot 0{,}17 \cdot 173{,}3 = 3{,}53$ kg/h;
- intervallo 10÷20 μm:
  $0{,}26 \cdot 0{,}09 \cdot 173{,}3 = 4{,}05$ kg/h;
- intervallo 20÷43 μm:
  $0{,}29 \cdot 0{,}04 \cdot 173{,}3 = 2{,}01$ kg/h.

Per esempio, dalla composizione granulometrica di Tab. 20.1 si trae che il 12% delle ceneri, calcolate in precedenza nella quantità globale di 173,3 kg/h, ha diametro compreso nell'intervallo 1÷5 μm. Di questa porzione di ceneri il depuratore elettrostatico è in grado di trattenere solo il 60% come evidenziato dalla Tab. 20.6 mentre il 40% rimane nei fumi; il calcolo quindi della massa di particelle appartenenti all'intervallo 1÷5 μm, che rimangono nei fumi, è il seguente:

$0{,}12 \cdot 0{,}4 \cdot 173{,}3 = 8{,}32$ kg/h.

In maniera analoga si procede per gli altri intervalli.

In totale la massa delle particelle non captate, che rimangono nei fumi, ammonta a:

$G_{fuga} = 8{,}32 + 3{,}53 + 4{,}05 + 2{,}01 = 17{,}91 \text{ kg / h} = 17.910 \text{ g/h}$

Si ottiene in definitiva il rapporto:

$\alpha = G_{fuga} / V = 17.910 / 20.000 = 0{,}895 \text{ g/m}^3$

valore accettabile perché inferiore al limite di 1 g/m^3.

BIBLIOGRAFIA

/1/ O. PIERFEDERICI, "Impianti meccanici", PITAGORA Editrice, Bologna, 1980.

Made in United States
Orlando, FL
04 November 2026

90203583R00127